SolidWorks 2016

NCS에 맞춘 3D 형상 모델링

신일재 저

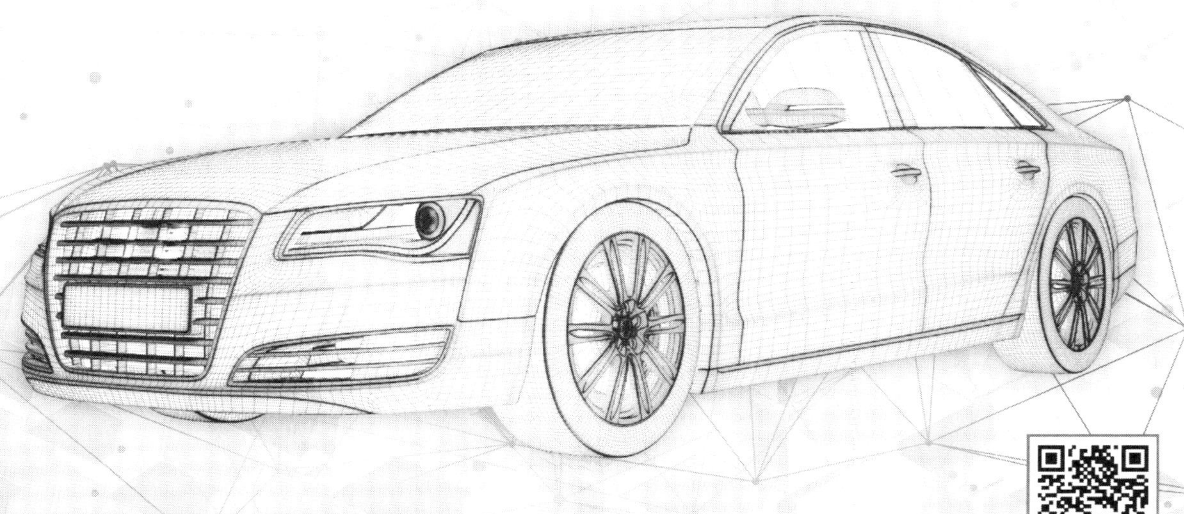

D.B.Info

머리말

PREFACE

빠르게 변화하는 세상에서 제조업도 마찬가지다. 디자인을 떠올리는 즉시 설계(모델링)를 하고, 설계과정에서 떠올린 아이디어가 문제가 없는지 즉시 검증(시뮬레이션)하여 제조 직전의 단계를 단축하여 빠르게 제품을 출시해야 살아남을 수 있다. 여기에 사용되는 소프트웨어 중 하나가 솔리드웍스이다. 솔리드웍스를 쓰는 기업은 자동차 부품회사, 철도, 가구회사, 악기 제조사 등 광범위하게 분포되어있다. 이러한 엔지니어링 소프트웨어로 솔리드웍스 뿐만 카티아, 인벤터, NX 등 여러 종류가 있다. 각각의 특징이 있고 사용자에 따라 쉽고 어렵다는 느낌이 다르게 존재한다. 또한 사실과 다르게 소문만으로 어느 것이 좋고 어느 것이 나쁘다는 등의 루머성 평가도 많이 떠돌아 다니고 있다. 따라서 다른 소프트웨어보다 솔리드웍스가 더 좋은 소프트웨어라는 말은 아니다. 이 책은 어느 것을 선택할 것인지에 대한 정보를 제공하는 것이 아니고 이미 솔리드웍스를 배워보기로 결심한 독자들을 위해 사용방법을 설명한 책이다.

NCS(국가직무능력표준 - National Competency Standards)란 산업현장에서 직무를 수행하기 위해 필요한 기술을 국가가 체계화하기 위해 만든 것으로 우리나라는 선진국에 비해 굉장히 늦게 도입한 제도이다. 이 제도를 정착시키기 위해 정부에서는 공공기관은 물론 일반 기업에서 신규 직원을 채용할 때도 NCS를 도입하도록 계속 추진 중이다.

이 책은 NCS에서 정한 능력단위에 속하는 "3D형상 모델링 작업" 및 "3D형상 모델링 검토"의 내용을 기초부터 습득하여 NCS에 맞춰 과제를 해결할 수 있도록 집필하였다.

시중에 수많은 책들 중에 또 하나의 책을 보태 독자들의 선택에 혼란을 가중시키는 것은 아닌지 염려가 되지만 NCS 기반의 기술교육에 활용할 수 있도록 철저히 NCS의 내용 전체를 포함시키도록 노력하였다. NCS의 기준에 따라 범위는 넓게 잡았지만 그 내용은 처음 접하는 초급자를 위해 설명한 것이므로 약간 수준이 높은 기능이 필요한 독자는 다른 책을 참고하기 바라며. 아무쪼록 이 책을 통해 솔리드웍스의 초급 과정을 확실하게 학습하여 더 높은 과정으로 발전하는 독자들이 되시기를 진심으로 기원하며 이 책이 세상의 빛을 볼 수 있도록 협조해주신 출판사 및 관계자분들께 감사의 마음을 전한다.

2018년 여름

저자 신일재

차례

CONTENTS

제 1 장 개요

제 2 장 3D 형상모델링 작업 준비하기

Chapter 1

개요

1.1 NCS의 개요

국가 직무능력 표준(NCS, National Competency Standards)란 산업현장에서 직무를 수행하기 위해 요구되는 지식 · 기술 · 태도 등의 내용을 국가가 체계화한 것이다.

1.1.1 NCS의 분류

NCS의 분류는 직무의 유형(Type)을 중심으로 NCS의 단계적 구성을 나타내는 것으로, 국가 직무능력 표준 개발의 전체적인 로드맵을 제시한다. 한국고용직업분류(KECO : Korean Employment Classification of Occupations) 등을 참고하여 분류하였으며 '대분류(24) → 중분류(78) → 소분류(238) → 세분류(897개)'의 순으로 구성되어 있다. (2018년 3월 현재)

아래 그림은 NCS의 분류표에서 3D형상모델링의 위치를 보여준다.

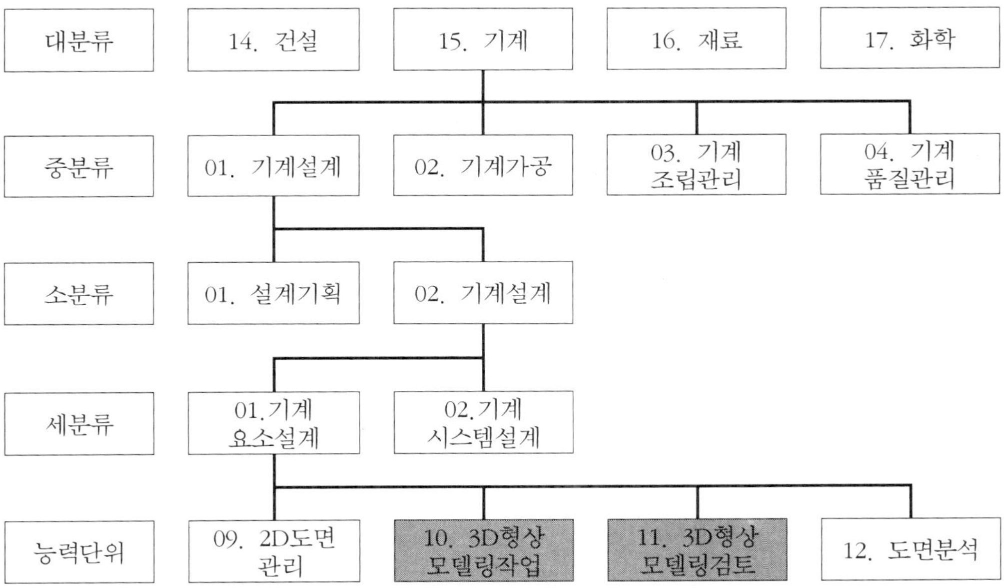

1.1.2 NCS의 구성

직무는 NCS 분류의 세분류를 의미하고 원칙상 세분류 단위에서 표준이 개발된다. 능력단위는 직무의 하위 단위로서 NCS의 기본 구성 요소에 해당되며 능력단위요소(수행준거, 지식 · 기술 · 태도), 적용범위 및 작업상황, 평가지침, 직업기초능력으로 구성되어 있다.

다음 그림은 국가직무능력 표준 능력단위의 구성을 나타낸다.

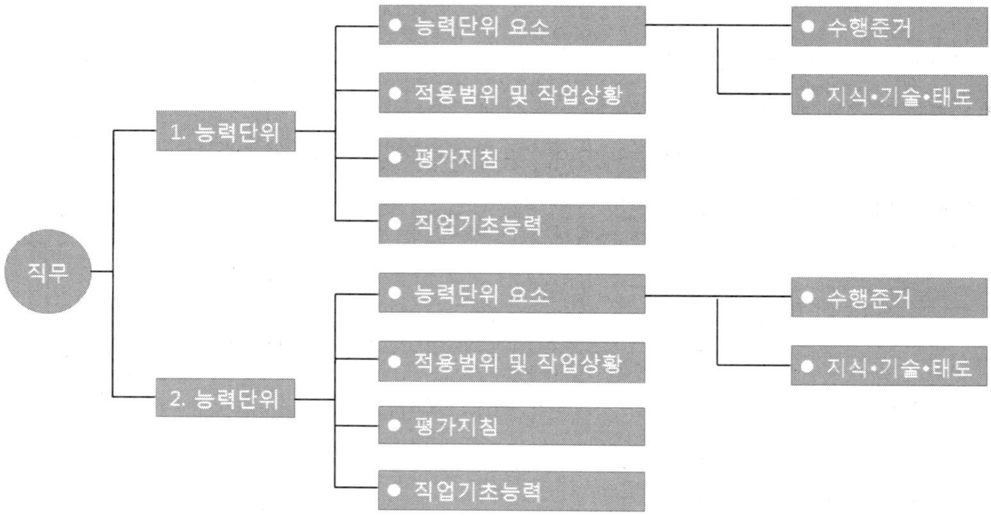

1.1.3 수준체계

국가직무능력표준의 수준 체계는 산업 산업현장 직무의 수준을 체계화한 것으로, '산업현장-교육훈련-자격' 연계, 평생학습능력 성취 단계 제시, 자격의 수준체계 구성에서 활용한다. 기초수준인 1수준에서 해당분야에 대한 최고도의 숙련자로 업무 전반에 대한 권한과 책임이 부여된 수준인 8수준까지 총 8단계의 수준체계에 따라 능력단위 및 능력단위요소별 수준을 평정하여 제시한다.

[표] NCS 수준 체계

수준	항목	내용
8수준	정의	• 해당분야에 대한 최고도의 이론 및 지식을 활용하여 새로운 이론을 창조할 수 있고, 최고도의 숙련으로 광범위한 기술적 작업을 수행할 수 있으며 조직 및 업무 전반에 대한 권한과 책임이 부여된 수준
	지식 기술	• 해당분야에 대한 최고도의 이론 및 지식을 활용하여 새로운 이론을 창조할 수 있는 수준 • 최고도의 숙련으로 광범위한 기술적 작업을 수행할 수 있는 수준
	역량	• 조직 및 업무 전반에 대한 권한과 책임이 부여된 수준
	경력	• 수준7에서 2-4년 정도의 계속 업무 후 도달 가능한 수준
7수준	정의	• 해당분야의 전문화된 이론 및 지식을 활용하여, 고도의 숙련으로 광범위한 작업을 수행할 수 있으며 타인의 결과에 대하여 의무와 책임이 필요한 수준
	지식 기술	• 해당분야의 전문화된 이론 및 지식을 활용할 수 있으며, 근접분야의 이론 및 지식을 사용할 수 있는 수준 • 고도의 숙련으로 광범위한 작업을 수행하는 수준
	역량	• 타인의 결과에 대하여 의무와 책임이 필요한 수준
	경력	• 수준6에서 2-4년 정도의 계속 업무 후 도달 가능한 수준
6수준	정의	• 독립적인 권한 내에서 해당분야의 이론 및 지식을 자유롭게 활용하고, 일반적인 숙련으로 다양한 과업을 수행하고, 타인에게 해당분야의 지식 및 노하우를 전달할 수 있는 수준
	지식 기술	• 해당분야의 이론 및 지식을 자유롭게 활용할 수 있는 수준 • 일반적인 숙련으로 다양한 과업을 수행할 수 있는 수준
	역량	• 타인에게 해당분야의 지식 및 노하우를 전달할 수 있는 수준 • 독립적인 권한 내에서 과업을 수행할 수 있는 수준
	경력	• 수준5에서 1-3년 정도의 계속 업무 후 도달 가능한 수준
5수준	정의	• 포괄적인 권한 내에서 해당분야의 이론 및 지식을 사용하여 매우 복잡하고 비일상적인 과업을 수행하고, 타인에게 해당분야의 지식을 전달할 수 있는 수준
	지식 기술	• 해당분야의 이론 및 지식을 사용할 수 있는 수준 • 매우 복잡하고 비일상적인 과업을 수행할 수 있는 수준
	역량	• 타인에게 해당분야의 지식을 전달할 수 있는 수준 • 포괄적인 권한 내에서 과업을 수행할 수 있는 수준
	경력	• 수준4에서 1-3년 정도의 계속 업무 후 도달 가능한 수준

4수준	정의	• 일반적인 권한 내에서 해당분야의 이론 및 지식을 제한적으로 사용하여 복잡하고 다양한 과업을 수행하는 수준
	지식 기술	• 해당분야의 이론 및 지식을 제한적으로 사용할 수 있는 수준 • 복잡하고 다양한 과업을 수행할 수 있는 수준
	역량	• 일반적인 권한 내에서 과업을 수행할 수 있는 수준
	경력	• 수준3에서 1-4년 정도의 계속 업무 후 도달 가능한 수준
3수준	정의	• 제한된 권한 내에서 해당분야의 기초이론 및 일반지식을 사용하여 다소 복잡한 과업을 수행하는 수준
	지식 기술	• 해당분야의 기초이론 및 일반지식을 사용할 수 있는 수준 • 다소 복잡한 과업을 수행하는 수준
	역량	• 제한된 권한 내에서 과업을 수행하는 수준
	경력	• 수준2에서 1-3년 정도의 계속 업무 후 도달 가능한 수준
2수준	정의	• 일반적인 지시 및 감독 하에 해당분야의 일반 지식을 사용하여 절차화되고 일상적인 과업을 수행하는 수준
	지식 기술	• 해당분야의 일반 지식을 사용할 수 있는 수준 • 절차화되고 일상적인 과업을 수행하는 수준
	역량	• 일반적인 지시 및 감독 하에 과업을 수행하는 수준
	경력	• 수준1에서 6-12개월 정도의 계속 업무 후 도달 가능한 수준
1수준	정의	• 구체적인 지시 및 철저한 감독 하에 문자이해, 계산능력 등 기초적인 일반지식을 사용하여 단순하고 반복적인 과업을 수행하는 수준
	지식 기술	• 문자이해, 계산능력 등 기초적인 일반 지식을 사용할 수 있는 수준 • 단순하고 반복적인 과업을 수행하는 수준
	역량	• 구체적인 지시 및 철저한 감독 하에 과업을 수행하는 수준

1.1.4 분류번호 체계

국가직무능력표준의 분류번호는 국가직무능력표준의 구성단위인 능력단위에 대한 식별번호로 대분류, 중분류, 소분류, 세분류, 능력단위 및 개발연도로 구성된다.

- 대분류: 대분류의 2자리 숫자
- 중분류: 대분류 중 중분류의 2자리 숫자
- 소분류: 중분류 중 소분류의 2자리 숫자
- 세분류: 소분류 중 세분류의 2자리 숫자
- 능력단위: 세분류 중 능력단위 연번으로 2자리 숫자
- 개발연도: 능력단위 개발·보완 연도 2자리 숫자(2012년 → 12)로 작성하되, 앞의 분류와 구분하기 위하여 "_" 이후에 연도 기입
- 버전: 표준 개발 순서 2자리(첫 번째 → v, 두 번째 → 숫자)

0101010101_12v1

01	01	01	01	01	_	12	v1
대분류	중분류	소분류	세분류	능력단위	_	개발연도	버전

1.1.5 NCS 연혁

1999	• 99년 국무조정실 자격제도 규제개혁 과제의 일환으로 '국가직업능력표준의 조기 개발 · 보급' 제시
2002	• 00년 노사정 합의에 따라 02년부터 표준 개발 착수 • 고용 노동부 · 한국 산업 인력 공단 주관 국가 직업 능력 표준(NOS : National Occupational Standards) 개발 • 교육부 · 한국 직업 능력 개발원 주관 국가 직무 능력 표준 (KSS : Korea Skills Standards) 개발
2007	• 07년 자격기본법령 개정으로 표준 개발 법제화, 동 법령은 각부처가 소관 산업분야의 NCS를 개발하여 고시하도록 규정
2009	• 「국가직무능력표준 일원화 TF」 ('09.2~8)구성 · 운영
2010	• 10. 5월, 국가직무능력표준 추진 효율화를 위한 '국가정책조정회의' 조정 • 표준 명칭 통일(국가직무능력표준, NCS) 및 개발주체 일원화
2013	• 13. 2월, '능력중심 사회를 위한 여건 조성'의 핵심 국정 과제로 확정 • 14. 12월까지 총797개 NCS 개발 완료('13년 240개, '14년 557개 개발)
2015	• 15. 1월, 기획재정부, 고용노동부, 교육부 등 정부부처와 협력하여 공공기관 및 기업에서의 활용, 과정평가형 자격제도 시행, 신직업자격의 설계와 적용 등에 중점을 두어 NCS활용 · 확산 추진 • 15.12월까지 총847개 NCS개발 완료('15년 50개 개발) • 890개 민간 중견 · 중소기업 대상 기업 컨설팅 실시
2016	• 16. 7. 22, 「자격기본법」 제5조, 같은 법 시행령 제6조제1항에 따라 국가직무능력표준 고시 완료(고용노동부고시 제2016-33호) • 16.12월까지 총897개 NCS개발 · 개선 완료('16년 50개 개발, 403개 개선) • 1,000개 민간 중견 · 중소기업 대상 기업 컨설팅 실시
2017	• 17.4.27, 「자격기본법」 제5조, 같은 법 시행령 제6조제1항에 따라 국가직무능력표준 개정 고시 완료(고용노동부고시 제2017-26호) • 1,000개 민간 중견 · 중소기업 대상 기업 컨설팅 실시

Chapter 2

3D 형상모델링 작업 준비하기

2.1 사용자 환경설정

2.1.1 메뉴바 보이기

SolidWorks 실행 초기 화면에서 왼쪽 상단 메뉴의 도움말(H) 옆에 고정 핀 아이콘( )을 클릭하면 아이콘 모양이 바뀌면서( ) 메뉴 바는 항상 보이게 된다. 이 상태로 고정으로 설정하고 사용하는 것이 편리하다.

아래 그림은 메뉴 바(긴 사각형 표시)를 고정시킨(원형표시) 모습이다.

2.1.2 새문서 열기

새 문서는 그 형식 및 속성에 따라 다른 템플릿을 사용한다. 템플릿에는 측정 단위나 다른 도면화 표준과 같은 사용자 지정 문서 속성이 포함되어 있다. 템플릿을 사용하여 문서에 다양한 스타일을 지정하여 사용할 수 있다. 템플릿으로 저장한 파트, 도면, 또는 어셈블리 문서를 템플릿으로 사용할 수 있다.

SolidWorks 새문서 작성 방법은 다음과 같이 3가지 방법 중 하나로 시작한다.

① 메뉴 표시 줄에서 [파일] ⇒ [새 파일] 클릭

② 표준 도구 모음에서 [새문서] 아이콘  클릭.

③ 단축키 Ctrl+N

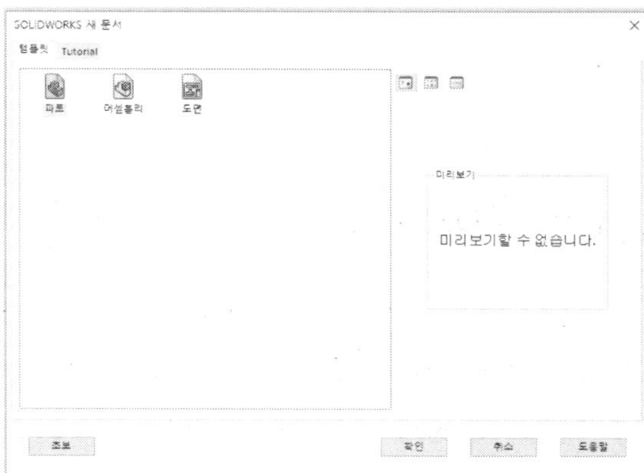

이와 같은 방법으로 시작하면 [파트], [어셈블리], [도면]을 선택할 수 있는 대화상자가 나타난다.

여기에서 고급 을 클릭하면 템플릿 아이콘을 표시하는 대화상자가 나타나면서 같은 자리에 초보 가 나타난다. 이 탭을 이용하여 [고급]과 [초보] 대화창을 교대로 나타나게 할 수 있다.

[초보]에서는 단순한 대화상자를 사용하고 『파트』, 『어셈블리』, 『도면』에 대한 설명을 표시한다. [고급]에서는 템플릿 아이콘을 표시하며 다음과 같은 작업이 가능하다.

- 템플릿을 선택할 때 미리보기를 볼 수 있다.
- 표시 유형을 큰 아이콘으로( ), 목록( ), 상세목록( )을 선택할 수 있다.
- 사용자 고유 탭을 추가할 수 있다.
- Tutorial 탭에서 튜토리얼 템플릿을 열 수 있다.

2.1.3 사용자 환경 맞추기

여기에서 설명하는 내용은 초보 사용자에게는 이해하기 어려워 오히려 더 복잡하고 잘못 설정하여 문제가 될 수도 있다. 따라서 이렇게 하는 방법이 있다는 정도로만 이해하고 나중에 어느 정도 숙달되었을 때 이 부분으로 다시 돌아와 본인에게 잘 맞도록 환경을 조정하기 바란다. 물론 기본적인 내용을 숙지하고 시작하면 작업이 더 쉽고 빠르긴 하지만 처음 접하는 사람으로서 먼저 모델링 작업이 급한 사람은 이 단원을 건너뛰고 제 3장으로 넘어가도 된다.

1. 시작

새문서 열기에서 배운 대로 [시작] ⇒ [파트]로 시작한다.

2. 시스템 옵션

[도구] ⇒ [옵션] ⇒ [시스템 옵션(S)]

시스템 전체에 적용하는 내용을 설정한다. 조건이 너무 많고 복잡하여 그냥 처음 설정된 대로 놔두고 넘어간다. 다만 [백업/복구], [파일위치]는 본인이 편리한대로 지정하여도 좋다. (원래 설정된 대로 두어도 상관없다.)

3. 문서 속성

[도구] ⇒ [옵션] ⇒ [문서속성(D)]

① 파일마다 다르게 적용하는 내용이다. 여기서는 다음과 같이 설정한다.

② [문서속성] ⇒ [단위] ⇒ [MMGS]

③ [문서속성] ⇒ [치수] ⇒ [글꼴 및 크기] 등을 사용자에 맞도록 조정

④ [문서속성] ⇒ [도면화] ⇒ [음영 나사산]에 체크(모델링을 할 때 나사산이 보이도록 한다.)

⑤ [문서속성] ⇒ [그리드/스냅] ⇒ [그리드 표시] 체크 해제(사용자에 따라 다르겠지만 필자의 경우는 그리드 표시가 없고 스냅이 작동하지 않는 것이 더 편리하다고 생

각되어 그렇게 작업하고 있다.)

⑥ [확인]을 눌러 완료한 후 이 파일을 본인의 템플릿으로 저장한다.

㉮ [파일] ⇒ 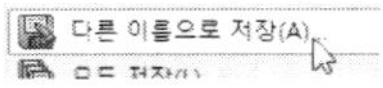 ⇒ 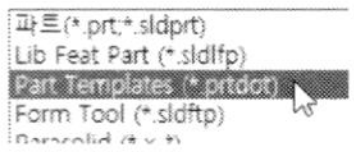 ⇒ 파일이름을 정한다.

㉯ 이것은 사용자의 기본 파일로 사용할 것이므로 이에 맞도록 이름을 붙여 저장하여 사용자 템플릿으로 활용한다. (이 책에서는 “파트템플릿”으로 하였다.)

㉰ 새문서 열기에서 [고급]을 선택하면 지금 저장한 파일이 템플릿 파일로 나타난다. 이제 이것을 클릭하여 사용하면 사용자가 설정했던 내용이 그대로 적용되어 편리하게 사용할 수 있다.

㉱ 템플릿을 활용하지 않고 새로 [파트] 창을 열면 설정한 옵션들은 모두 초기화된다.

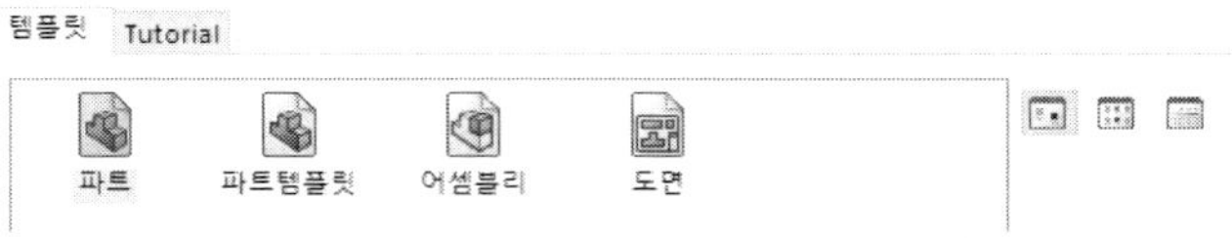

4. 바로가기 키로 ‘S’ 이용하기

자주 사용하는 메뉴를 바로가기 모음에 저장해 놓고 사용하면 작업 능률이 좋아진다. 파트 화면에서 ‘S’를 누르면 Short Cut Menu가 나타난다. 여기에 필요한 아이콘을 넣거나 빼기하여 본인만의 최적의 바로가기 메뉴를 만들어 활용할 수 있다.

① ‘S’를 누르면 나타나는 Short Cut Menu의 빈 공간에서 우 클릭 ⇒ [사용자 정의]를 클릭.

② 또는 메뉴에서 [도구] ⇒ [사용자정의] ⇒ [바로가기 바]를 클릭하면 사용자정의 도구 모음이 나타난다.

③ 도구 모음의 아이콘을 드래그하여 바로가기 상자 안으로 끌어다 놓거나 필요 없는 것은 반대로 빼기하면 된다.

④ 이때 파트 또는 스케치 등과 같이 필요한 아이콘을 선택하려면 사용자 정의 탭에서 [사용자 정의할 바로가기 도구 모음 선택]의 아이콘을 선택한다.

5. 작업 중 특성 구분하기

가. 선의 색상별 구별

① 검정색(완전정의) : 스케치의 모든 선과 곡선, 그 위치가 치수나 구속조건 등과 같은 관계, 원점과의 관계 등이 완전하게 정의되어 있음을 나타내며 스케치는 고정되어 변경되지 않는다.

② 파랑색(불완전정의) : 완전 정의 조건 중 하나라도 부족함을 나타내며 스케치를 마우스로 끌면 스케치의 모양이 변경된다.

③ 빨강색(초과정의) : 필요 없는 조건 또는 중복으로 정의되어 충돌되거나 초과된 상태를 나타낸다.

④ 갈색(댕글링) : 스케치 요소가 미해결된 상태(예: 삭제된 스케치에 부가된 치수)

⑤ 노랑색(타당치 못함) : 길이가 0인 선 등과 같이 부적절한 기하학적 요소가 생성됨을 나타낸다.

⑥ 분홍색(해결되지 않음) : 해결되지 못하게 하는 기하, 관계, 치수가 있는 상태를 나타낸다.

나. 구속 조건 조정

① 객체(점, 선 등)을 Alt+클릭하여 구속 조건을 조정한다.

② 구속조건 보이기/안보이기 : [보기] ⇒ [숨기기/보이기(H)] ⇒ [스케치 구속조건(E)]을 클릭하면 보이기/안보이기가 교대로 동작한다.

③ 메뉴 아이콘의 구속조건 표시/삭제는 구속조건을 적용시킬 것인지 삭제하여 적용시키지 않을 것인지를 관리하는 것이고 위의 보이기/안보이기는 단순이 구속 조건 표시가 눈으로 보이는지 안 보이는지만 관리하는 것이므로 이것과 혼동하지 않도록 주의한다.

2.1.4 Command Manager

사용자 컨트롤 영역에서 사용하려는 명령인 피처, 스케치, 계산, DimXpert 등의 명령 탭을 클릭하면 Command Manager의 메뉴 아이콘이 작업 유형에 따라 기본적으로 포함된 도구 모음으로 바뀐다.

1. 사용하기

다음 그림은 [피처]를 선택했을 때 나타나는 Command Manager와 [스케치]를 선택하면 나타나는 Command Manager를 보여준다. 이와 같이 사용자가 선택한 작업할 내용에 따라 그 내용에서 사용할 아이콘들이 바뀌어 나타난다.

2. 사용하지 않기

메뉴 바에서 [도구(T)] ⇒ [사용자정의(Z)] ⇒ [CommandManager 사용]에 체크를 없애면 Command Manager 부분이 없어진다.

3. 도구 모음 추가/삭제

도구 모음에는 모든 명령이 들어있는 것은 아니고 기본적인 아이콘들이 나타나고 나머지는 메뉴 바를 이용하거나 필요한 아이콘은 도구 모음에 추가하여 사용한다. 명령 아이콘을 추가하려면 메뉴 바에서 [도구(T)] ⇒ [사용자정의(Z)] ⇒ [명령] ⇒ [카테고리(C)]에서 필요한 명령 아이콘을 필요한 곳에 배치하면 되고, 없애려면 배치했던 자리에서 끌어내리면 된다.

2.2 부가명령 설정

파트 모델링 및 어셈블리 작업을 수행하기 위한 주 명령어는 프로그램에 따라 명령어의 명칭이나 아이콘들이 다르다. 이러한 명령어를 설명하기에 앞서 작업하는 데 필요한 부가적인 명령어에 대하여 설명을 하고, 다음에 주 명령어에 대하여 설명한다.

2.2.1 마우스 사용하기

1. 왼쪽 버튼

① 메뉴 및 도구를 호출한다.

② Feature Manager Design Tree에서 폴더, 스케치, 피처 등의 객체 선택

③ 그래픽 영역(작업창)에서 모델 객체 선택 또는 스케치 평면에서 위치 선택한다.

④ 여러 개의 요소를 연속해서 선택하려면 Ctrl을 누르고 요소를 선택한다.

2. 가운데 버튼

① 휠로 사용할 때 : 확대 축소하는 기능이다. 휠로 밀면 축소, 당기면 확대가 된다. 이 기능을 활용할 때 현재 마우스 포인터를 중심으로 축소, 확대된다. 화면에서 벗어나면 맞춤 단축키 'F'를 누른다.

② 버튼으로 사용할 때 : 누르고 움직이면 객체가 회전한다.

3. 오른쪽 버튼

그래픽 영역(작업창) 또는 Feature Manager Design Tree에서 선택된 객체에 맞는 [바로가기] 메뉴가 표시된다.

2.2.2 키보드와 마우스 같이 사용하기

① Ctrl + 왼쪽 버튼 : 여러 개의 요소를 선택할 때

② Ctrl + 중간 버튼 : 화면 이동

③ Shfit + 왼쪽 버튼 : Feature Manager 디자인 트리에서 선택한 두개 사이에 있는 요소 모두 선택

④ Shfit + 중간 버튼 : 확대/축소 (휠을 굴리는 것과 같은 효과)

2.2.3 키보드만 사용

① Ctrl + 상하 좌우 방향키 : 화면 이동

② Alt + 좌우 방향키 : 시계, 반시계 방향으로 회전. 회전하는 각도 조절은 [도구(T)] ⇒ [옵션(P)] ⇒ [시스템옵션(S)] ⇒ [뷰] ⇒ [뷰 회전] ⇒ [화살표 키(K)]에서 원하는 값을 입력한다.

③ Shift + 상하 좌우 방향키 : 모델의 중심을 기준으로 90도씩 회전

2.2.4 뷰 방향 변경하기

단축키 Ctrl+1~Ctrl+7은 차례로 전, 후, 좌, 우, 상, 하, 등각의 뷰가 보인다. 스페이스 바를 누르면 방향 대화상자가 나타난다.

2.3 주 명령어

형상모델링 명령어에 대해, 2D 명령어와 3D 명령어, 어셈블리 명령어로 구분하여 많이 활용되는 명령어 위주로 소개하고, 각 명령어에 대한 상세 설명 및 활용은 실기 부분에서 더 자세하게 설명한다.

2.3.1 스케치(2D) 명령어

3D 형상모델링 작업을 하기 위해 2D 평면에서 기본 작업을 하게 되며, 이를 위한 기본 메뉴에는 선, 사각형, 원 및 원호, 타원, 다각형, 자유곡선 등이 있으며, 기본 메뉴를 이용해 작업한 형상을 이용한 응용 메뉴에는 패턴형상, 대칭형상, 필렛과 모따기, 자르기, 연장, 이동 등이 있다. 각 명령어 모음에 대한 메뉴 창(도구 모음)을 소개하고, 기능별 프로그램의 아이콘을 정리하였다.

2.3.2 피처 명령어

2D 스케치 작업을 기반으로 3D 형상을 모델링하는 메뉴들이다. 모델링 및 모델의 수정을 위한 메뉴는 매우 많아 여기서는 기본적으로 제공되는 메뉴와 유사한 기능을 하는 메뉴를 중심으로 나타내었다. 상세한 메뉴의 설명은 실기 내용 및 사용자 매뉴얼을 참고하기 바란다.

2.3.3 어셈블리 명령어

단품 모델링 작업에서 생성한 여러 개의 단품을 조립 구속조건을 주어 하나의 완성품으로 조립하는 명령어들의 모음을 어셈블리 명령어라고 한다. 실기내용 및 사용자 매뉴얼을 참고하기 바란다.

Chapter 3

3D 모델링 작업하기

3.1 스케치 작업

3D 형상을 생성하는 파트 모델링 작업을 위해 형상의 기본이 되는 밑그림(프로파일)을 그리는 작업을 스케치라고 한다. 2차원 평면상에 작업하는 스케치는 원점에 대한 배치 정보 및 프로파일의 형상 정보 등을 구속하여 파트 모델링 작업을 수행한다. 이렇게 완성된 부품이 다른 부품과의 간섭, 제작 · 가공 공정상의 문제점, 제품의 결함 등에 따라 설계를 변경하여야 할 경우에 스케치에서 작업한 프로파일의 형상과 데이터를 수정하여 3D 형상을 수정할 수 있다.

SolidWorks에서 모델링을 하는 순서는 다음과 같다.

① 스케치 작업 평면 결정 : 스케치를 그릴 평면을 선택한다.
② 스케치 도구 선택 : 스케치 명령을 사용할 준비를 한다.
③ 스케치 그리기 : 작업평면상에 스케치 명령을 사용하여 스케치를 한다.
④ 치수 입력 : 도면상에 치수를 입력하고 편집한다.
⑤ 3D 피처 : 3D 형상의 모델을 생성한다.

3.1.1 스케치 일반

1. 스케치의 종류

① 2D 스케치 : 평면에 작업하는 스케치로 대부분의 스케치가 이에 해당한다. 이러한 스케치를 생성하기 위해서는 반드시 작업할 평면을 정해주어야 한다. 작업평면으로는 투상법의 3각법을 기초로 정면도(정면), 평면도(윗면), 측면도(우측)가 기준이 되는 면과 기존 피처의 면, 또는 사용자가 임의로 생성하는 평면 등을 이용한다.

② 3D 스케치 : 3D 스케치는 선과 호, 자유곡선, 점 등으로 구성되며 스윕경로, 로프트나 스윕의 안내곡선, 로프트 중심선, 배관 시스템의 주요 요소 중 하나로 사용할 수 있다.

2. 2D 스케치와 3D 스케치의 차이점

2D 스케치에서는, 모든 지오메트리가 스케치하려는 평면에 투영된다. 실루엣 모서리는 평면 요소가 되어 옆의 그림처럼 3D 형상의 필렛과 원통이 호와 선으로 표시된다. 예를 들면 그림에서 3D 모델의 모서리를 자른 부분의 굵은 선 부분이 2D 스케치 평면에 수직의 굵은 선으로 투영된다.

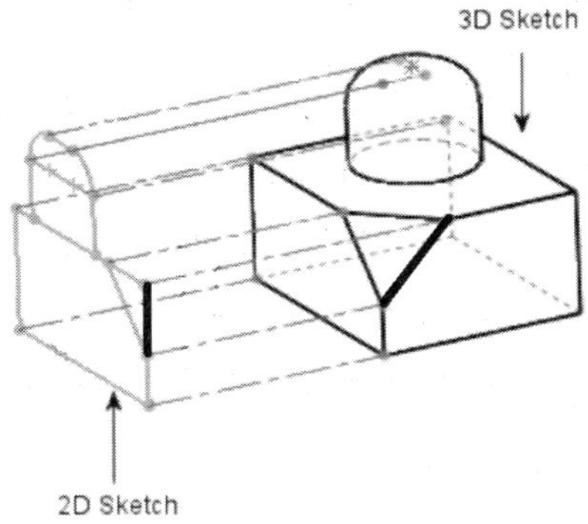

3. 2D 스케치 시작하기

① 스케치 준비 : [새문서] ⇒ [파트] ⇒ [정면](또는 다른 면 선택) ⇒ [스케치] 클릭

② 스케치 시작 : 스케치 도구모음에서 필요한 스케치 요소(선, 원 등) 클릭, 또는 [도구] ⇒ [스케치요소]에서 필요한 요소 클릭.

③ 표시된 원점을 기준으로 생각하고 필요한 형상을 스케치한다.

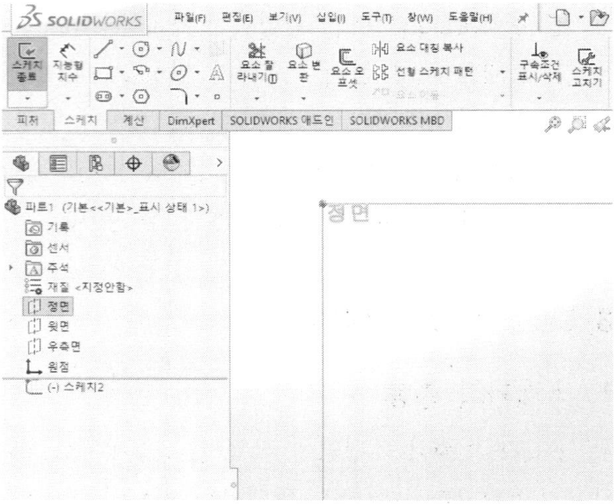

④ 스케치할 때 선 그리기 등과 같이 사용한 명령어를 다시 사용하려면 엔터키를 누르면 이전 명령을 다시 사용할 수 있다. 바로가기 "S" 및 엔터키를 적절히 이용하면 스케치를 편리하고 빠르게 그릴 수 있다.

4. 스케치 종료

스케치 작성이 완료되었으면 피처를 생성하거나 다음 단계의 작업을 하기 위해 스케치 작업을 종료하고 다음 단계의 작업을 한다. 이와 같이 다음 단계의 작업을 위하여 스케치를 종료하는 방법으로는 다음과 같은 세 가지의 경우가 있다.

① 스케치 종료 후 피처 생성 : 스케치 작성 후 피처 도구를 실행한다. 예를 들어 스케치에서 돌출보스/베이스 등의 명령을 실행한다.

② 스케치만 생성 : 스케치 작성 후 종료 아이콘(또는)클릭

③ 취소 : 저장하지 않고 취소하려면 취소 아이콘 ( ) 클릭

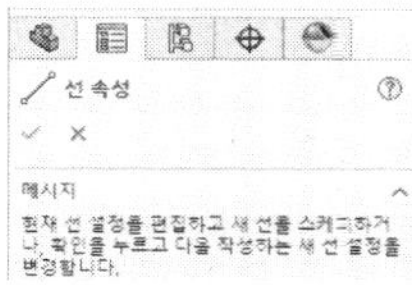

또는

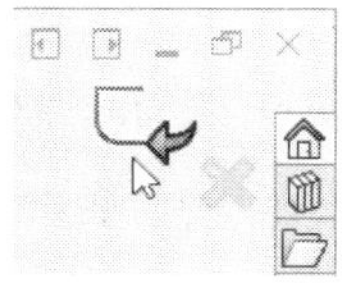

5. 스케치 편집

스케치 도구 모음에서 스케치 또는 삽입 ⇒ 스케치를 클릭하고 편집할 스케치를 디자인 트리나 그래픽 영역에서 선택한다.

디자인 트리나 그래픽 영역에서 스케치를 클릭하고 스케치 편집을 선택해도 마찬가지이다.

6. 스케치 상태 표시

SolidWorks는 색깔로 스케치 요소의 상태를 표현한다. 스케치는 기하형상 간의 구속 조건에 따라 다음 3가지 상태 중 하나로 표현된다.

① 불완전 정의 : 파랑으로 표시되며 스케치의 치수나 구속 조건이 완전하게 정의되지 않아 변경의 여지가 있다는 뜻이다. 정의되지 않은 스케치 요소(파란색)를 클릭하여 드래그하면 스케치 요소가 움직인다.

② 완전 정의 : 검정으로 표시되며 기하학적 관계 및 치수가 완전하게 정의된 상태를 나타내며 스케치 요소를 클릭하여 드래그 하여도 움직이지 않는다.

③ 중복 정의 : 노랑으로 표시되며 스케치의 치수나 구속 조건이 필요 이상으로 중복되거나 조건이 설정될 수 없는 경우이다. 치수나 구속조건을 취소하거나 중복 또는 초과 구속된 요소를 찾아 구속 조건을 삭제해야한다.

3.1.2 스케치 따라 하기

1. 스케치 만들기

스케치의 기본 개념을 익히기 위하여 다음과 같은 간단한 모양의 도면을 스케치해 보기로 한다.

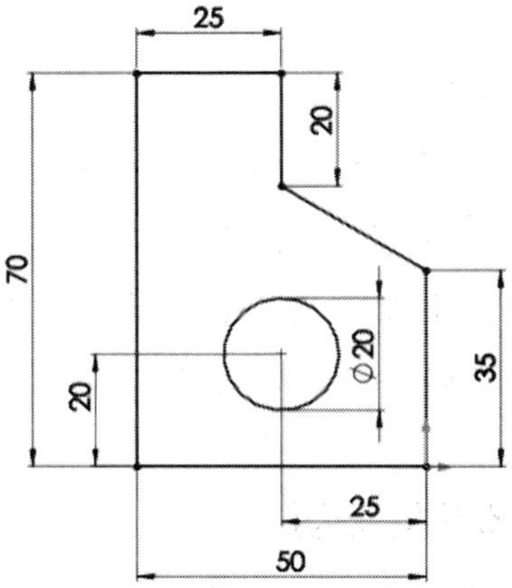

여기서 작업할 내용을 간단히 설명하면 스케치 요소 중에서 선과 원을 이용하여 도면을 작성한다. 구속조건 지정하는 방법은 따로 사용하지 않고(지금은 내부적으로 자동 부여되므로 그대로 진행하고 자세한 내용은 나중에 다시 학습한다.) 지능형 치수를 이용하여 치수 조건만 부여하는 방법으로 작업한다. 잘 안되면 바로 뒤에 나오는 스케치 요소 ⇒ 선을 학습하여 내용을 이해한 다음 이 예제를 다시 그려 본다.

① [파일] ⇒ [새 파일] ⇒ [파트] ⇒ [정면] ⇒ [스케치]

② 스케치 요소의 선 ⇒ 원점부터 시작하여 대략의 형태로 도면을 그린다.(정확하게 그리지 않고 비슷하게 그린 후 나중에 치수를 입력한다.)

③ 스케치 요소의 원 ⇒ 제시된 도면에 따라 원을 그린다.

④ 도구모음의 지능형 치수 ⇒ 각 선 요소들을 클릭하여 치수를 입력한다. 치수가 제대로 입력된 요소는 검은색으로 변한다.

⑤ 전부 검은색으로 바뀌었으면 완성된 것이다. 종료(또는)를 클릭한다.

⑥ 도구모음에서 피처 ⇒ 돌출보스/베이스 를 클릭하면 3차원 형상이 나타난다. 종료 아이콘을 클릭하여 기본적인 파트 형상을 완성한다.

⑦ 앞에서 익힌 마우스 사용하기를 적용해 회전 및 확대/축소 등의 동작을 연습해본다.

3.1.3 스케치 요소

1. 선

그래픽 영역에서 직선을 그릴 때 사용하는 명령어. 선을 그릴 때 선 길이를 치수에 정확하게 맞추어 그릴 필요 없이 적당히 그린 다음 치수를 부여하면 길이가 자동으로 조절된다.

① [시작] ⇒ [새문서] ⇒ [파트] ⇒ [스케치] ⇒ [정면](작성할 평면) 선택

② 선 아이콘 을 클릭하면 마우스 포인터 모양이 로 바뀐다.

③ 시작할 점을 클릭하고 다음 점을 계속 클릭한다.

④ 선 그리기를 끝내려면 마지막 점에서 더블클릭하거나 Esc 키를 누르거나 엔터키를 두 번 누른다.

⑤ 지울 때는 요소를 선택한 다음 DEL 키를 누른다. 요소를 여러 개 선택하려면 Ctrl 키를 누르고 선택한다.

⑥ 사각형 모양으로 오른쪽에서 왼쪽으로 드래그(상자선택)하면 상자 안에 있는 요소만 선택되고, 왼쪽에서 오른쪽으로 드래그(교차선택)하면 상자에 걸친 요소도 모두 포함된다.

⑦ 현재 스케치를 저장하지 않고 모두 취소하려면 취소 ( ) 클릭

> 팁 : 1. 마우스 포인터 모양이 이 되면 필터 기능이 작동 중이다. 이 기능을 취소 시키려면 기능키 [F6]을 누른다.
> 2. 구속조건이 보여 복잡하면 [보기] ⇒ [스케치구속조건]을 클릭하면 구속조건 기호 보이기/안보이기가 교대로 작동한다.

2. 중심선

요소의 대칭복사, 회전 피처의 회전 축, 치수 또는 구속 조건 등을 부여하기 위한 중심선을 그린다. 이 선은 일반적인 선과 다르게 형상을 만드는데 영향을 주지 않으며 단순히 보조선으로서의 역할을 한다.

① 선 아이콘의 화살표 부분을 클릭하여 나타나는 하위 메뉴에서 [중심선]을 선택하여 앞의 선 그리기와 같은 방법으로 그린다.

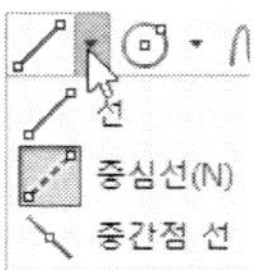

② 기존에 작성된 스케치 요소를 선택하여 왼쪽의 선 속성 메뉴에서 [보조선]에 체크하면 해당 선은 이제부터 중심선(보조선)으로서의 기능을 갖는다.

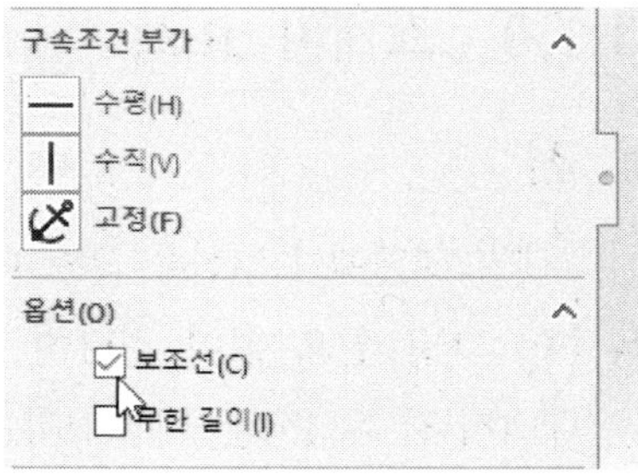

3. 원

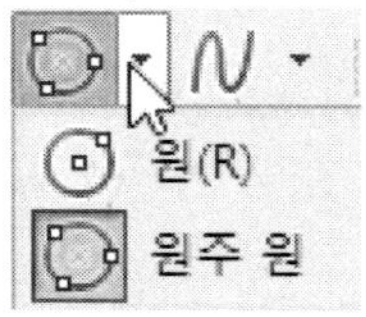

원 아이콘 의 화살표를 클릭하면 하위 메뉴의 종류로는 원, 원주 원이 있다. 원은 중심선과 반지름을 지정하여 그리는 것이고 원주 원은 원주의 세 점을 지정하여 원을 그린다.

4. 사각형

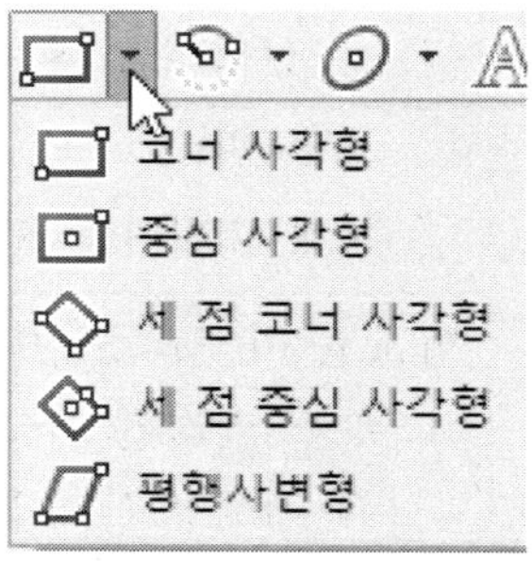

직사각형 아이콘 의 화살표를 클릭하면 하위 메뉴의 종류로는 코너 사각형, 중심사각형, 세 점 코너 사각형, 세 점 중심 사각형, 평행사변형이 있다. 각각의 특징을 간단히 설명한다.

① 코너 사각형 : 사각형의 첫 번째 구석 점과 반대쪽의 구석 점을 지정하여 사각형을 그린다.

② 중심사각형 : 사각형 중심의 위치를 지정하고 마우스를 끌어 크기를 지정하여 사각형을 그린다.

③ 세 점 코너 사각형 : 첫 번째 점을 지정하고 모서리의 길이와 각도에 맞추어 두 번째 점을 지정한 다음 세 번째 점을 지정하여 모서리의 길이를 결정한다.

④ 세 점 중심 사각형 : 첫 번째 점으로 사각형의 중심점을 지정하고 두 번째 점은 모서리의 1/2 길이를 지정하고 세 번째 점으로 모서리 길이를 결정한다.

⑤ 평행사변형 : 세 점 코너 사각형과 같은 방법으로 그리되 직사각형이 아니고 형행사변형을 그린다.

5. 호

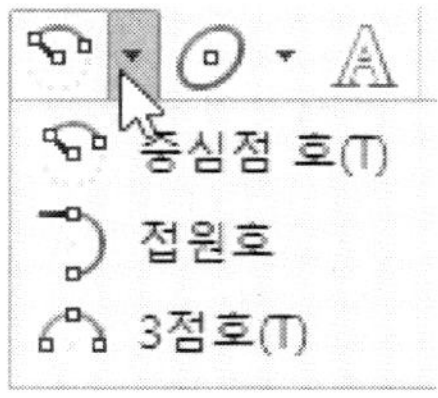

호 아이콘 을 클릭하면 하위 메뉴의 종류로 중심점 호, 점 원호, 3점호가 있다.

① 중심점 호 : 호의 중심이 되는 점을 지정하고 마우스를 끌어 호의 반지름과 시작되는 점을 배치하고 끌어서 호의 끝점을 지정한다.

② 점 원호 : 선, 원호, 타원, 자유곡선 등의 끝점을 클릭하고 원하는 형태로 원호를 끌어 다음 점을 지정한다.

③ 3점호 : 호의 시작점과 끝점을 지정하고 호의 반지름과 중심의 위치를 결정하는 점을 지정한다.

6. 직선 홈

여러 가지 홈을 그릴 때 사용하며 직선 홈 아이콘 을 클릭하면 하위 메뉴의 종류로 직선 홈, 중심점 직선 홈, 3점호 홈, 중심점 호 홈이 있다.

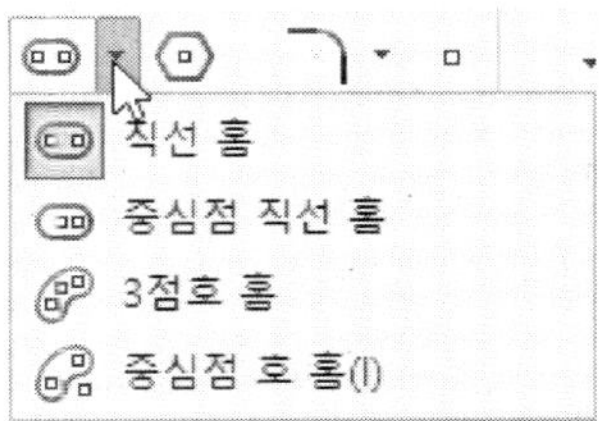

① 직선 홈 : 홈의 시작점을 지정하고 다음에 마우스를 끌어 홈의 길이를 지정한 후 홈의 너비를 지정한다.

② 중심점 직선 홈 : 홈 전체 길이의 중심이 되는 점을 지정하고 마우스를 끌면 홈의 길이가 양쪽으로 늘어난다. 다음에 홈의 너비를 지정한다.

③ 3점호 홈 : 호의 시작점과 끝점을 지정하고 호의 중심과 반지름을 결정하는 중심점을 결정한 후 홈의 너비를 지정한다.

④ 중심점 호 홈 : 호의 중심이 되는 점을 지정하고 호의 시작점과 끝점을 지정한 다음 홈의 너비를 지정한다.

7. 다각형

변이 3개에서 40개까지 있는 다각형을 그린다. 다각형 아이콘 을 클릭하면 다각형 속성을 나타내는 왼쪽 메뉴의 [파라미터]에서 변의 수, 내접원, 외접원 등의 속성을 입력한 다음 다각형의 중심점을 지정하고 마우스를 끌어 크기를 정한다.

8. 타원

타원 및 포물선을 그리는 명령어로 타원 아이콘 을 클릭하면 하위 메뉴로 타원, 부분타원, 포물선, 원추형이 있다.

① 타원 : 타원의 중심점을 지정하고 마우스를 끌어 장축과 단축에 해당하는 점을 지정한다.

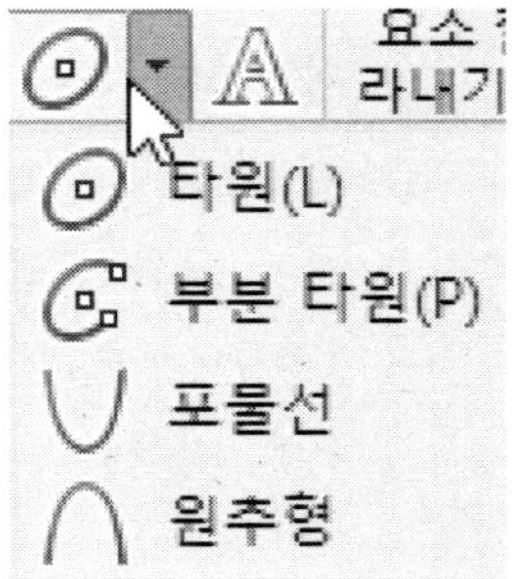

② 부분타원 : 타원 그리는 방법과 마찬가지로 중심점을 지정하고 장축과 단축을 정한 다음 이를 기준으로 타원의 시작점과 끝점을 지정하여 부분적인 타원을 그린다.

③ 포물선 : 포물선의 정점이 될 점을 지정하고 마우스를 끌면 포물선의 가상선이 그려지고 이 가상 선을 기준으로 시작점과 끝점을 지정한다.

④ 원추형 : 원추형의 폭을 결정하는 시작점과 끝점을 지정하고 중심을 끌어 원추형이 되도록 다음 점을 지정한다.

9. 스케치 필렛 및 모 따기

두 스케치 요소가 교차하는 코너를 원형으로 만들거나 모따기를 하는 명령어로 스케치 필렛 아이콘 을 클릭하면 하위 메뉴로 스케치 필렛과 스케치 모따기가 있다.

각도-거리	거리-거리	동등거리
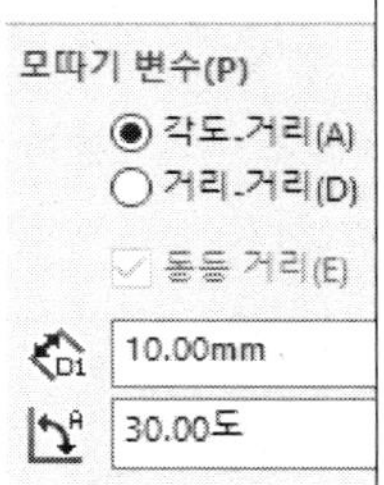	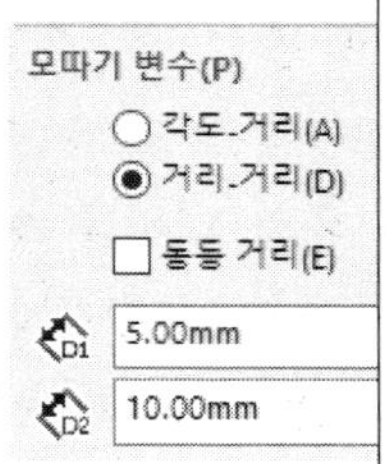	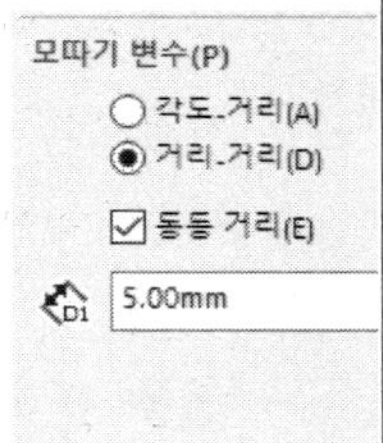
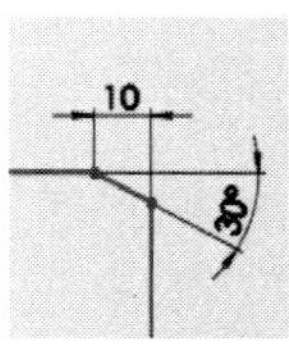	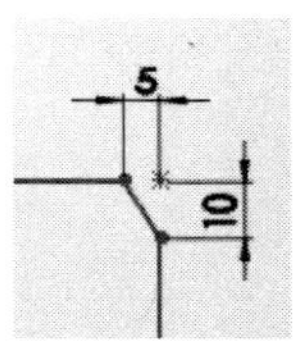	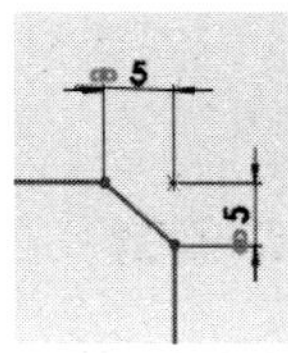

① 스케치 필렛 : 왼쪽의 스케치 필렛 속성 메뉴에서 필렛 변수의 반지름 값을 입력하고 필렛할 요소를 선택한다.

② 스케치 모따기 : 스케치 모따기 속성 메뉴에서 모따기 변수를 정하고 값을 입력한 다음 모따기할 요소를 선택한다.

10. 점

점 아이콘 을 선택하면 마우스 포인터가 로 바뀌면서 마우스로 클릭하면 그 위치에 점을 삽입한다.

3.1.4 스케치 편집

작업의 필요에 따라 선, 원, 호, 자유곡선 등의 선분 요소들이 교차하는 부분을 잘라 내거나 삭제하고 다른 스케치 요소까지 길이를 연장하는 등의 작업을 하는 방법을 설명한다.

1. 스케치 잘라내기

① 도구 모음에서 [요소 잘라내기]아이콘 선택, 또는 [도구] ⇒ [스케치도구] ⇒ [잘라내기]를 선택

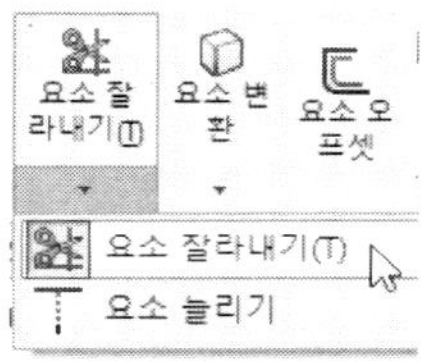

② Property Manager에서 옵션 선택. 옵션에는 다음과 같은 여러 가지 옵션이 있지만 특별한 경우가 아니면 지능형을 선택하여 작업하는 것이 편리하다.

㉮ 지능형 : 포인터를 끌 때 가장 근접한 교차 요소까지 잘라내고, 하나 이상의 스케치 요소를 가장 근접한 교차 요소까지 잘라내며 연장할 점이나 선을 드래그하면 필요한 곳까지 연장할 수 있다. 삭제할 부분의 요소를 마우스로 지나가듯이 걸쳐주면 해당 요소가 삭제된다.

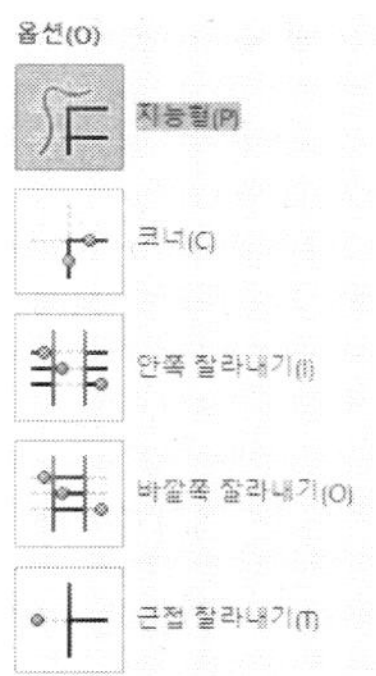

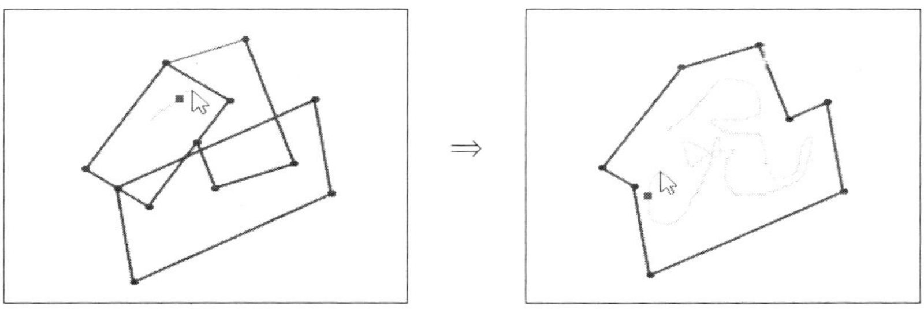

㉯ 코너 : 두 요소가 교차점(또는 가장의 교차점)에서 코너를 만든다. 교차하는 선이라면 남겨야할 부분을 클릭하고, 다음 그림과 같이 교차하지 않는 선은 두 요소를 클릭하면 연장하여 교차하는 점까지 긴 선은 잘라내고 짧은 선은 연장하여 교차시킨다.

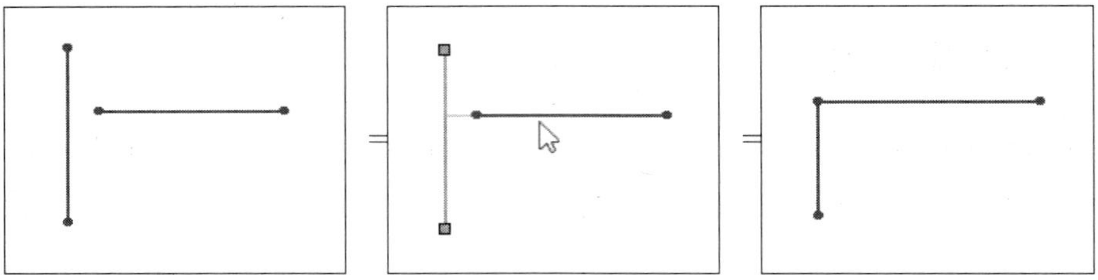

㉰ 안쪽 잘라내기 : 선택한 두 요소의 경계 사이(안쪽)에 존재하는 요소를 잘라낸다.

㉱ 바깥쪽 잘라내기 : 선택한 두 요소의 바깥쪽에 있는 열린 요소를 잘라낸다.

㉲ 근접 잘라내기 : 선택한 요소를 다른 스케치 요소와 가장 근접하게 교차하는 부분까지 잘라낸다.

2. 요소 늘리기

선이나 중심선과 같은 스케치 요소의 길이를 연장한다.

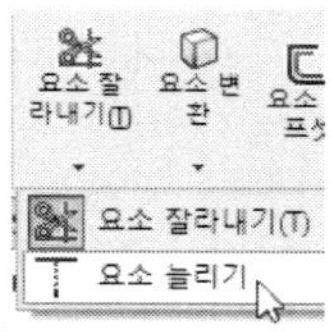

① 스케치 도구 모음에서 [요소 늘리기]아이콘 선택. 또는 [도구] ⇒ [스케치도구] ⇒ [늘리기]를 선택하면 마우스 포인터가 (포인터 아이콘) 모양으로 바뀐다.

② 포인터를 연장할 스케치 요소로 가져간다.

③ 연장할 방향으로 미리보기가 나타난다. 방향이 다르면 포인터를 선이나 호의 반대쪽으로 가져간다.

④ 스케치 요소를 클릭하면 미리보기가 적용된다.

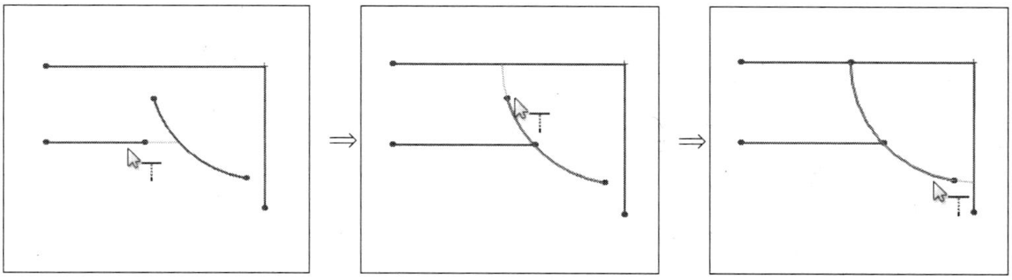

3. 스케치 요소 변환

피처의 모서리선, 면의 외곽선, 곡선, 외부 스케치 등을 원하는 평면에 투영하여 스케치 곡선을 만드는 도구. 자세한 내용은 피처 작업 시 더 익히도록 하고 여기서는 기본적인 개념만 설명한다.

① 스케치 도구모음의 요소변환 아이콘 또는 [도구] ⇒ [스케치도구] ⇒ [요소변환] 선택
② 스케치 상태에서 모델의 면, 모서리선 또는 외부 스케치 곡선을 선택
③ 확인 ✔

4. 오프셋

스케치에서 하나 이상의 스케치 요소, 모델 면, 모델 모서리 선을 지정한 거리로 간격띄우기 하여 복사한다.

① 스케치에서 하나 이상의 스케치 요소, 모델 면, 모델 모서리 선을 선택
② 메뉴에서 요소 오프셋 아이콘 선택 또는 [도구] ⇒ [스케치도구] ⇒ [요소 오프셋] 선택
③ Property Manager의 파라미터의 값을 필요에 맞게 입력한다.

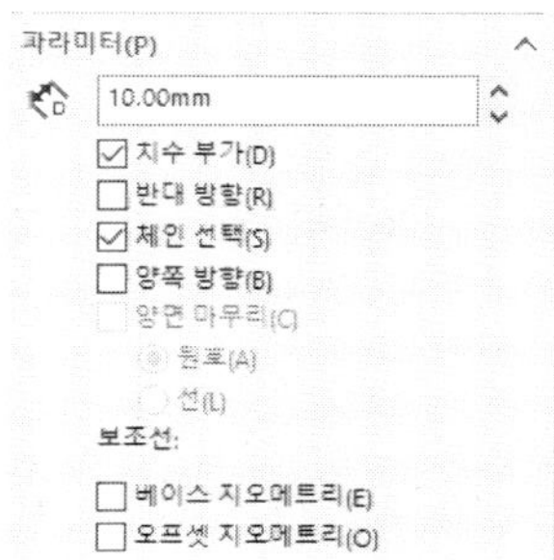

㉮ 오프셋거리 : 10.00mm 스케치 요소를 오프셋 할 거리를 입력한다. 요소를 클릭한 채로 드래그하면 동적 미리보기를 볼 수 있다. 이 때 마우스 단추를 놓으면 오프셋이 적용된다. 거리 등을 다시 정확하게 수정하면 원하는 모양을 얻을 수 있다.
㉯ 치수부가 : 스케치에 오프셋 거리를 포함한다.
㉰ 반대방향 : 한 방향 오프셋의 방향을 바꾼다.
㉱ 체인선택 : 연결된 스케치 요소를 모두 오프셋한다.
㉲ 양쪽방향 : 양쪽 방향으로 오프셋을 작성한다.
㉳ 양면마무리 : 오프셋의 끝단을 원호 또는 선으로 마무리한다.
㉴ 보조선 : 베이스 지오메트리, 오프셋 지오메트리를 따로 또는 두 조건을 같이 사용하여 원본 스케치 요소를 보조선으로 변환한다.

5. 요소 대칭복사

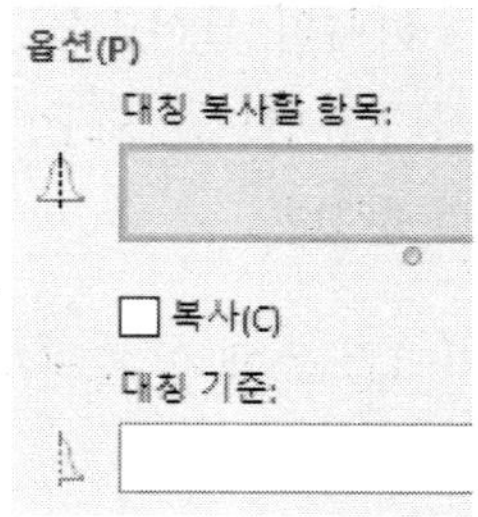

선택된 요소를 중심선(보조선)을 기준으로 대칭 복사한다.

① 메뉴에서 요소 대칭복사 아이콘 요소 대칭 복사 선택 또는 [도구] ⇒ [스케치도구] ⇒ [대칭] 선택

② 옵션에서 대칭 복사할 항목을 한 개 또는 그 이상을 선택한다.

③ 대칭 기준에서 대칭 기준이 될 중심선(보조선)을 선택한다.

④ 복사에 체크하지 않으면 원본은 사라지고 대칭된 요소만 남는다.

6. 선형 스케치 패턴

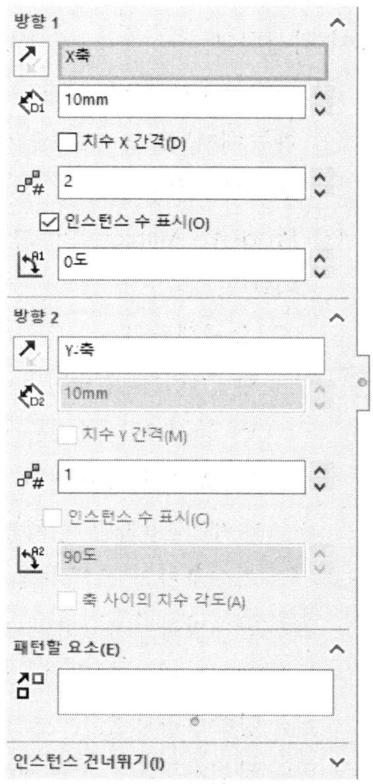

평면이나 모델의 스케치 요소를 사용해서 X, Y 축 방향으로 주어진 개수만큼의 선형 스케치 패턴을 작성한다.

① 메뉴에서 선형스케치 패턴 아이콘 선형 스케치 패턴 선택 또는 [도구] ⇒ [스케치도구] ⇒ [선형패턴]

② 방향 1, 방향 2에서 X축과 Y축에 관한 옵션을 입력한다. 먼저 요소를 선택하고 선형스케치 패턴 메뉴 아이콘을 선택해도 되고 아이콘을 먼저 선택했으면 [패턴할 요소]에서 선택해도 된다.

③ 거리와 개수를 입력한다. 해당 입력창 아래에 있는 ▫치수×간격(D), ▫인스턴스 수 표시에 체크하면 도면에 치수, 간격, 개수 등을 표시한다. 이렇게 표시 되어야 나중에 수정할 때 편리하다.

④ 인스턴스 건너뛰기는 그래픽 영역에서 패턴에 포함하지 않을 인스턴스를 클릭한다.

7. 원형 스케치 패턴

스케치 요소나 모델 모서리 선을 사용해서 평면이나 모델에 중심점을 기준으로 원형 스케치 패턴을 작성한다.

① 메뉴에서 선형 스케치 패턴의 하위 메뉴에 있는 원형 스케치 패턴 아이콘 원형 스케치 패턴 선택 또는 [도구] ⇒ [스케치도구] ⇒ [원형패턴] 선택하면 포인터가 원형 스케치 패턴 모양 으로 바뀐다. 요소를 먼저 선택하거나 또는 명령어 먼저 선택하고 요소를 나중에 선택해도 된다.

② 파라미터에서 X, Y는 원점에서 원형패턴의 중심점까지의 좌표 값이다.

③ 패턴의 개수(인스턴스 수)와 전체의 각도(A1)를 입력한다. 해당 입력창 아래에 있는 □동등간격, □치수 반경, □인스턴스 수 표시에 체크하면 해당 내용을 표시한다. 이렇게 표시되어야 나중에 수정할 때 편리하다.

④ 인스턴스 건너뛰기는 그래픽 영역에서 패턴에 포함하지 않을 인스턴스를 클릭한다.

⑤ 반경 100mm 과 원호각도 270도 는 거의 사용하지 않으므로 설명을 생략한다.

8. 요소 이동/복사/회전

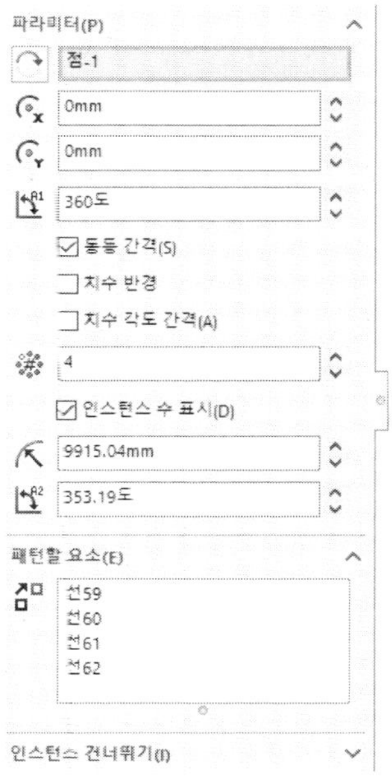

스케치 요소를 새 위치로 이동하거나 복사된다. 이동 및 복사 작업에서는 구속조건을 부가하지 않는다. 따라서 구속조건을 부가하려면 반드시 구속조건 부가를 사용해야 한다. 또 한 가지는 이동 명령을 사용할 때 요소가 어떤 점에 구속되어 이동을 할 수 없는 조건을 갖고 있으면 이동이 안 된다. 따라서 이때는 이동을 방해하는 구속조건을 삭제한 다음에 이동해야 한다.(복사는 상관없다.)

① 메뉴에서 요소 이동 아이콘 요소 이동 선택 또는 [도구] ⇒ [스케치도구] ⇒ [이동] 선택.

② 복사를 하려면 같은 방법으로 요소이동 아이콘의 화살표를 누르면 하위 메뉴가 나타나는데 여기에서 요소 복사 아이콘 요소 복사 를 클릭하면 메뉴는 그대로 있지만 Property Manager(그림의 표시 1번)에는 [복사할 요소(E)]로 표시된다.

③ 이동 또는 복사할 요소를 선택한다.(선택된 요소들이 1번에 표시된다.)

④ 시작점의 빈 칸(그림의 2번)을 클릭한 다음 시작할 점을 요소에서 클릭한다.(그림의 3번)

⑤ 요소가 위치할 점을 클릭한다.(그림의 4번)

⑥ 이동과 복사의 다른 점은 원본이 사라지느냐 남아있느냐의 차이일 뿐 나머지는 같은 방법으로 작업한다.

⑦ 회전 방법도 위와 같고 다만 회전 각도를 입력하거나 마우스로 회전 화살표를 끌어 필요한 만큼 돌리면 된다.

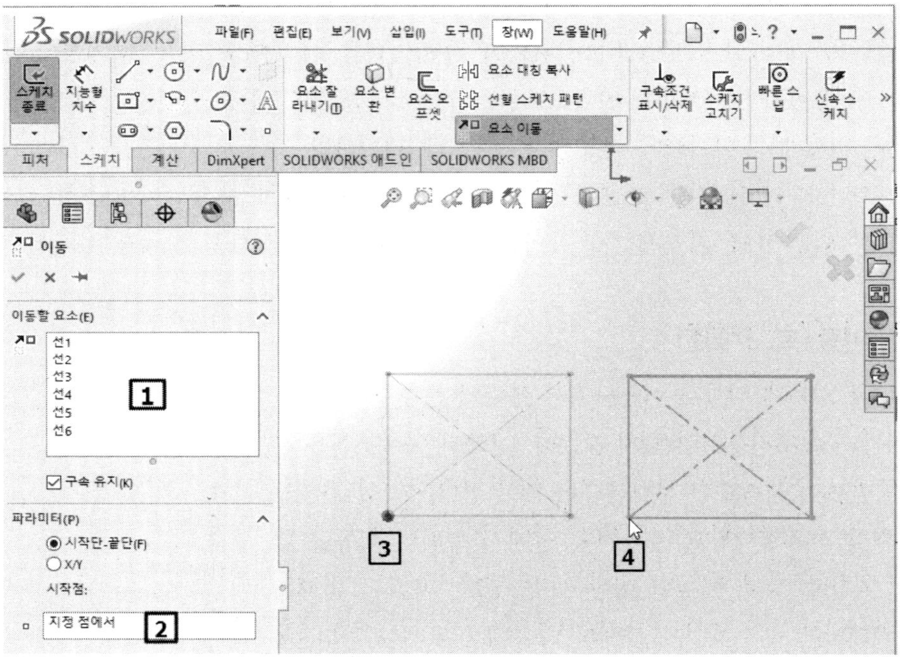

3.2 구속조건의 적용

3.2.1 구속조건

스케치의 편리성을 높이기 위하여 스케치 요소 사이의 관계, 예를 들어 두 직선은 평행이다, 또는 수직이다 등과 같은 관계를 정의하여 스케치 요소가 그 정의대로 조건을 유지하도록 하는 방법이다. 조건이 항상 구속되어 유지되므로 이렇게 사용되는 명령을 [구속조건]이라고 한다.

이러한 구속조건은 자동으로 부가하는 방법과 수동으로 추가하는 방법이 있고 구속조건 표시/삭제 도구를 사용하여 기존 구속조건을 편집한다.

1. 구속 자동 설정

다음과 같이 설정해 두면 스케치 할 때 필요한 구속조건이 자동으로 부가되므로 그 외의 필요한 구속조건만 필요에 따라 수동으로 부가하면 된다.

① [도구] ⇒ [스케치 세팅] ⇒ [구속 자동] 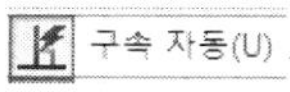

선택

② [도구] ⇒ [옵션] ⇒ [시스템옵션] ⇒ [구속조건/스냅] ⇒ [구속 자동(U)]에 체크

2. 수동으로 구속조건 부가

대상이 되는 스케치 요소를 선택(두 개 이상 선택할 때는 Ctrl 키를 누르고 연속으로 선택)하면 구속조건 부가 PropertyManager가 나타난다. 여기에서 필요한 조건을 선택한다. 구속조건 부가 Property Manager는 다음과 같다.

① 선택 요소 : 구속 조건을 부여하기 위해 선택된 스케치 요소의 목록

② 기존 구속조건 : 선택된 스케치 요소들 간에 이미 부여된 구속조건

③ 구속조건 부가 : 선택된 스케치 요소들 간에 부여할 수 있는 구속조건의 종류

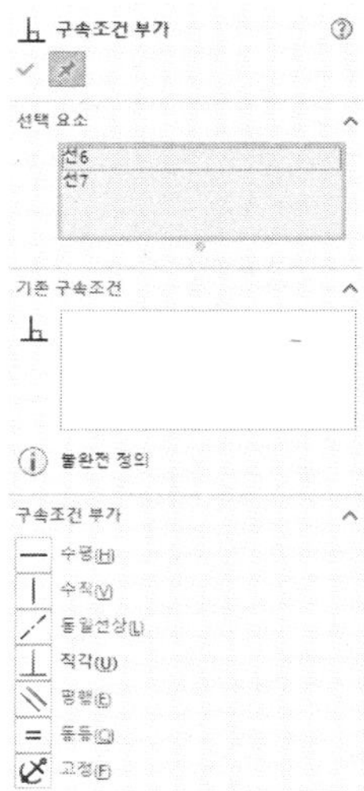

3. 구속 조건 삭제

① 스케치 평면에 보이는 구속조건 표시를 클릭하여 DEL 키를 눌러 삭제하거나 PropertyManager의 [삭제(D)] 를 누른다.

② 메뉴에서 구속조건 표시/삭제 아이콘을 선택하여 PropertyManager의 [스케치 내 모든 항목]에 보여주는 조건을 선택하면 스케치 평면에 보이는 구속조건 표시가 빨강으로 변한다. 필요한 구속조건이 선택되었는지 확인이 되었으면 DEL 키를 누르거나 우 클릭하여 삭제한다.

4. 구속 조건의 종류 및 특성

다음은 솔리드웍 도움말에 있는 구속조건 설명이다.

구속조건	선택할 요소	결과되는 구속 조건
수평/ 수직	한 개 또는 여러 개의 선, 두 개 이상의 점	선이 수평 또는 수직이 된다. (현재 스케치 공간에서 지정한 대로). 점은 수평 또는 수직으로 배열된다.
동일선상	두 개 이상의 선	항목이 같은 무한 선상에 있게 된다.
동일 원	두 개 이상의 호	항목이 같은 중심점과 반경을 공유하게 된다.
직각	두 선	두 항목이 서로 직각을 이룬다.
평행	두 개 이상의 선 3D 스케치에서 선과 평면 (또는 평평한 면).	선택된 항목이 서로 평행하게 된다. 선이 선택한 평면에 평행하게 된다.
YZ평행	3D 스케치에서 선과 평면 (또는 평평한 면).	선은 YZ 평면에 평행하게 된다.
ZX평행	3D 스케치에서 선과 평면 (또는 평평한 면).	선은 ZX 평면에 평행하게 된다.
Z축 따라	3D 스케치에서 선과 평면 (또는 평평한 면).	선이 선택한 평면 면에 수직을 이룬다.
탄젠트	호, 타원 또는 자유곡선과 선 또는 호.	두 항목이 접한 상태가 된다.
동심	두 개 이상의 원호, 점, 호	원호가 같은 중심점을 공유한다.
중간점	두 선 또는 점과 선.	점이 선의 중간점에 있게 된다.

교차	두 선과 한 점	점이 선의 교점에 있게 된다.
일치	점, 선, 호, 타원.	점이 선, 원호, 또는 타원에 있게 된다.
균등	두 개 이상의 선, 두 개 이상의 호	선길이 또는 반경이 같아진다.
동등 곡률	두 개의 자유곡선.	곡률 반경과 벡터(방향)가 두 자유곡선 사이에서 일치된다.
대칭	중심선과 두 점, 선, 호 또는 타원.	항목이 중심선에 직각인 선에서 중심선으로부터 같은 거리를 유지하게 된다.
고정	모든 요소.	스케치 요소의 크기와 위치가 고정된다. 그러나 고정된 선의 끝점, 원호 또는 타원형 선분의 끝점은 그 아래 무한 선이나 원형 또는 타원형을 따라 자유롭게 이동된다.
홈 고정	홈 스케치 요소	스케치 요소의 크기와 위치가 고정된다.
관통	스케치 점과 축, 모서리선, 선, 또는 자유 곡선	스케치 점이 축, 모서리선, 또는 곡선이 스케치 평면을 관통하는 위치와 일치하게 된다. 관통 구속조건이 안내 곡선으로 스윕에서 사용된다.
점 병합	두 개의 스케치 점 또는 끝점	두 개의 점이 하나의 점으로 합쳐진다.
두 배 거리	중심선 및 모든 스케치 요소.	스케치 요소에 중심선으로부터의 거리 두 배에 해당하는 치수가 부가된다.
동일한 홈	둘 이상의 홈 스케치 요소	항목에 같은 길이 또는 반경이 있다.
모서리에	솔리드의 모서리	요소 변환 도구를 사용하여 솔리드 모서리가 스케치 평면에 투영된다.
평면 상	평면의 스케치 요소	스케치 요소가 평면에 있다.
곡면 상	곡면의 스케치 요소	스케치 요소가 곡면에 있다.
접촉면	스케치 요소 및 솔리드 면	스케치 요소와 면이 서로 접하게 된다.

3.2.2 구속조건의 적용 예

여러 가지 구속조건 중에서 일반적으로 많이 사용하는 구속조건의 적용 대상과 그 적용 예를 정리한다. 여기서 보여주는 방법대로 실습을 해 보려 해도 연습을 하다보면 어느 요소가 기준이 되고 어느 요소가 변하는 것인지 헷갈린다.

예를 들어 원 A와 원 B를 동일 원으로 구속하면 A의 크기에 맞추어 B가 조정되는지, B의 크기에 맞추어 A가 조정되는지는 작업자가 쉽게 알 수 없다. 따라서 A에 지름 치수를 기입하면 A가 지름 크기에 맞게 구속되었으므로 변할 수 없으니까 A를 기준으로 B가 조정되어 동일 원이 된다.

구속조건을 필요에 따라 충분하게 설정하고, 가능한 치수기입을 적게 하는 방법이 좋다. 그러나 무조건 치수 기입을 적게 하라는 것은 아니고 형상화 명령어에 대한 특성, 형상모델링 작업 과정 그리고 형상을 변경할 때 수정하는 방법 등의 여러 요인들을 고려하여 판단해야 한다. 따라서 실습할 때 우선 치수 기입을 적게 하는 방법을 고려하고, 다양한 방법으로 구속조건 및 치수 기입을 조합하는 연습을 많이 하여 몸에 익히도록 한다.

1. 수평/수직 /

① 적용 대상 : 한 개 직선, 두 개 이상의 점

② 적용 후 결과 : 선은 수평 또는 수직으로 위치하고, 여러 개의 점을 선택하면 선택된 점들은 수평 또는 수직으로 배열된다.

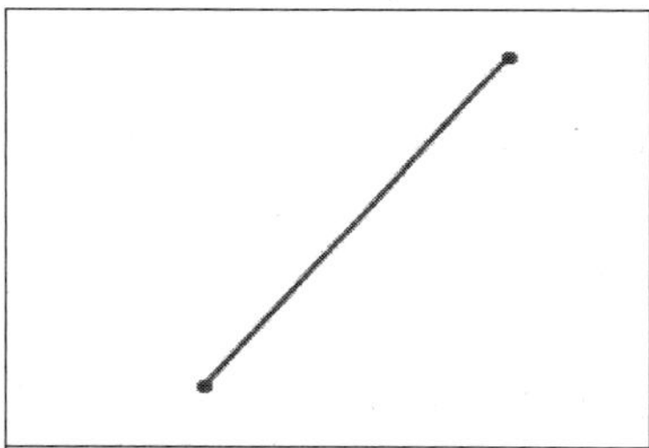	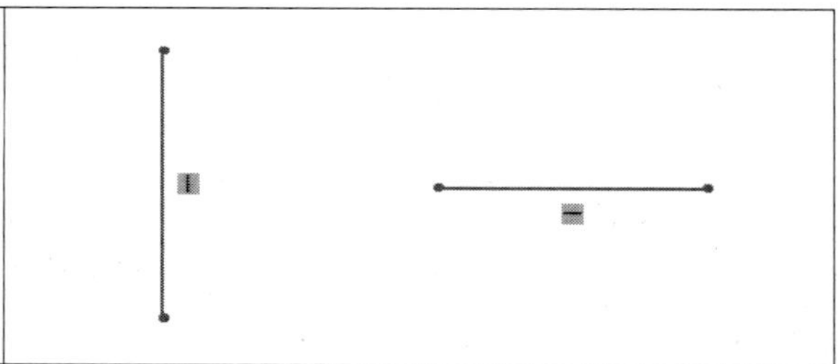
적용 전	**적용 후**

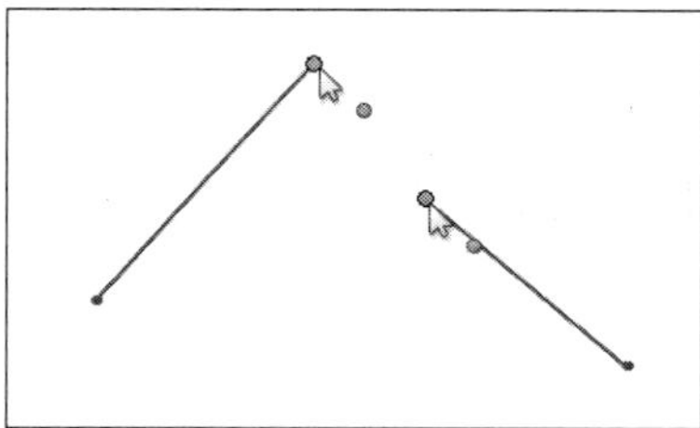	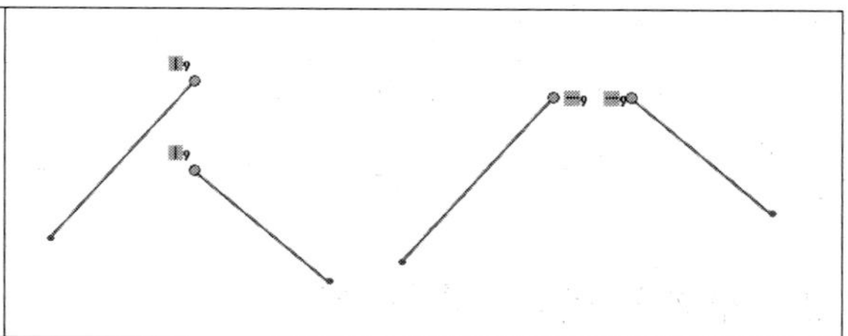
적용 전(선의 끝 점)	**적용 후**

2. 동일선상

① 적용대상 : 두 개 이상의 직선

② 적용 후 결과 : 같은 무한선 상에 있게 된다.

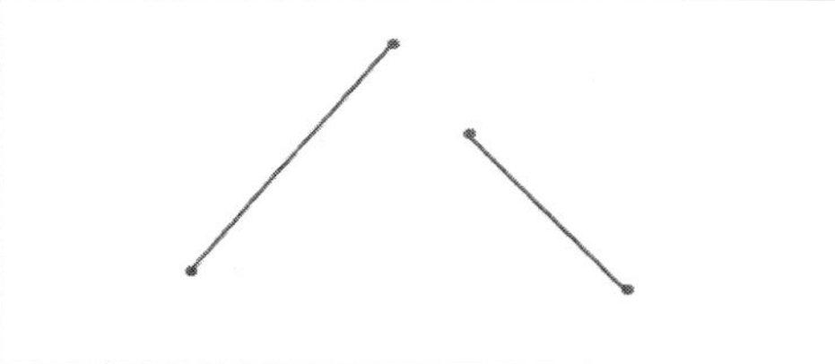	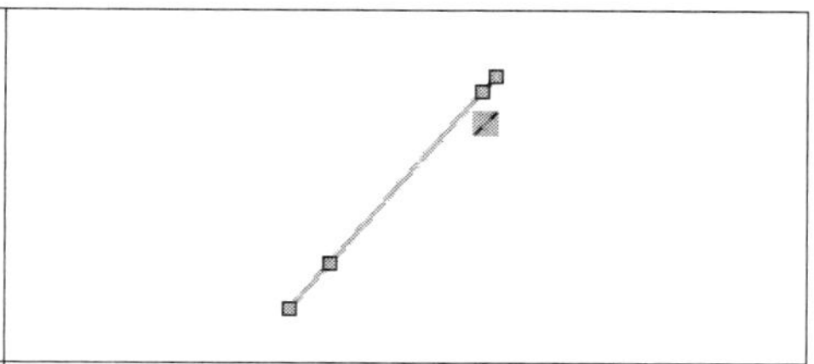
적용 전	적용 후

3. 직각

① 적용대상 : 두 선

② 적용 후 결과 : 두 항목이 서로 직각을 이룬다.

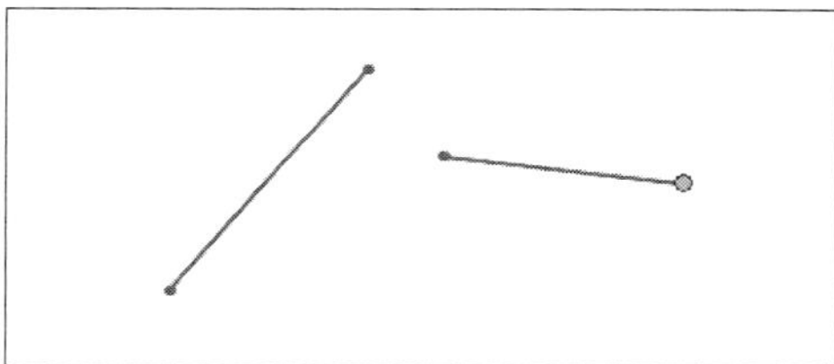	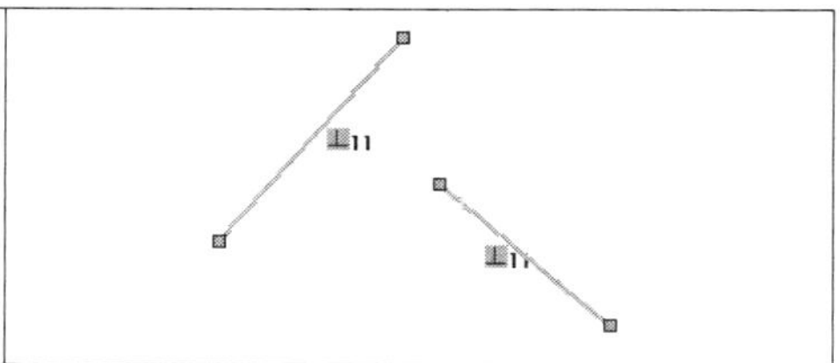
적용 전	적용 후

4. 평행

① 적용대상 : 두 개 이상의 선, 3D 스케치에서는 선과 평면

② 적용 후 결과 : 선택된 항목이 서로 평행하게 된다.

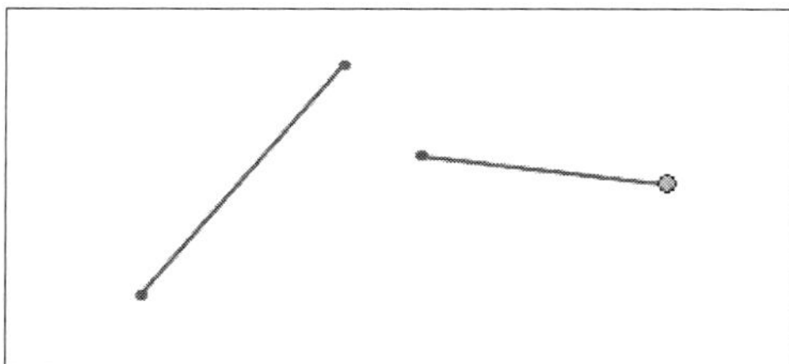	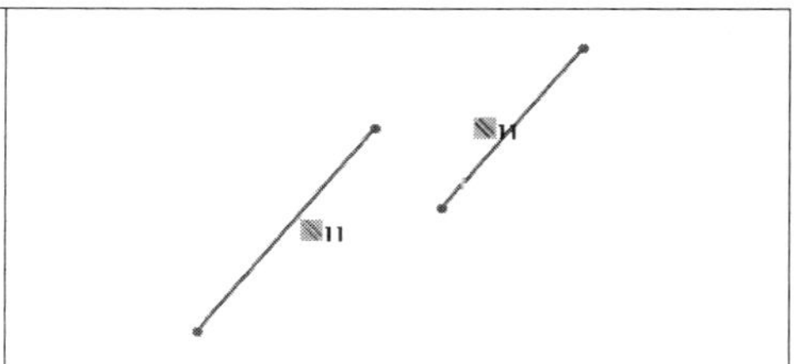
적용 전	적용 후

5. 동일 원 

① 적용대상 : 두 개 이상의 원이나 호

② 적용 후 결과 : 선택된 요소들이 같은 반지름과 중심을 공유한다. 아래 예시는 원은 원끼리 호는 호끼리 선택하여 적용한 것이다.

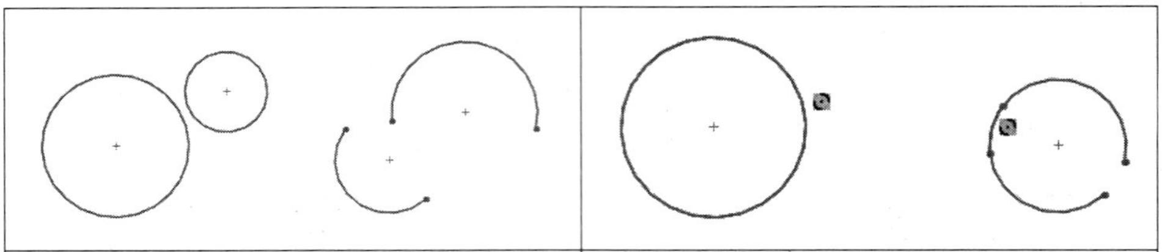

적용 전	적용 후

6. 탄젠트 

① 적용대상 : 호, 타원, 자유곡선과 선 또는 호

② 적용 후 결과 : 선택한 두 항목이 접한 상태가 된다.

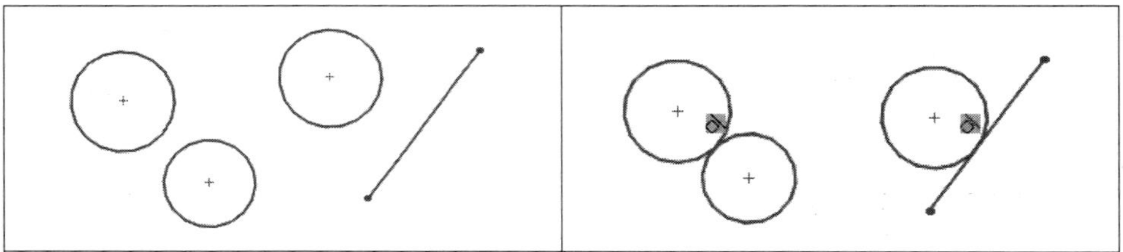

적용 전	적용 후

7. 동심 

① 적용대상 : 두 개 이상의 원호, 점, 호

② 적용 후 결과 : 원 또는 원호가 같은 중심점을 공유한다.

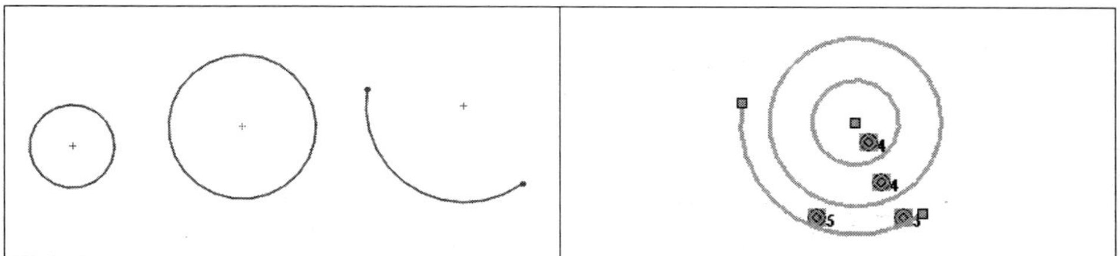

적용 전	적용 후

8. 같은 곡선 길이

① 적용대상 : 두 개 이상의 선, 호, 원

② 적용 후 결과 : 선, 원, 호를 이루는 선분의 길이가 같아진다.

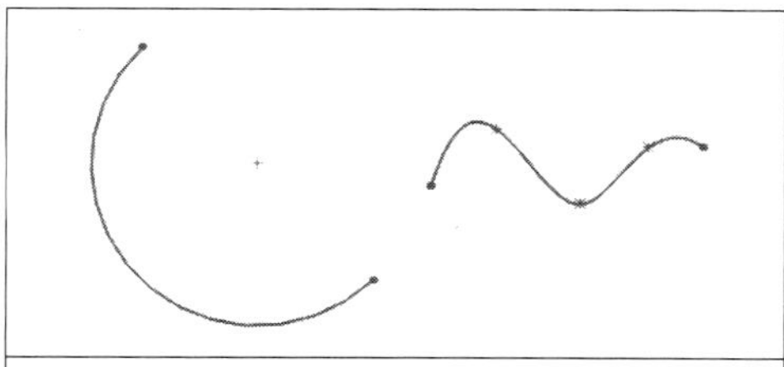	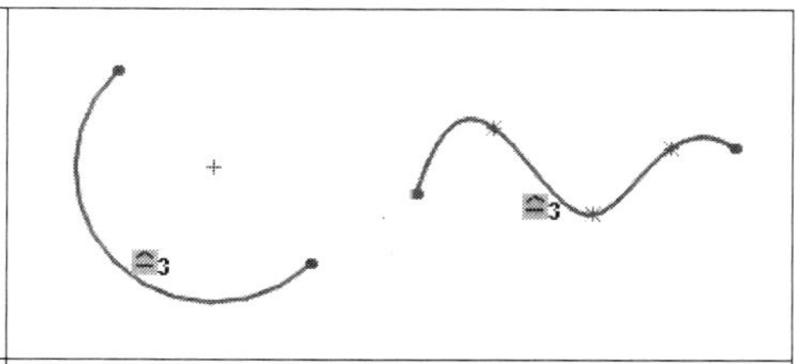
적용 전	**적용 후**

9. 동등

① 적용대상 : 두 개의 선 또는 원, 원호

② 적용 후 결과 : 선택한 두 요소의 크기가 같아진다.

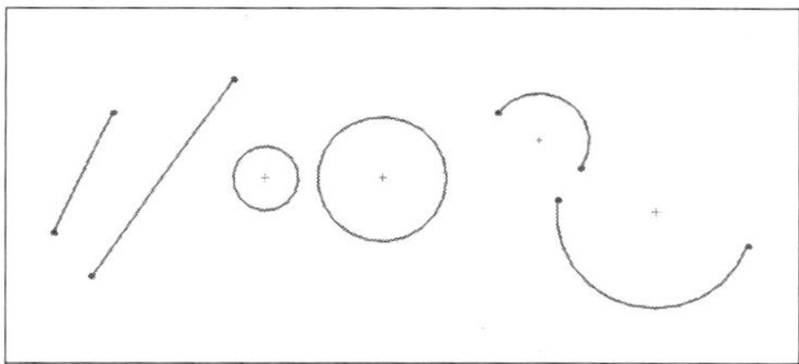	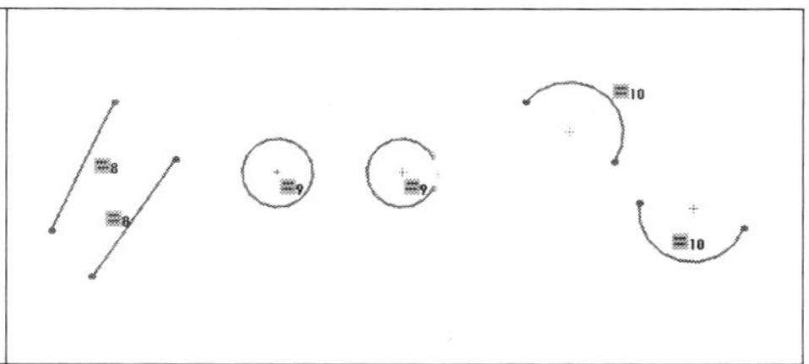
적용 전	**적용 후**

10. 중간점

① 적용대상 :

② 적용 후 결과

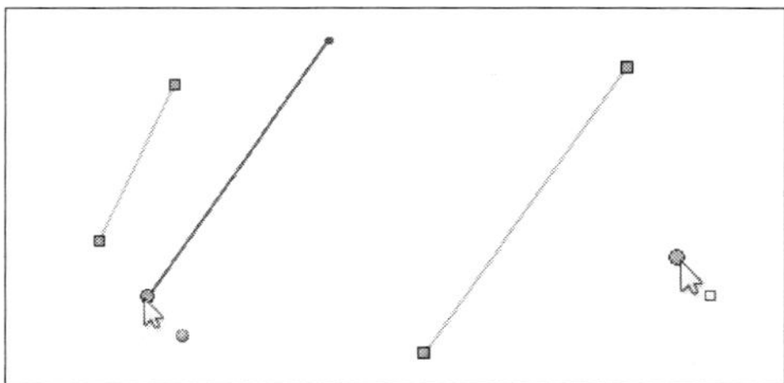	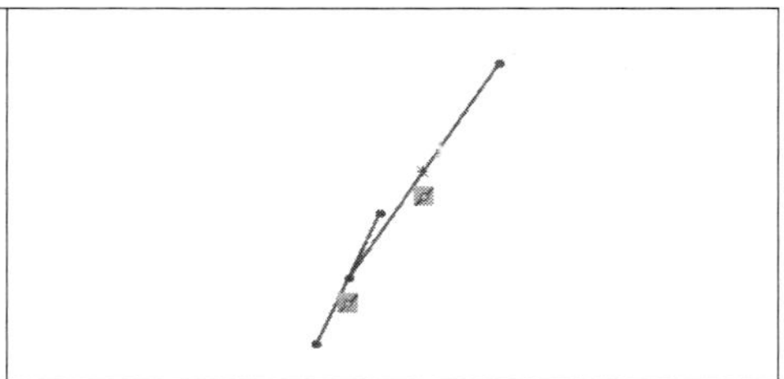
적용 전	**적용 후**

11. 일치 

① 적용대상 : 점, 선, 호, 타원

② 적용 후 결과 : 선택한 점이 선, 원호, 타원의 선분 위에 포함된다.

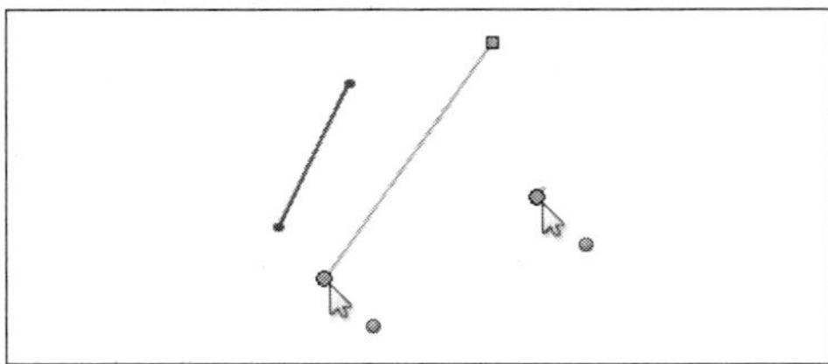	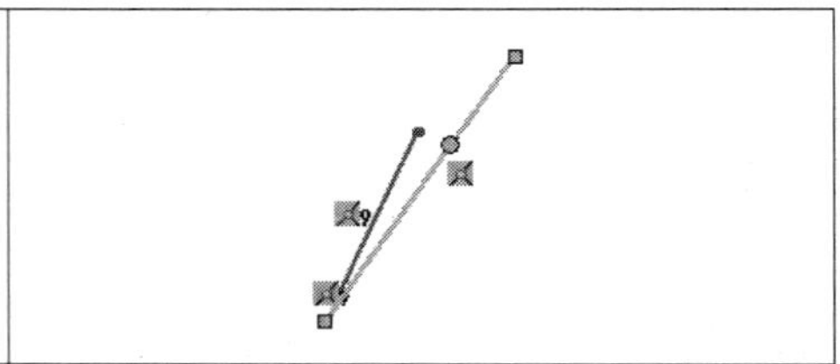
적용 전	**적용 후**

12. 고정 

① 적용대상 : 모든 요소

② 적용 후 결과 : 스케치 요소의 크기와 위치가 고정된다. 그러나 한 점으로 고정된 선 또는 원호의 다른 끝점은 자유롭게 이동된다. 아래 그림은 한쪽 끝점을 고정시킨 후 다른 끝점을 임의로 이동시킨 모습이다.

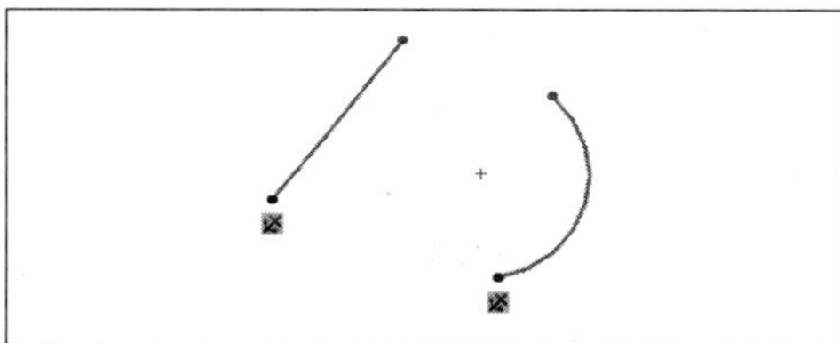	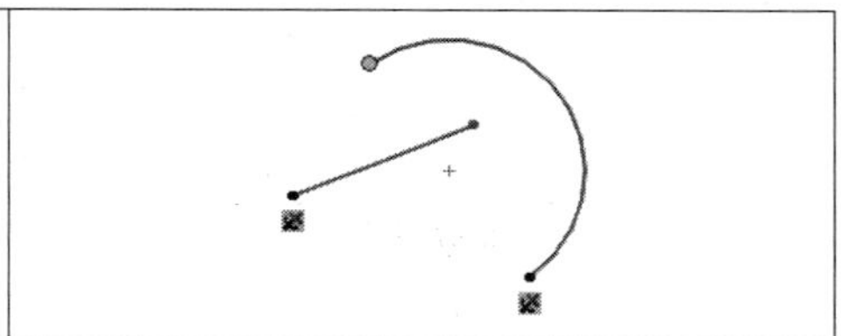
한 점 고정	**고정해도 다른 점은 이동 가능**

13. 병합 

① 적용대상 : 두 개의 점 또는 선분의 끝점

② 적용 후 결과 : 선택된 두 개의 점이 하나의 점으로 합쳐진다.

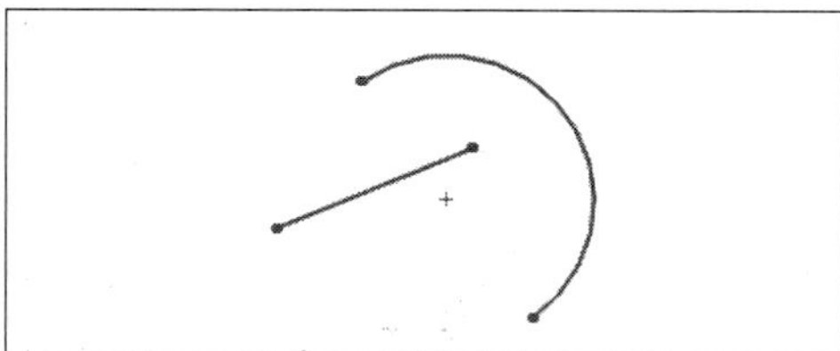	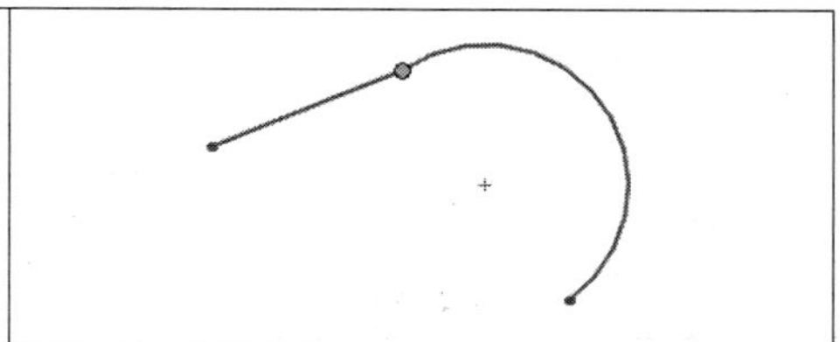
적용 전	**적용 후**

3.3 치수기입과 형상 수정

치수는 스케치 구속조건과 함께 스케치 요소를 구속하여 정확한 고양을 정의하며 설계자의 뜻을 정확히 반영하는 방법이다. 스케치에 치수를 부가하지 않고도 피처를 작성할 수는 있다. 그러나 항상 스케치에 치수를 부가하는 습성을 갖는 것이 좋다. 치수는 모델의 설계 의도를 정확하게 반영한다. 예를 들어 여러 개의 구멍을 설계할 때 모서리 끝에서부터 일정한 거리를 지정하거나 또는 두 구멍 간의 일정한 거리를 지정하여 설계자가 의도하는 대로 모델을 작성할 수 있다. 스케치에 사용된 치수는 도면작업에 있어서도 그대로 적용되므로 스케치에 치수를 부여하는 작업은 대단히 중요하다.

3.3.1 지능형 치수

치수유형에는 수직치수, 수평치수, 좌표치수 등 여러 가지가 있지만 지능형 치수 도구는 선택한 요소를 판단하여 가장 적합한 치수 유형을 결정하고 그 상태를 미리보기로 보여주어 신속하고 정확하게 치수를 표시할 수 있게 해 주는 편리한 도구이다.

1. 지능형 치수 사용법

① 도구 모음에서 지능형 치수 아이콘  선택 또는 [도구] ⇒ [치수] ⇒ [지능형] 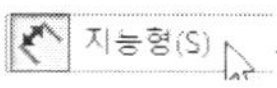 을 선택하면 포인터가  처럼 바뀐다.

② 치수를 기입할 요소 선택 또는 치수를 입력할 거리의 두 점을 선택

③ 마우스를 끌어 적당한 위치에 놓고 클릭

④ 수정 대화상자에서 치수를 입력한 수 엔터(치수를 입력하지 않고 그냥 엔터를 누른 다음 나중에 치수를 더블클릭하여 수정하여도 된다.)

⑤ 모든 작업이 끝나면 확인()을 누른다.

2. 치수 수정 대화 상자의 구조

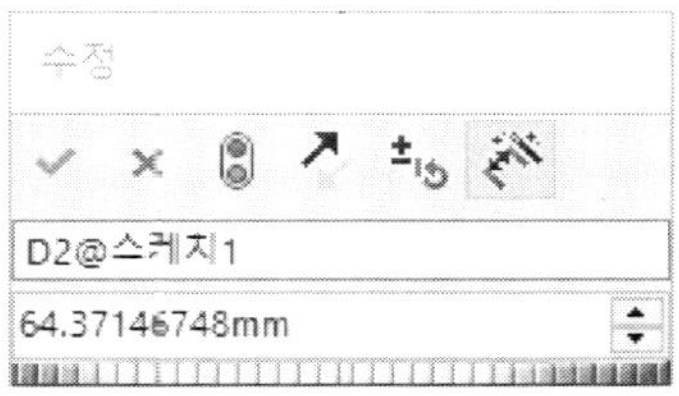

치수 대화 상자에 있는 아이콘의 의미는 첫 줄 왼쪽 끝에서부터 순서대로 '확인', '취소', '재생성', '치수 방향전환', '회전 증분값 변경', '도면 표시 치수'를 뜻하며 가운데 사각 입력창은 '치수 이름', 맨 아래의 입력창은'치수 값'을 입력한다. 치수

값 입력 창 오른쪽의 화살표 모양을 누르거나 맨 아래의 톱니바퀴 모양 부분을 마우스로 좌, 우로 끌면 실시간으로 치수가 변한다.

3. 지능형 치수 기입 방법

① 하나의 선길이 : 선을 클릭 또는 선의 양 끝점을 차례로 클릭.

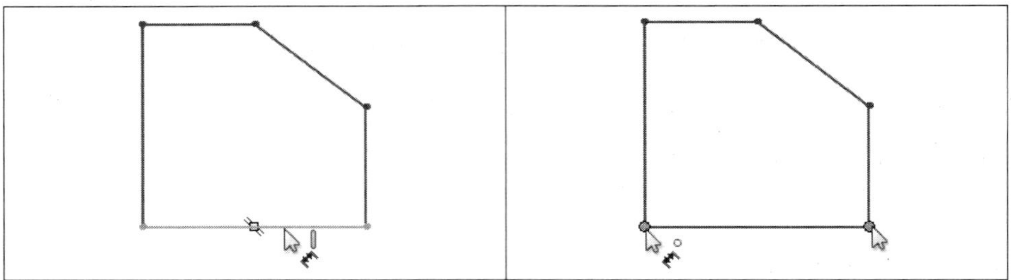

선을 클릭 | 양 끝점 클릭

② 경사선 길이 : 경사선 또는 양 끝점을 클릭하고 마우스로 방향 조절

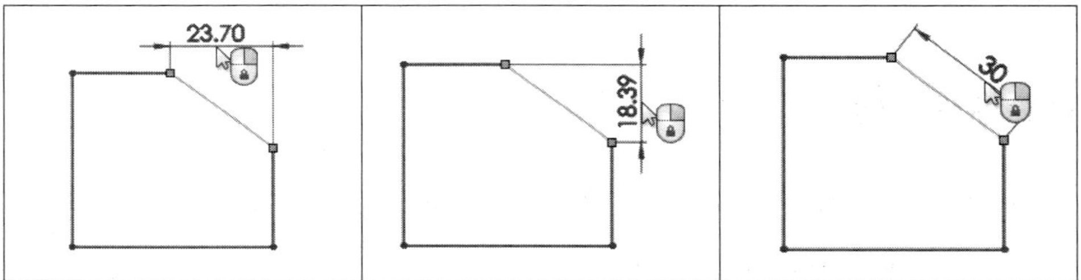

경사선의 위/아래로 | 경사선의 좌/우로 | 경사선에 수직으로

③ 각도 : 각도를 이루는 두 선을 클릭하고 마우스로 방향 조절

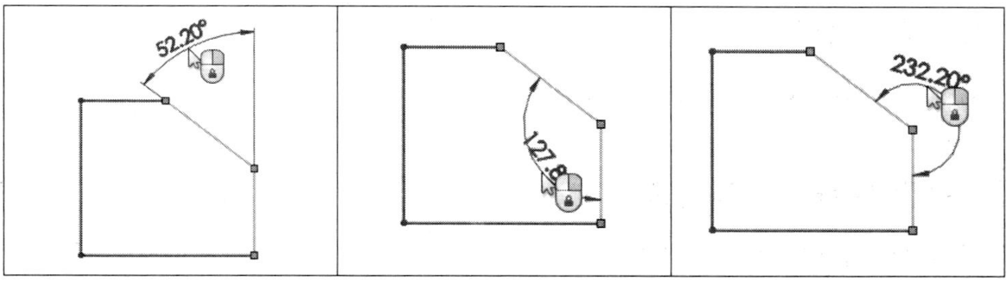

④ 원의 치수 : 원주를 클릭하고 마우스를 끄는 방향에 따라 여러 가지 형태의 치수를 기입할 수 있다.

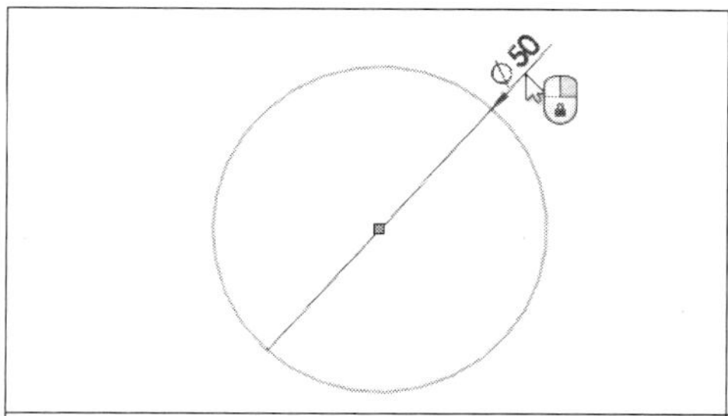	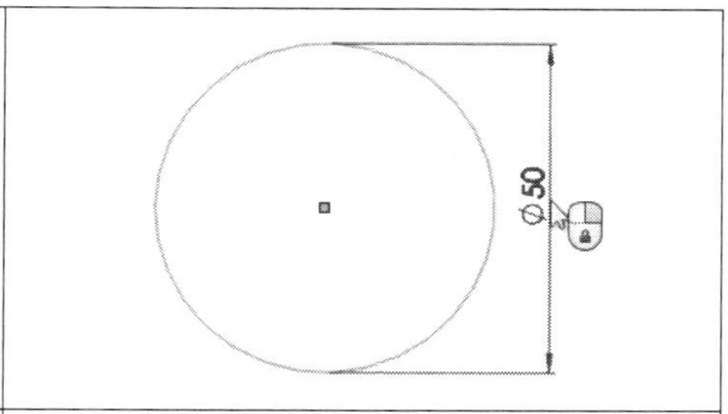
마우스를 대각선 방향으로	**마우스를 옆으로**

※ 유용한 기능 : 치수 입력 후 PropertyManager에서 지시선 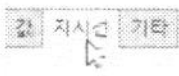을 선택한 다음 아래 표에 보여주는 명령 아이콘을 실행한다.

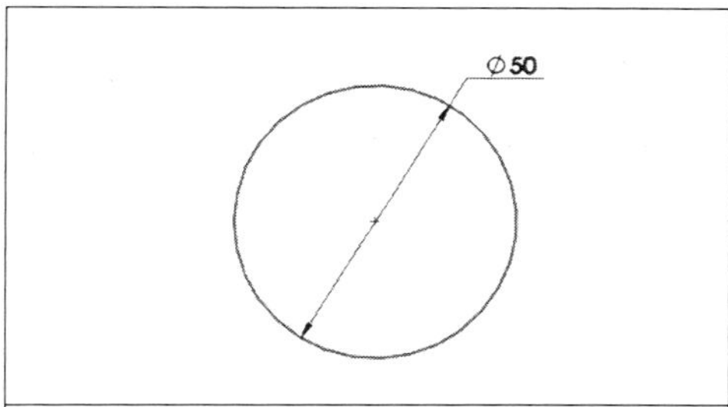	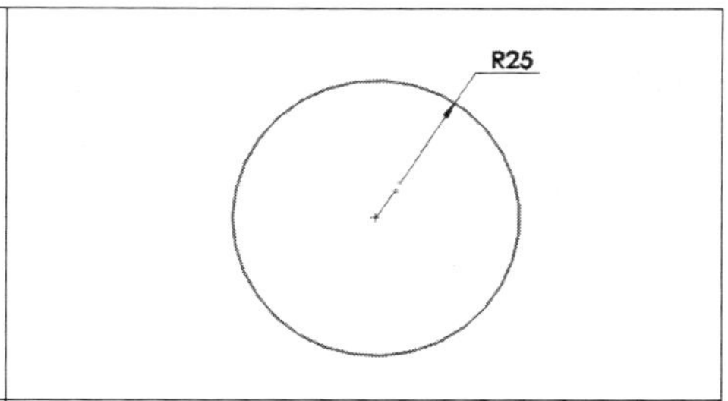
[사용자 정의 텍스트 위치] 체크하고 가운데 메뉴  **선택**	**반경** 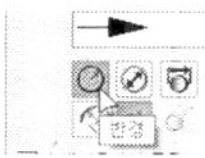 **선택**

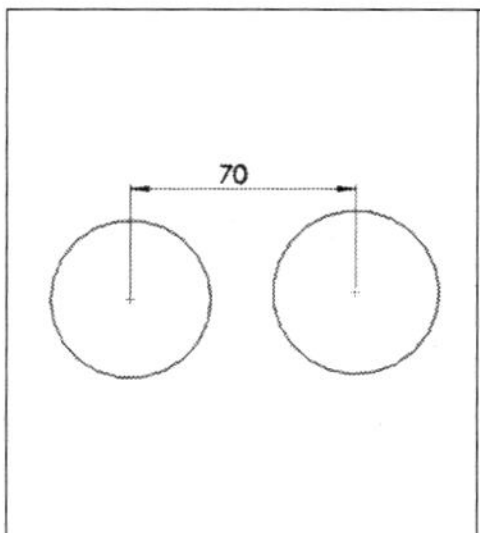	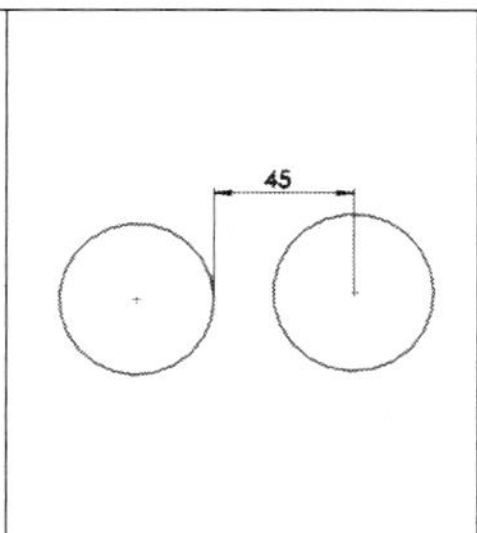	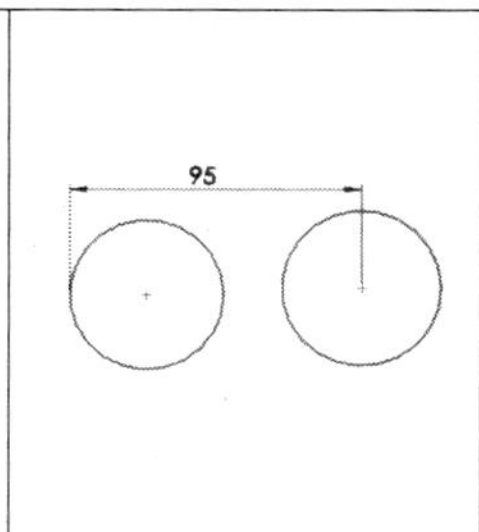	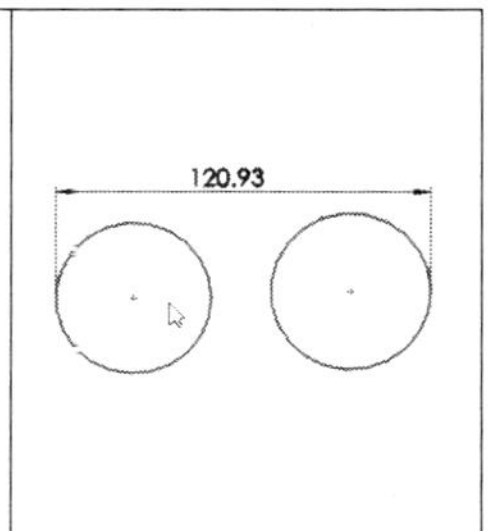
가운데 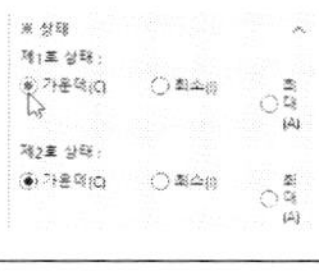	**1호 최소** 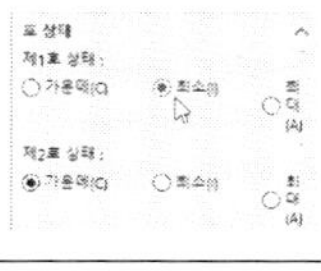	**1호 최대** 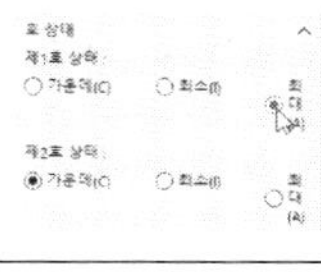	**1, 2호 최대** 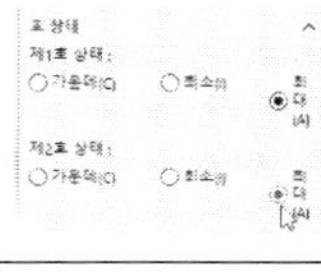

3.3.2 형상 수정

1. 형상 수정

2D 스케치 작업으로 작업된 형상에 대해 설계 변경 또는 작업상의 오류 수정 등의 이유가 발생하여 이를 수행하고자 할 때, 첫 번째 방법은 스케치 모드로 들어가 변경이 필요한 요소의 치수를 변경하면 스케치 모양이 수정되면서 3D 형상은 자동으로 수정된다. 두 번째 방법은 3D 형상을 더블클릭하면 해당 요소의 관련 스케치 형상과 함께 치수 정보가 나오는데 그 상태에서 수정에 필요한 치수를 입력하거나 형상을 변경한다. 이렇게 3D 상에서 형상이 수정되면 2D 스케치 환경에서 작업한 형상도 자동으로 수정이 된다.

단, 최초 형상에 적용된 치수들의 기준이 치수, 구속조건 등 여러 가지 조건이 어떻게 설정되어 있는가에 따라 치수를 변경하여도 형상이 변경되지 않을 수도 있다. 이 경우 해당 조건으로 기입된 치수 및 구속조건을 삭제하고 형상을 수정한 후 새로운 치수를 기입하거나, 구속조건을 변경하여 적용해야 한다.

이런 문제로 형상을 수정할 때 문제점에 봉착하는 경우가 종종 발생한다. 따라서 이런 문제점을 예측하여 치수 및 구속 조건 등을 적절하게 부여하는 방법은 스스로 많은 연습을 동해 숙달할 수밖에 없다.

2. 스케치 꿀팁

스케치를 할 때 사용자가 알고 있으면 좋은 규칙과 방법들이다.

① 단순하게 작성한다.(편집하기 쉽고 오류 발생이 적다.)

② 첫 번째 스케치 작성 시 원점을 사용한다.

③ 새 파트의 첫 번째 스케치는 파트의 주요 형상을 결정한다.

④ 구속조건을 먼저 부가하고 치수를 기입한다. (치수를 먼저 기입하면 나중에 필요한 구속조건을 부가하는데 문제가 생길 수 있다.)

⑤ 치수를 부가할 때 가장 가까운 쪽 또는 작은 쪽부터 먼 쪽, 큰 쪽으로 진행한다. (스케치 지오메트리가 겹치는 것을 방지할 수 있다.)

⑥ 가변성을 고려하여 치수나 구속조건을 순서를 바꾸어 부가해야 할 경우도 있다.

⑦ 오류가 발생하면 즉시 문제를 해결하고 다음으로 넘어간다.

스케치 연습 예제

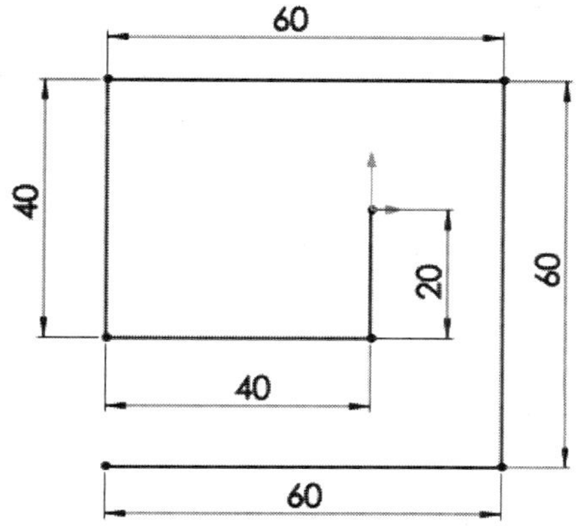
60
40
20
60
40
60

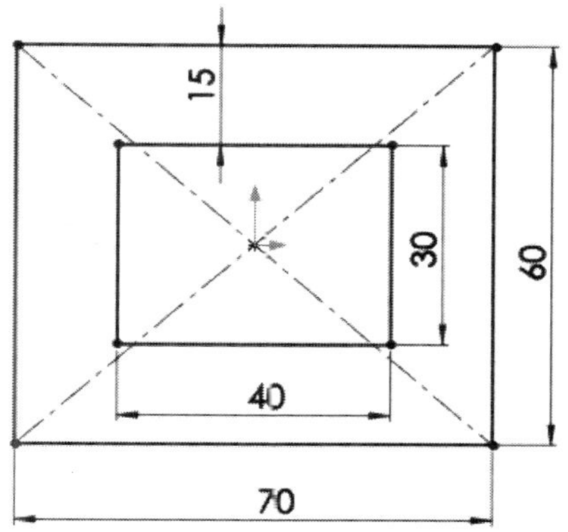
15
30
60
40
70

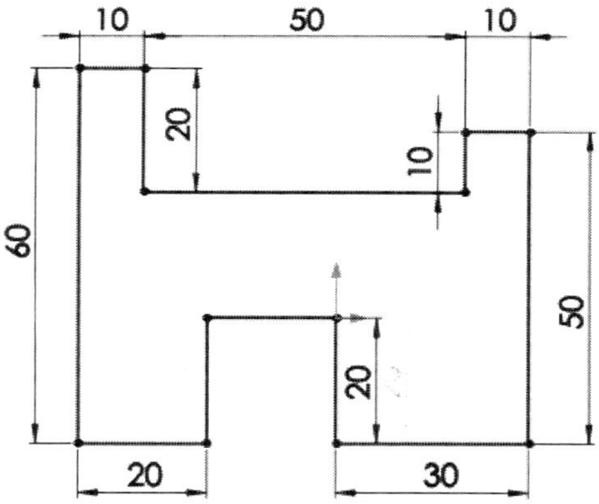
10
50
10
20
10
60
50
20
20
30

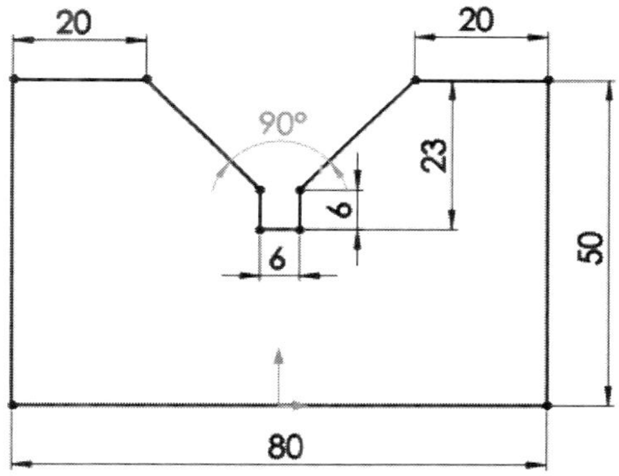
20
20
90°
23
6
6
50
80

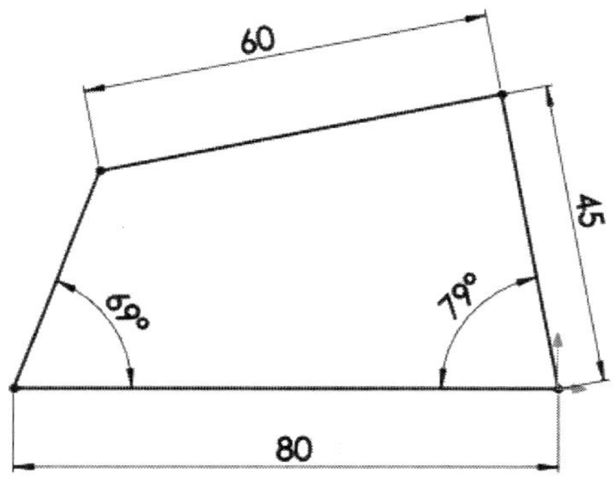
60
45
69°
79°
80

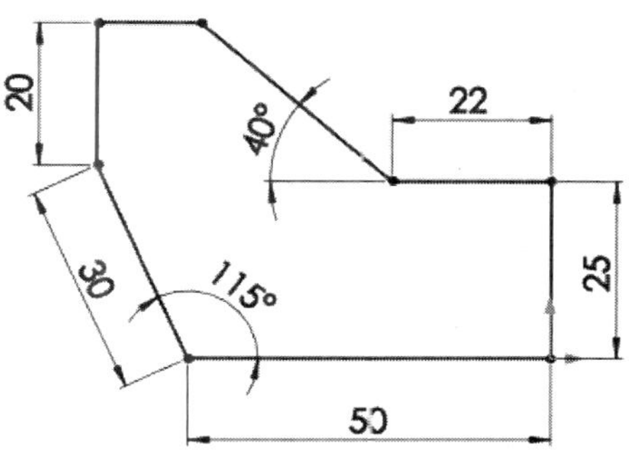
20
40°
22
30
115°
25
50

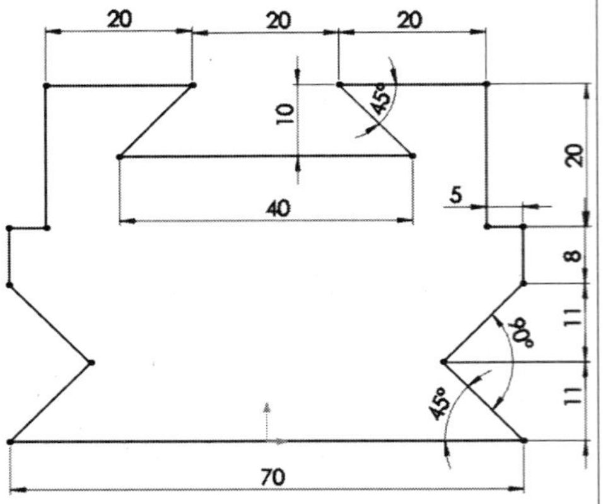

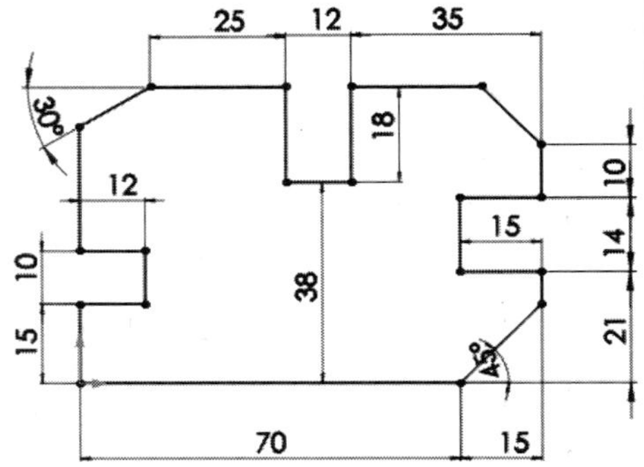

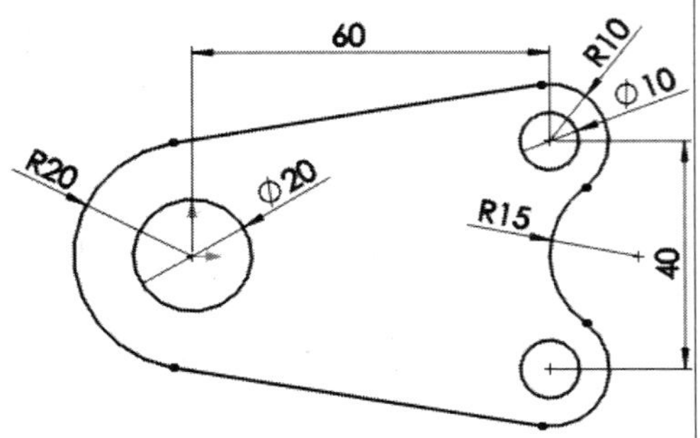

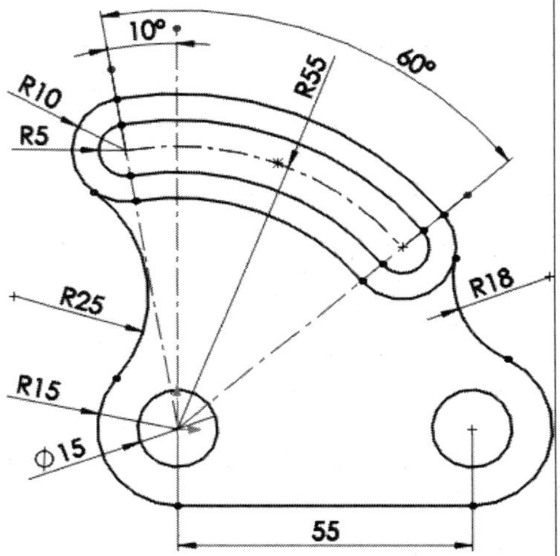

태극기 규격
전체 크기 = 가로:세로 = 3:2
큰 원의 지름 = 세로×1/2
원과 궤의 간격 = 세로×1/8
괘 전체의 길이 = 세로×1/4
괘 전체의 폭 = 괘 길이×2/3
괘 사이의 간격 = 괘 높이×1/8
※ 이 태극기는 괘 사이의 간격을 1 로 정한 것이다.

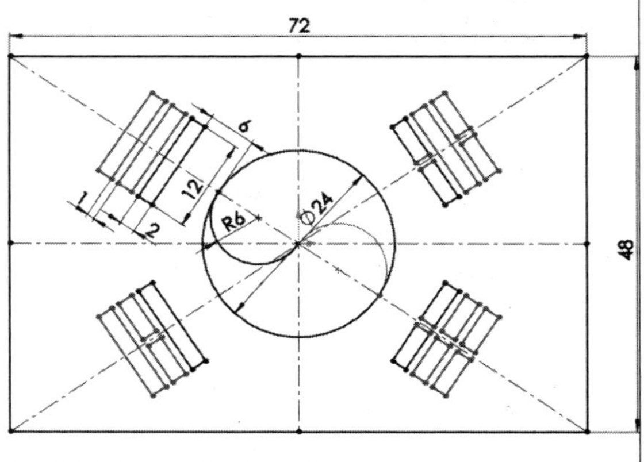

3.4 3D 피처 형상작업(파트 모델링)

3.4.1 스케치 기반 형상 명령어

스케치 작업에서 만든 프로파일(윤곽)을 밑그림으로 하여 3차원 형상을 생성하는 작업이다. 솔리드 모델링, 3D 피처 형상작업, 3차원 형상구현, 3D 모델링, 파트 모델링 등 각각의 소프트웨어에 따라 다른 용어를 사용하기도 한다. SolidWorks 에서는 일반적으로'파트 모델링'이라는 용어를 사용한다. 이 책에서는 SolidWorks에서 사용하는 용어를 먼저 표기하고 다음에 NCS에서 사용하는 용어를 ( ) 안에 표기한다.

1. 돌출보스/베이스  (돌출)

2D 또는 3D 스케치에서 한쪽 방향 또는 양쪽 방향 등 지정된 방향으로 값을 부여하여 솔리드 피처(형상)를 만든다. 프로파일을 이루는 곡선은 폐곡선과 개곡선이 있을 수 있는데, 일반적으로는 폐곡선으로 만들어 3차원 모델링을 한다. 참고로 개곡선으로 하여 얇은 피처로 모델링 할 수 있다.

① 스케치를 완료한 후 메뉴에서 [피처] ⇒ [돌출보스/베이스] 아이콘 선택

② 보스-돌출 PropertyManager에서 필요한 내용을 설정한다.

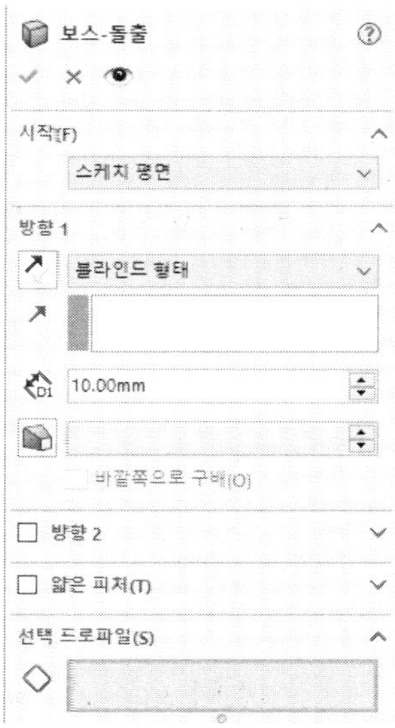

㉮ 시작(F) - 돌출을 시작하는 지점(평면) 선택

스케치 평면 : 스케치를 작성한 평면부터

편/평면 선택 : 임의로 만든 평면부터

꼭지점 : 지정한 점부터

오프셋 : 스케치 평면을 오프셋 시킨(지정한 거리 만큼 간격 띄운) 평면부터

㉯ 방향 1 – 돌출을 어디까지 할 것인지를 지정하는 마침조건, 돌출 거리, 구배 각도 등을 지정.

블라인드 : 지정한 거리까지

관통 : 모든 지오메트리를 완전히 통과

다음까지 : 형상이 다른 상태로 바뀌는 곡면까지

꼭지점까지 : 지정한 점까지

바디까지 : 지정한 바디까지

곡면으로부터 오프셋 : 지정한 곡면에서 오프셋 거리만큼까지

바디까지 : 지정한 바디까지

중간평면 : 스케치 평면을 중심으로 입력 거리만큼 대칭으로

방향 : 돌출 방향을 반대로

㉰ 방향 2 - 필요하면 선택하여 방향 1과 같은 방법으로 지정한다.

㉱ 얇은 피처(T) - 얇은 피처를 생성하려면 선택하고 두께, 방향 등의 값을 지정한다.

㉲ 선택프로파일(S) - 스케치가 다중 곡선일 경우 돌출을 원하는 영역의 프로파일을 선택한다.

③ [확인] 하고 종료한다.

돌출보스/베이스의 각 옵션 적용 예

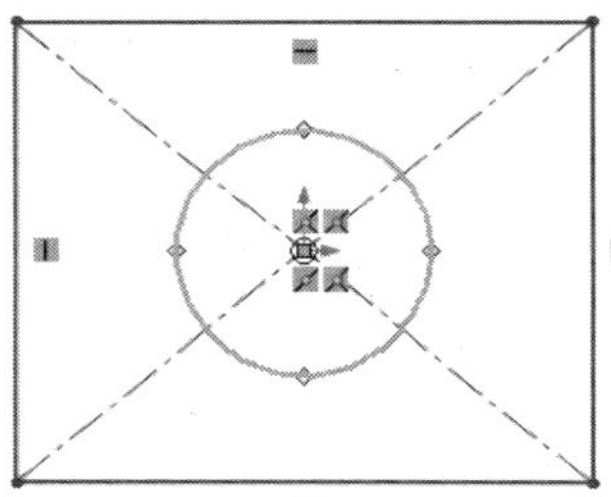

예제 : [피처] ⇒ [돌출보스/베이스]

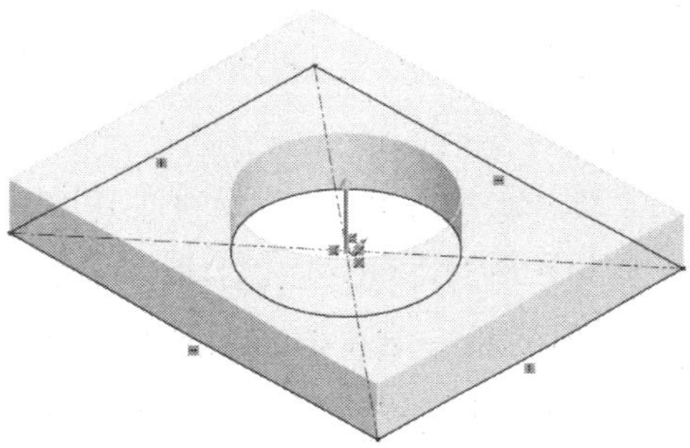

[선택 프로파일]에서 바깥부분 지정

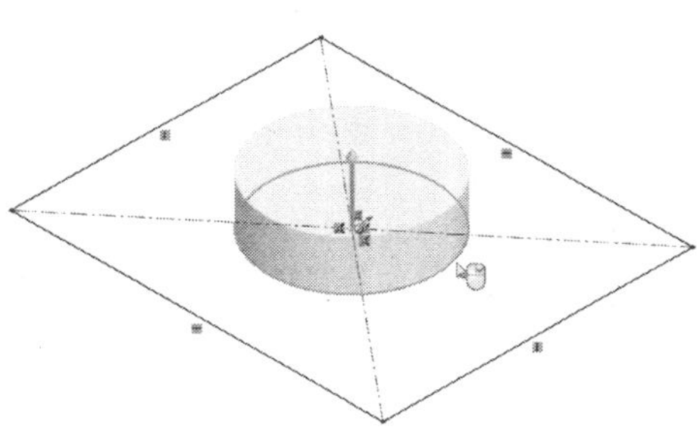

[선택 프로파일]에서 원만 지정

원과 바깥의 사각 부분 추가 지정

아래 예제는 사각 프로파일을 작성하고 피처 돌출/보스베이스를 실행해서 3D 형상을 먼저 작성한 후 바닥 평면에 다시 원 모양의 프로파일을 그린 후 각 옵션을 실행한다.

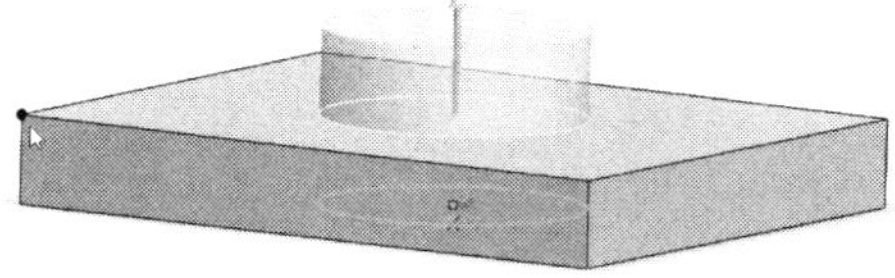

꼭지점 : 원주의 시작이 지정점부터

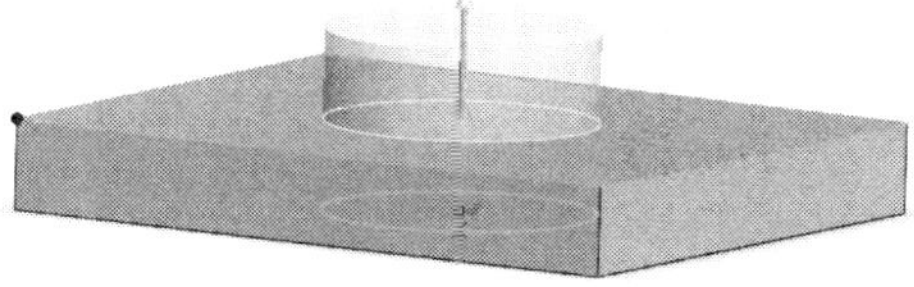

면/평면 선택을 사각피처의 윗면지정

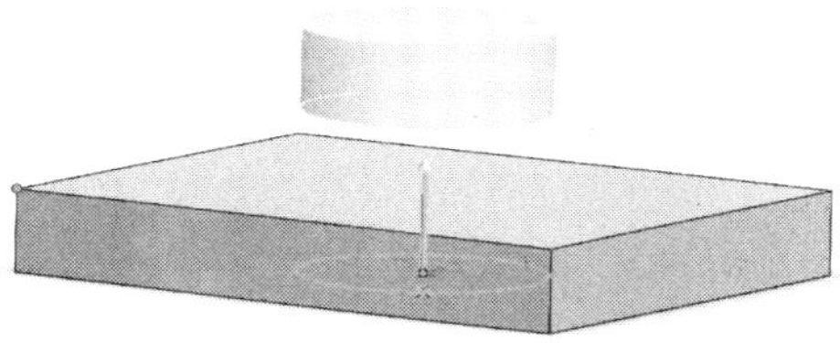

오프셋 : 바닥에서 오프셋 거리만큼

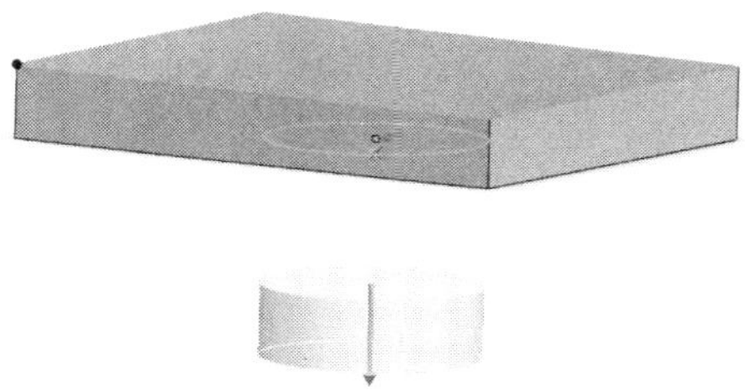

원의 시작과 방향 1을 반대 방향으로

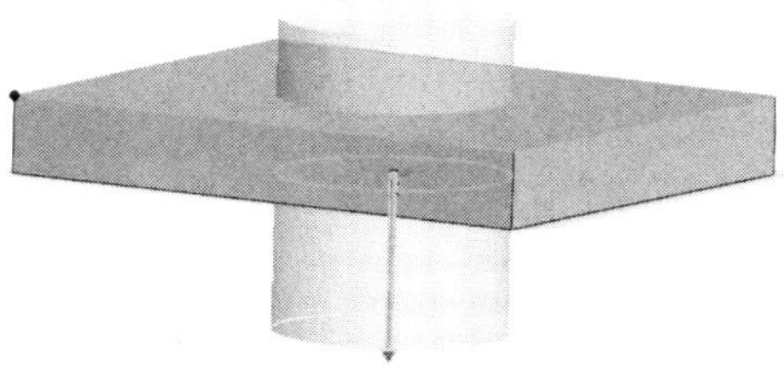

스케치 평면 기준 중간평면으로

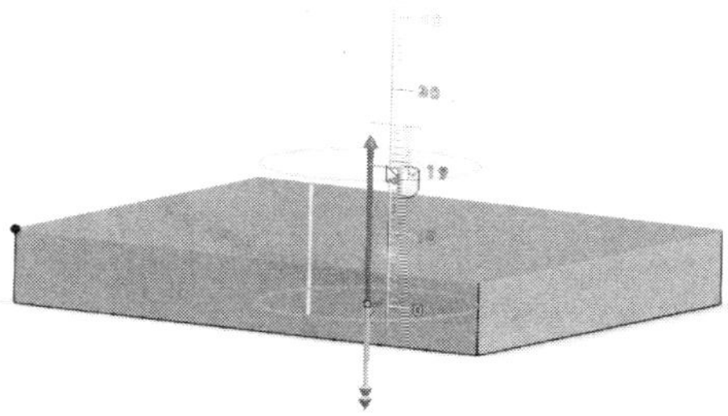

블라인드는 마우스로 직접 조절 가능

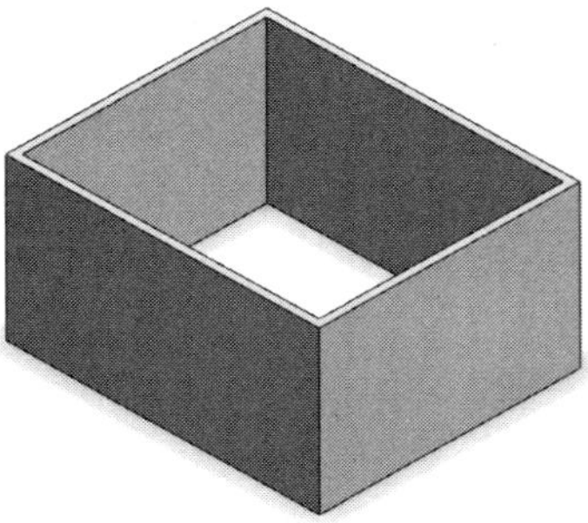

얇은 피처(마무리 없음)

얇은 피처 ⇒ 양면 마무리

앞에 스케치 예제에서 그렸던 태극기를 돌출보스/베이스 기능을 이용하여 3D 형상으로 만들어 보았다. 태극의 빨강과 파랑의 원 부분이 합쳐져 바디가 하나로 되면 따로 따로 색상을 입힐 수 없기 때문에 태극의 위아래를 따로 만들어 돌출한다. 이때 돌출 PropertyManager의 옵션에 있는 [바디 합치기]를 체크 해제한다.

2. 돌출 컷 (돌출 빼기) 

기존에 생성된 솔리드 모델에서 프로파일 모양으로 홈을 파거나 구멍을 뚫는 기능으로 돌출 보스/베이스 명령과 진행과정이나 옵션 등은 동일하다. 다만 돌출 형상을 만드는 것이 아니라 생성된 모양대로 제거하는 명령어이다. 이 명령어를 사용하려면 기존의 파트모델이 있어야 한다.

돌출보스/베이스, 돌출 컷 따라 하기

먼저 기본적인 스케치를 작성한 다음 돌출보스/베이스 및 돌출 컷 명령을 이용하여 다음과 같은 3차원 모델링을 완성한다.

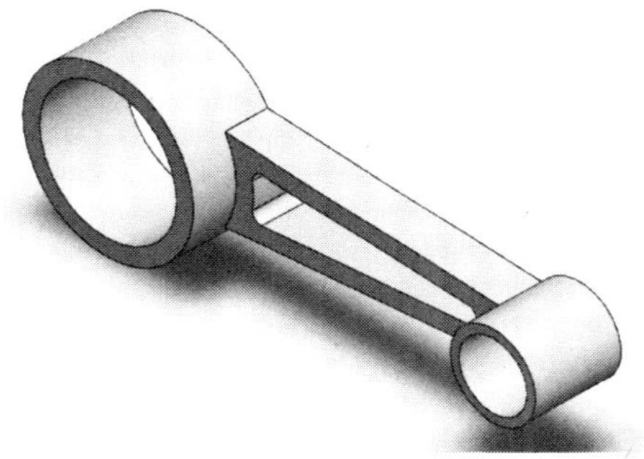

① 새문서 작성

- 표준 도구 모음에서  (새문서) 또는 [파일] ⇒ [새 파일]을 선택하여 새문서 대화상자를 연다.
- [파트] 선택 후 [확인]

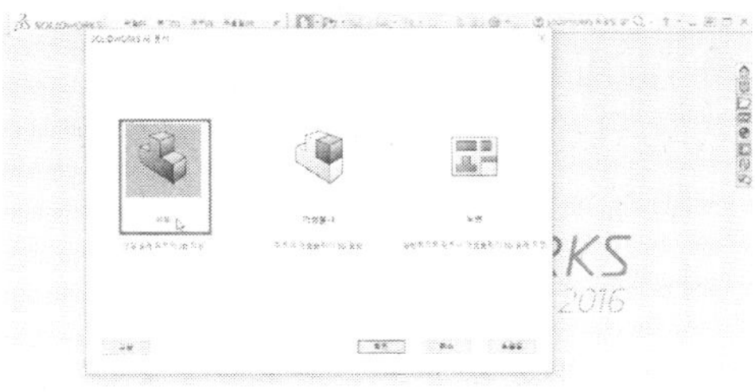

② 스케치할 평면 준비

- 도구에서 [스케치] ⇒ Property Manager 에서 [정면]

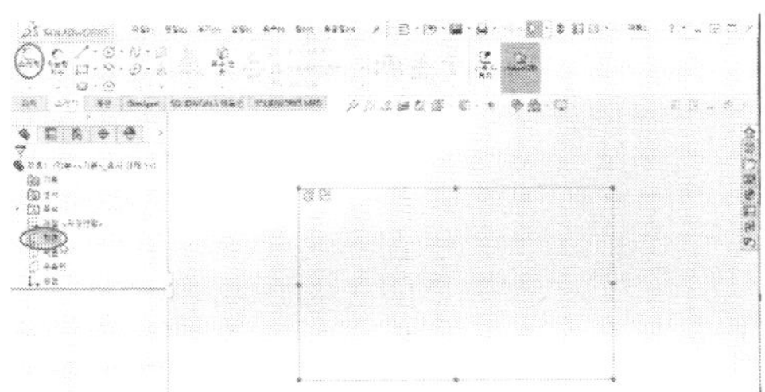

③ 스케치 작성
- 두 개의 원을 그린다.
- 중심선을 그린다.
- 중심선과 두 직선을 선택하여 구속조건 [대칭]을 부여한다.
- 치수를 입력한다.

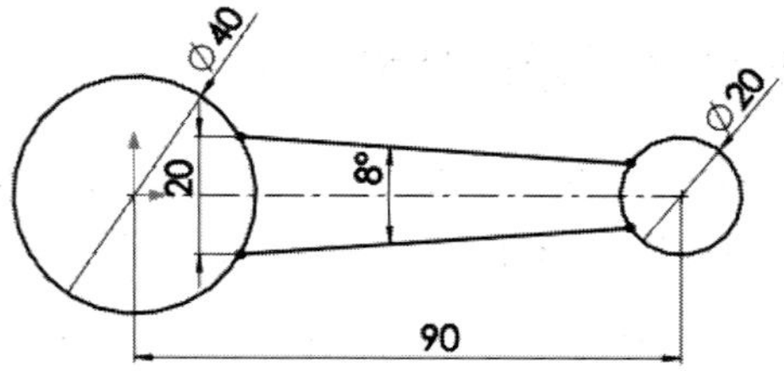

④ 보스 돌출하기
- [피처] ⇒ [돌출보스/베이스] 선택.
- 두 개의 원을 선택한다.
- PropertyManager에서 [블라인드형태], 치수 20mm 입력.
- [확인]
- PropertyManager에 보스-돌출1 모양의 트리가 생성된다.

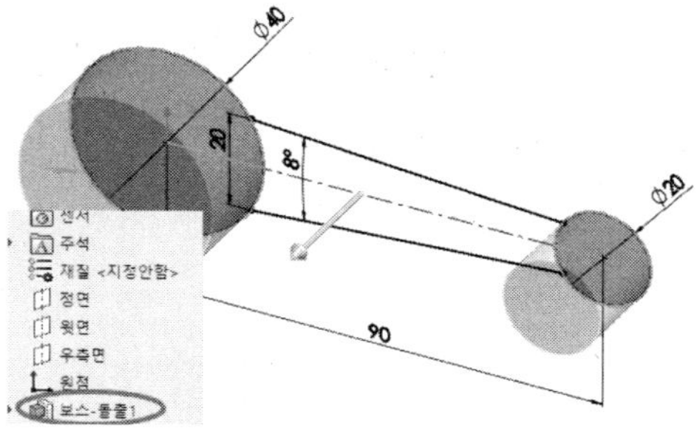

⑤ 암(보스 연결부분) 돌출하기
- 스케치를 다시 사용하기 위하여 Pro perty Manager의 [보스-돌출1]을 클릭하여 [스케치1] 선택.
- [피처] ⇒ [돌출보스/베이스] 선택.
- 두 직선 사이의 영역 선택.
- PropertyManager의 마침조건에서 [블라인드형태], 치수 10mm 입력.
- [확인]
- PropertyManager에 보스-돌출2 모양의 트리가 생성된다.

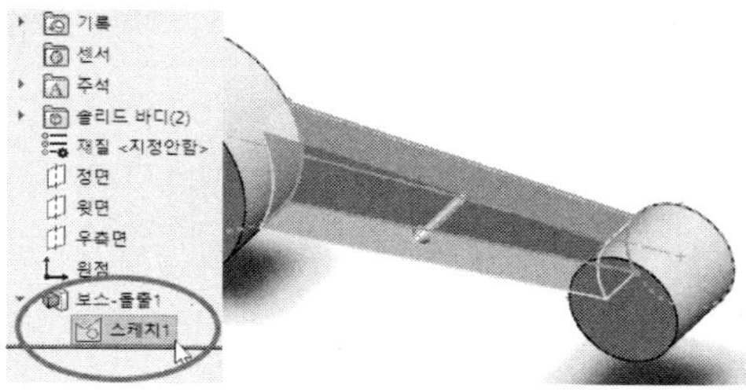

⑥ 보스에 구멍 만들기

- 보스의 면을 클릭하면 파란색으로 변하면서 스케치를 그릴 수 있는 면이 생성된다.
- 양 쪽에 원을 스케치하고 치수를 부여한다.
- [피처] ⇒ [돌출컷] 선택.
- PropertyManager의 마침조건에서 [관통]을 선택.
- [확인] ✓
- PropertyManager에 컷-돌출1 모양의 트리가 생성된다.

⑦ 암의 살부분 빼기

- 암에 스케치할 면을 클릭하면 파란색으로 변하면서 스케치를 그릴 수 있는 면이 생성된다.
- 면을 클릭하면 보이는 아이콘 모음에서 [면에 수직으로 보기] 를 선택한다.
- 스케치 도구모음에서 스케치 ⇒ 요소 오프셋 을 선택한다.
- PropertyManager의 파라미터에서 4 mm 입력하고 [반대방향] 체크.
- 확인 ✓
- PropertyManager에 (-) 스케치3 모양의 트리가 생성된다.

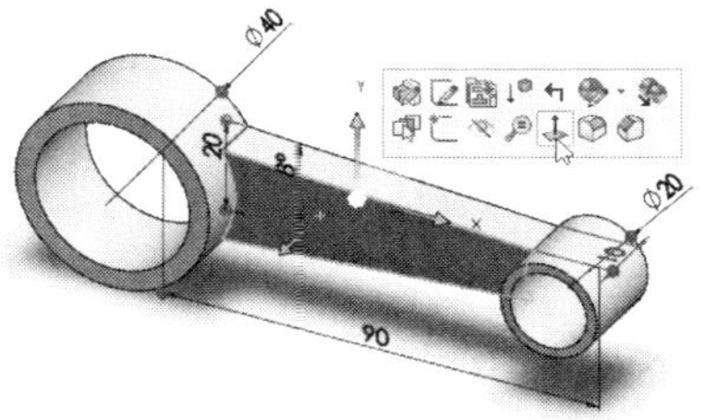

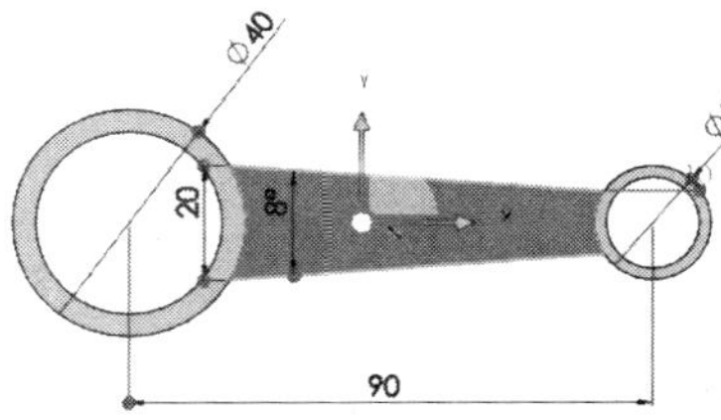

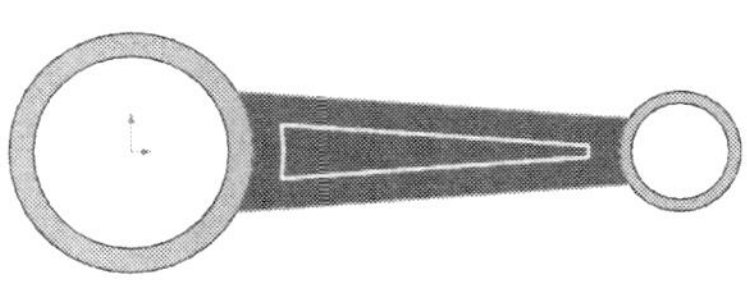

⑧ 스케치 필렛 후 돌출 컷

- 스케치 도구모음에서 스케치필렛 을 선택
- PropertyManager의 [필렛 변수(P)] 값을 2mm로 입력하고 마우스로 스케치의 네 모서리를 클릭한다.
- 확인
- [피처] ⇒ [돌출컷] 선택.
- PropertyManager의 마침조건에서 [관통]을 선택.
- 확인
- PropertyManager에 컷-돌출3 모양의 트리가 생성된다.
- 스페이스 키를 누르면 보는 방향을 선택할 수 있다. 여기서 등각보기를 선택한다.(단축키 Ctrl + 7)

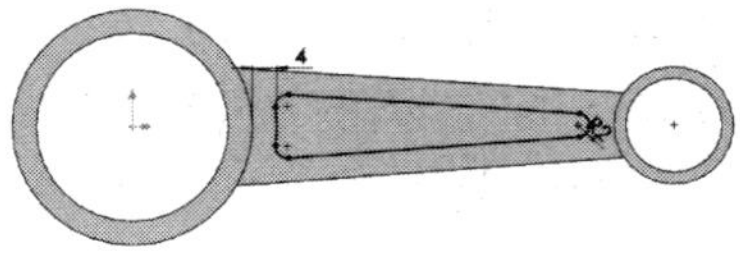

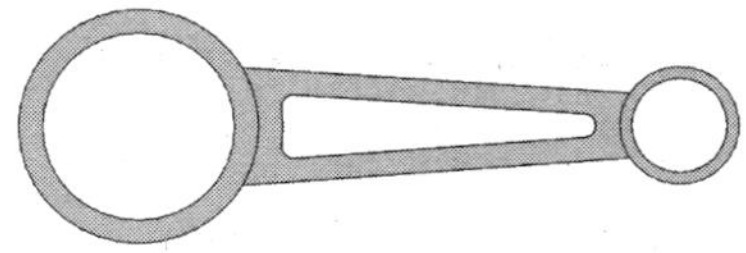

3. 회전보스/베이스(회전돌출)

중심선(또는 스케치, 선, 축, 모서리 등)을 기준으로 프로파일을 회전하여 솔리드를 생성한다. 회전 피처는 솔리드, 얇은 벽, 또는 곡면이 될 수 있다.

솔리드 회전 피처를 만들 스케치는 여러 개가 교차하는 다중 프로파일을 사용할 수도 있다. 선택 프로파일에서 포인터로 한 개 또는 여러 개의 스케치 영역을 선택하여 회전피처를 작성한다. 곡면 또는 얇은 회전 피처를 만들기 위한 스케치는 열리거나 닫힌 여러 개의 교차 프로파일을 포함할 수 있다. 회전 피처를 만들기 위한 프로파일 스케치는 2D 스케치여야 한다. 3D 스케치는 지원되지 않지만 회전축이 3D 스케치일 수는 있다. 프로파일은 회전 기준이 되는 중심선을 가로지르면 안 된다. 스케치에 두 개 이상의 중심선이 포함되어 있으면 회전축으로 사용할 중심선을 선택해야 한다. 얇은 피처의 경우에는 스케치가 중심선 위에 있을 수 없다.

간단한 스케치를 만든 후 다음 옵션 내용을 익힌다.

① 스케치를 완료한 후 메뉴에서 [피처] ⇒ [회전보스/베이스] 아이콘 선택

② 회전 PropertyManager에서 필요한 내용을 설정한다.

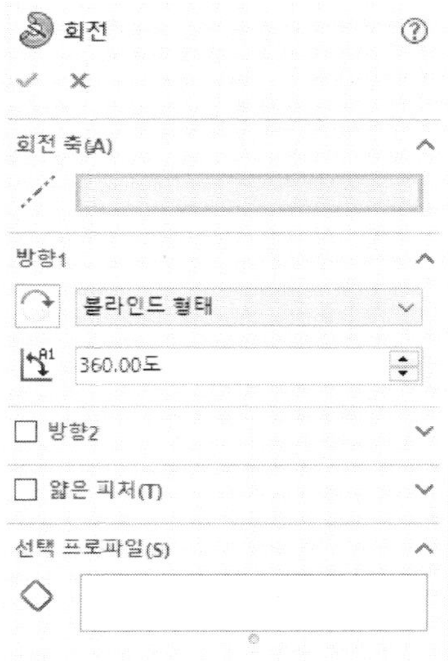

㉮ 회전축(A) - 회전 피처를 만들기 위해 기준이 되는 축(모서리, 스케치, 선) 선택

㉯ 방향 1 - 회전 방향을 정한다.

블라인드형태 : 스케치 평면에서 각도만큼 회전

꼭지점까지 : 스케치 평면에서 지정한 점까지 회전

곡면까지 : 스케치 평면에서 지정한 곡면까지 회전

곡면으로부터 오프셋 : 스케치 평면에서 지정한 곡면의 오프셋 된 면까지 회전

중간평면 : 현 스케치를 기준으로 지정한 각도만큼 양쪽으로 회전

방향 : 회전 방향을 반대로

㉰ 방향 2 - 방향1에서 정한 방향의 반대 방향

㉱ 얇은 피처 : 예를 들어 L자 모양의 스케치로 얇은 피처에 체크하여 두께 값을 주면 얇은 두께를 갖는 회전체를 만들 수 있다.

㉲ 선택 프로파일 : 회전시킬 프로파일 영역을 선택한다. 다음 그림들은 영역을 선택하면 어떤 모양의 회전체가 되는지를 보여준다.

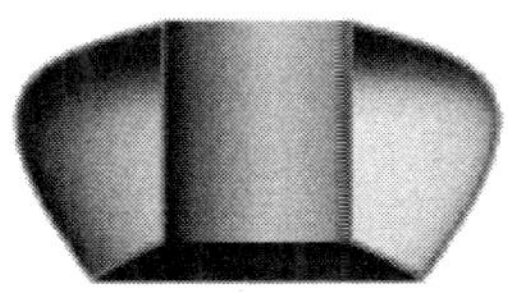

윗부분의 영역 선택

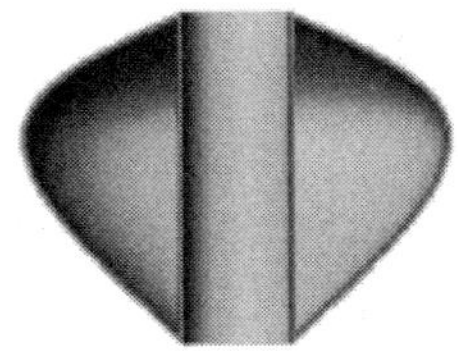

아랫부분 및 중간의 겹치는 면 영역 선택

중간의 겹치는 영역만 선택

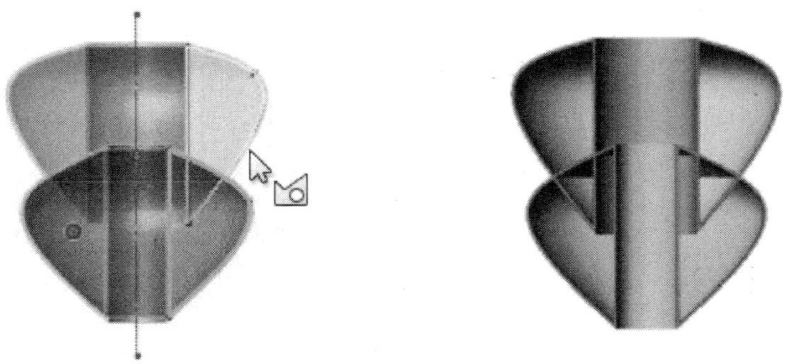

모든 영역 선택

③ 확인 ✔ 하고 종료한다.

4. 회전 컷(회전돌출 빼기)

기존에 생성된 피처에서 회전 솔리드 형상을 만들어 기존의 피처에서 제거하는 작업이다. 이 명령어의 사용법은 회전 보스/베이스와 같다.

회전보스/베이스, 회전 컷 따라 하기

먼저 기본적인 스케치를 작성한 다음 회전보스/베이스 및 회전 컷 명령을 이용하여 다음과 같은 3차원 모델링을 완성한다.

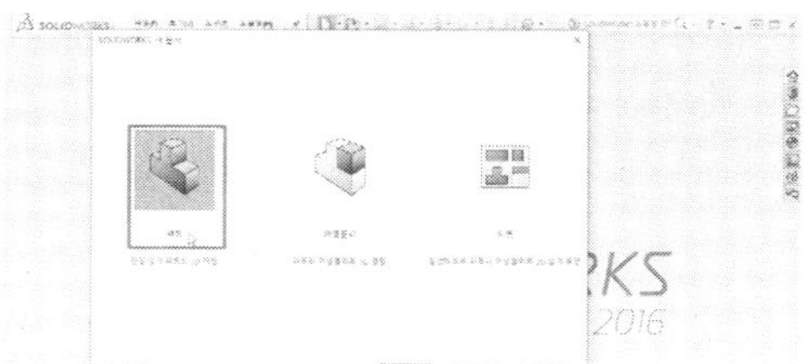

① 새문서 작성

- 표준 도구 모음에서  (새문서) 또는 [파일] ⇒ [새 파일]을 선택하여 새문서 대화상자를 연다.
- [파트] 선택 후 [확인]

② 스케치할 평면 준비

- 도구에서 [스케치] ⇒ Property Manager에서 [정면]

③ 중심선 그리기 및 두 배 치수입력하기

- 도구모음 ⇒ 선 아이콘 의 하위 아이콘에서 중심선(N) 을 선택하여 그림과 같이 중심선을 그린다.
- 지능형 치수 ⇒ 중심선 위의 끝점 ① 클릭 ⇒ 가로 중심선 ② 클릭 ⇒ 마우스를 중심선 아래로 끌면 2배 치수가 나타난다.

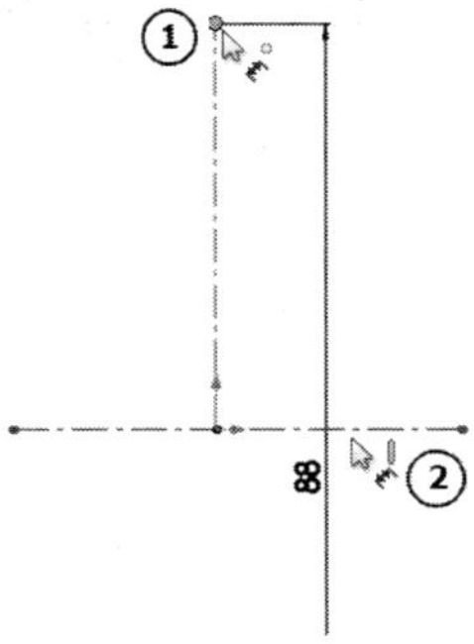

④ 풀리의 외곽 형상 반쪽 스케치(반쪽 스케치 완료 후 [요소대칭복사]를 이용하여 완성하려고 한다.)

- 풀리 형상의 반쪽을 그리고 치수를 그림과 같이 입력한다.
- 벨트가 들어갈 홈 부분의 스케치는 사선 부분에 점을 찍고(①) 구속조건에서 선과 점의 일치 조건을 준 다음 4.5, 두 배 치수로 9.2를 입력하고 각도를 추가한다.

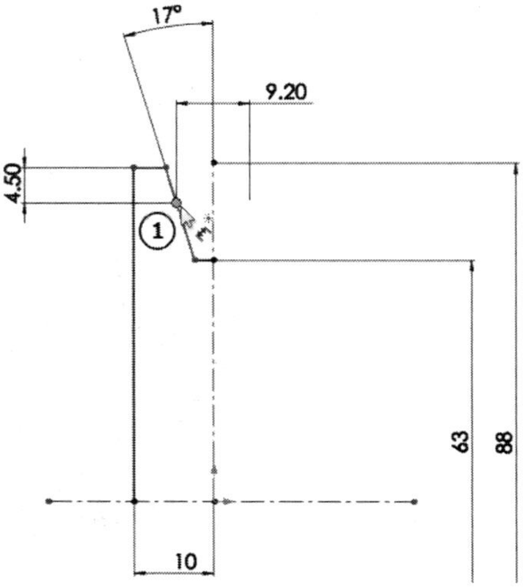

⑤ 풀리의 외곽 형상 완성

- 도구모음 ⇒ 요소대칭복사 아이콘 요소 대칭 복사 선택
- 대칭복사 PropertyManager의 옵션에서 복사할 항목을 선택
- 복사에 체크
- 대칭기준에 세로 중심선을 선택
- 미리보기가 나타난다.
- [확인]

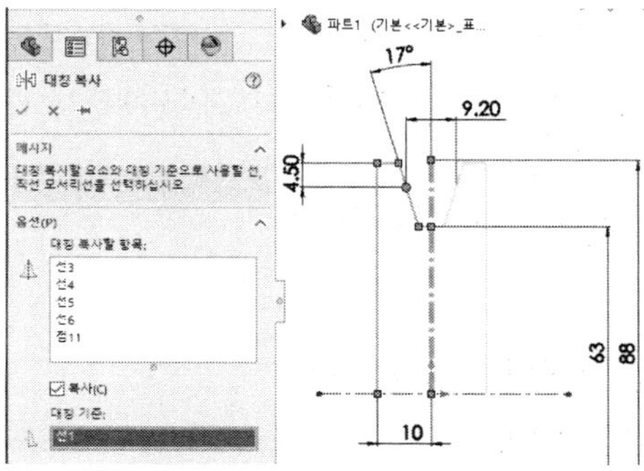

⑥ 풀리 형상 만들기

- 피처 도구모음 ⇒ 회전보스/베이스 아이콘 선택
- 회전축에서 가로 중심선(풀리의 축에 해당) 선택
- 방향1 : 블라인드 형태, 360
- 미리보기가 나타난다.
- [확인]

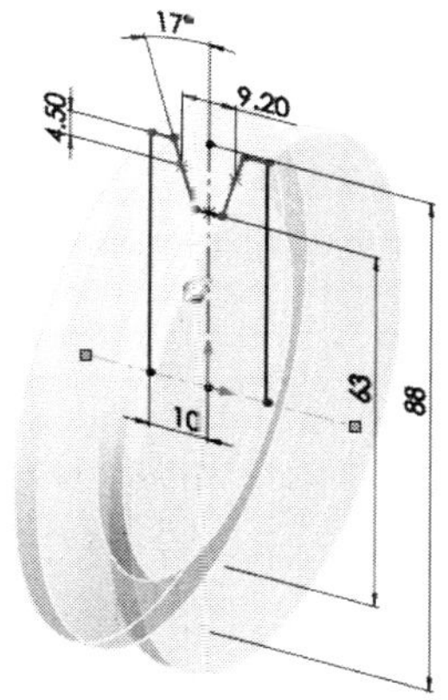

스케치가 폐곡선이 아니면 다음과 같은 메시지가 나타난다. “예”를 선택하면 열린 곡선의 끝을 자동으로 연결해 준다.

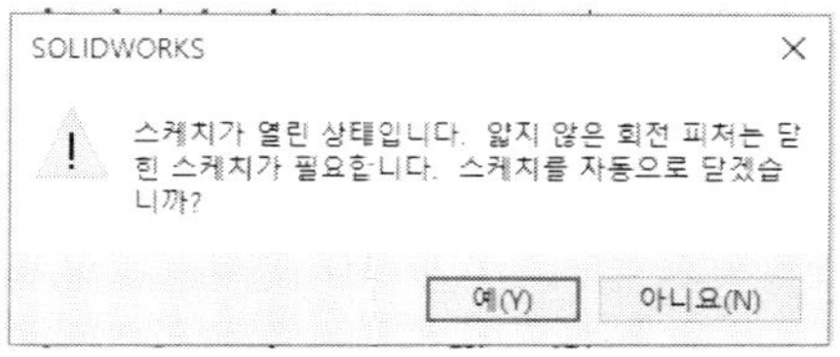

⑦ 풀리 측면의 홈 만들기(돌출 컷)

- 풀리의 측면을 클릭하면 파란색으로 변한다.
- 면을 클릭하면 보이는 아이콘 모음에서 [면에 수직으로 보기] 를 선택한다.
- 여기에 두 개의 원을 그리고 치수를 입력한다.
- 피처 도구모음 ⇒ 돌출 컷 선택
- 블라인드 형태 치수 6mm 입력
- [확인]

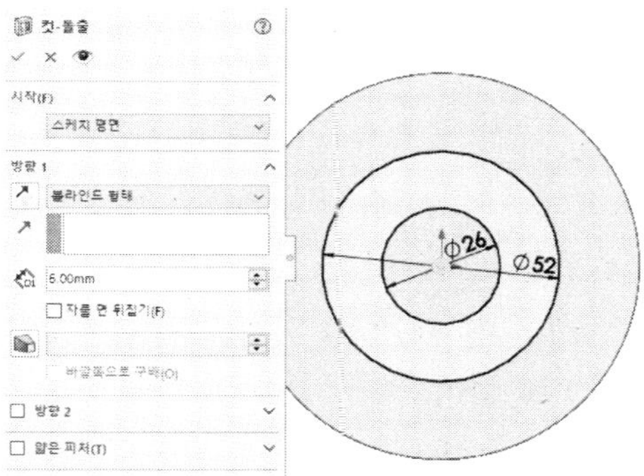

⑧ 반대쪽에 대칭형상 만들기(돌출 컷)

- 피처 도구모음 ⇒ 대칭복사 아이콘 대칭 복사 선택
- 그래픽 평면의 왼쪽 상단에 보이는 ▾ 파트1 (기본<<기본>_표시 상태 1>)의 화살표를 눌러 트리를 펼친다.
- 대칭복사 PropartManager의 [면/평면 대칭복사] ⇒ 트리의 [우측면] 선택
- [대칭복사피처] ⇒ [컷-돌출] 선택.
- [확인] ✔

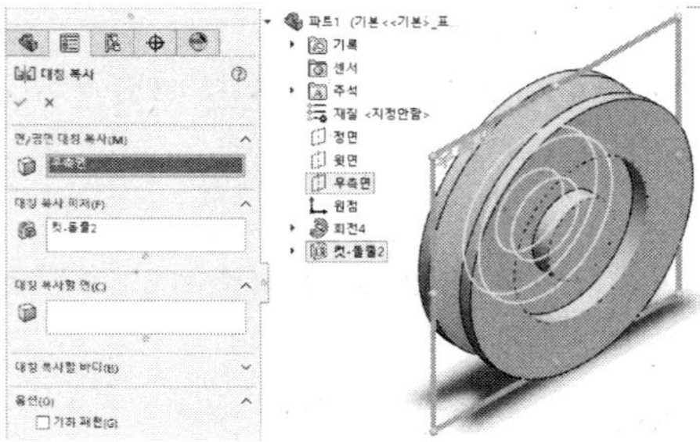

⑨ 축 구멍과 키 홈 만들기(돌출 컷)

- 풀리의 측면을 클릭하면 파란색으로 변한다.
- 면을 클릭하면 보이는 아이콘 모음에서 [면에 수직으로 보기] 를 선택한다.
- 여기에 원과 사각을 그리고 치수를 입력한다.
- 16.3 치수 입력 방법 : 사각 윗부분의 선과 원주를 클릭하면 중심까지의 거리가 표시된다. 이 치수선을 다시 클릭하여 수정 모드로 들어간다.
- PropertyManager에서 [지시선] ⇒ 맨 아래의 [제1호 상태] ⇒ 최대에 체크하고 치수 입력.
- 스케치 도구모음 ⇒ 요소 잘라내기 요소 잘라내기 를 이용하여 정리한다.
- 피처 도구모음 ⇒ [돌출 컷] ⇒ 마침조건을 [관통]
- [확인] ✔

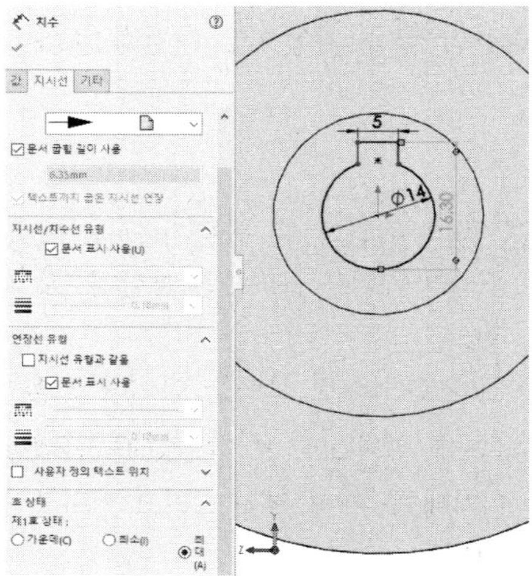

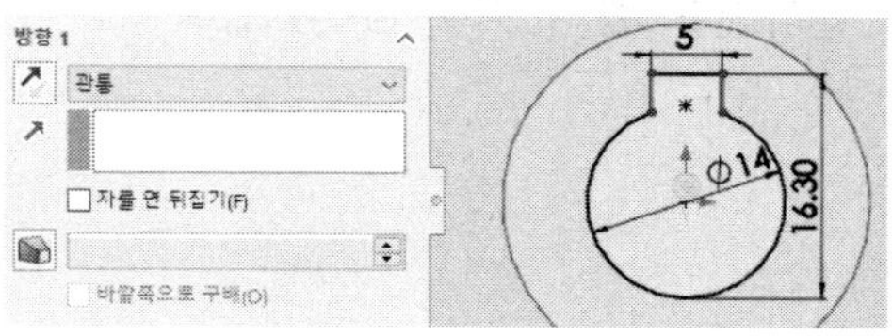

5. 스윕 보스(경로곡선 돌출)

스윕은 경로를 따라 프로파일(단면)을 이동하여 만드는 베이스, 보스, 또는 컷을 말하며 스윕은 단순할 수도 있고 복잡할 수도 있다. 스윕 지오메트리를 생성하기 위해 소프트웨어에서 경로를 따라 다양한 위치에 프로파일을 복제하여 일련의 중간 단면을 작성한 다음 중간 단면을 포함하여 지오메트리를 생성한다. 다양한 형상을 생성할 수 있도록 스윕 피처에는 안내 곡선, 프로파일 방향 옵션 및 꼬임과 같은 추가 파라미터가 포함될 수 있다.

스윕을 이해하기 위하여 다음 모양의 형상을 만들어본다.

① 스윕 피처를 생성하기 위하여 각각의 프로파일(바닥형상) 및 경로(프로파일이 따라갈 중심선), 안내곡선(측면의 변화하는 곡선)을 스케치1, 스케치2, 스케치3 처럼 따로 작성해야 한다. 스케치를 따로 작성하려면 하나의 스케치를 그린 다음 확인 을 누르는 것이 아니고 스케치 종료(, 또는 메뉴의 스케치 종료)를 눌러야 한다.

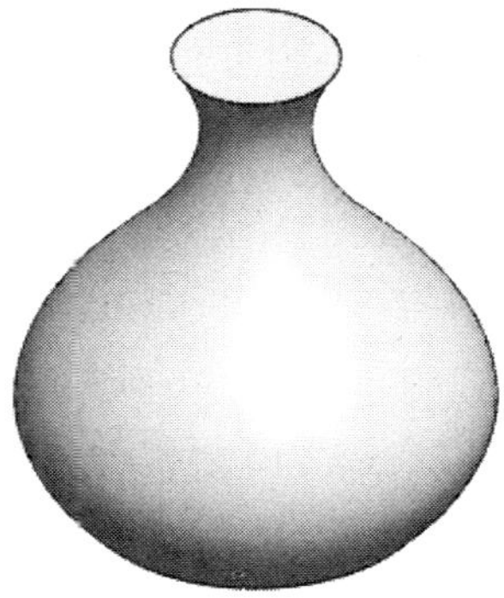

먼저 다음 세 가지 스케치를 그림과 같이 따로 작성한다.

㉮ 프로파일 : 스윕형상의 단면이 되는 스케치

㉯ 경로 : 단면이 따라갈 경로가 되는 스케치

㉰ 안내곡선 : 항아리 같이 단면의 모양이 변할 경우 이를 안내하는 스케치

㉮ 프로파일

윗면 ⇒ 원을 그리고 스케치 종료 아이콘 을 누른다. 트리 메뉴에 스케치 1이 나타난다. 크기를 가늠하기 위해 40을 부여한 다음 치수를 삭제한다. 단면이 변해야 하므로 치수를 입력하면 안 된다. 치수를 지우면 스케치(1) 앞에 (-) 가 표시된다.

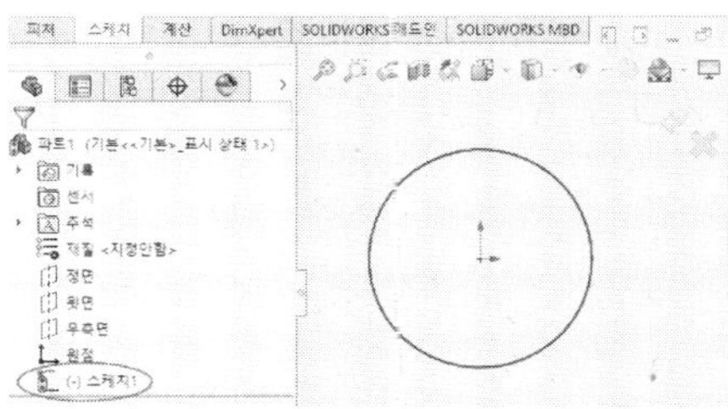

㉯ 경로

정면 [정면] ⇒ 면에 수직으로 보기 ⇒ 직선을 그리고 스케치 종료 아이콘 을 누른다.

트리 메뉴에 스케치 2가 추가로 나타난다.

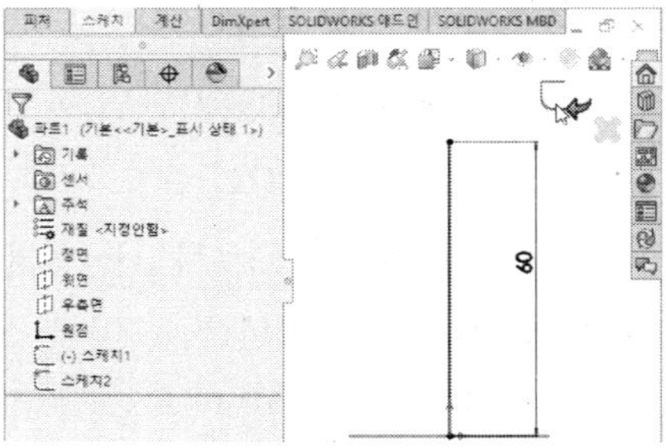

㉰ 안내곡선

정면 [정면] ⇒ 면에 수직으로 보기 ⇒ 스케치 메뉴에서 자유곡선 을 선택하여 측면 곡선을 그리고 스케치 종료 아이콘 을 누른다.

트리 메뉴에 스케치 3이 추가로 나타난다.

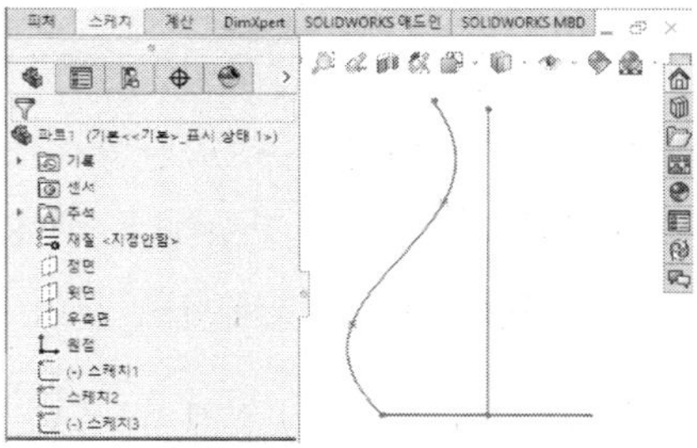

② 피처도구모음 ⇒ 스윕보스/베이스 ⇒ 스윕 PropertyManager ⇒ 에 단면 프로파일(아이콘 형상이 바닥면을 이루는 모양이므로 원형이 진하게 표시되어 있다.)을 선택한다. ⇒ 에 경로(바닥 원이 따라가는 경로를 보여주는 곡선이 진하게 표시되어 있다.)를 이룰 중심의 직선을 선택한다. ⇒ [안내곡선]을 눌러 하위 메뉴를 펼쳐서 단면 모양이 변할 측면 자유곡선을 선택한다.

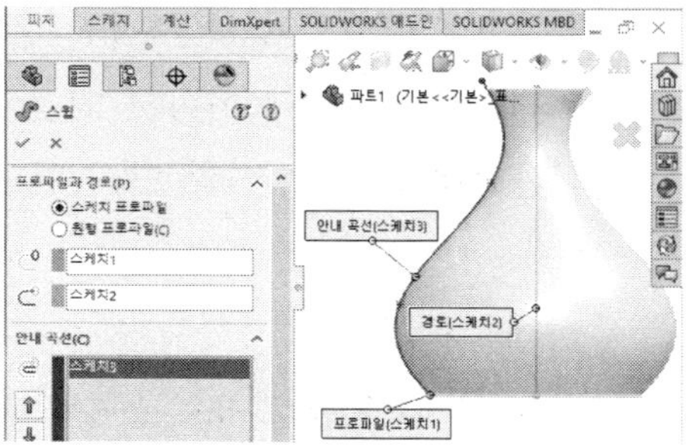

6. 스윕 컷(경로곡선 돌출 빼기)

기존에 생성된 피처에서 스윕 보스/베이스 형상을 만들어 기존의 피처에서 제거하는 작업이다. 이 명령어의 사용법 역시 스윕보스/베이스와 같다.

스윕보스/베이스, 스윕 컷 따라 하기

지금까지 익힌 돌출보스/베이스, 돌출 컷, 회전보스/베이스, 스윕보스/베이스와 원형 패턴 기능을 적용하여 다음과 같은 핸들 모델링을 완성해 보자.

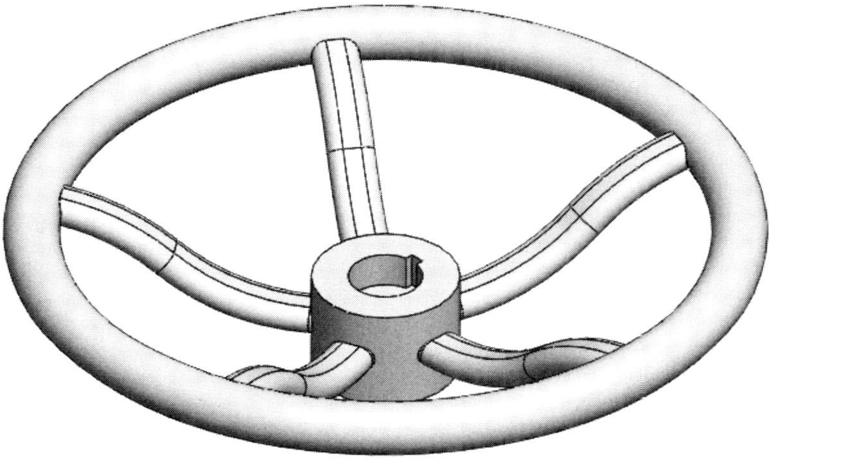

① 보스와 암 스윕 스케치 작성

- 윗면을 선택하여 원을 그리고 지름을 40mm로 작성하여 돌출보스/베이스에서 높이를 30mm로 가운데 보스를 작성하고 확인한다.
- 정면을 선택하여 그림과 같이 암을 스윕보스/베이스 할 기초 경로 스케치를 작성한다.
- 시작점이 원주가 아니고 돌출 보스의 중심부터 경로를 이룰 선을 그려야 한다. 원주에서 그리면 스윕보스/베이스가 보스의 원주에 완전히 붙지 않고 양쪽 끝이 틈새가 생겨 나중에 원형패턴을 할 때 작업이 안 된다.)
- [확인] ✓

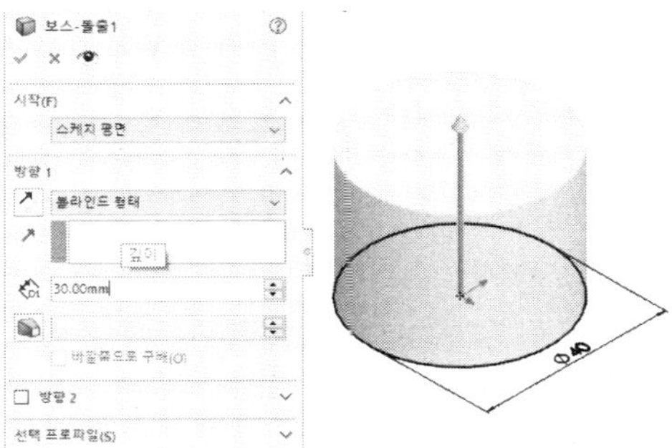

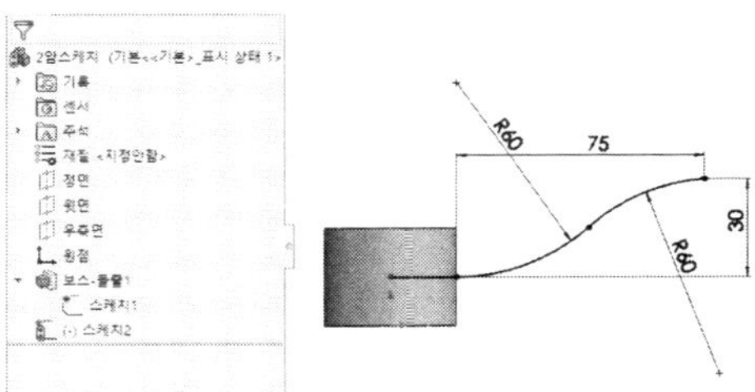

② 암의 단면 스케치 작성 및 스윕

- 우측면을 선택하여 암의 단면을 그리기 위해 스케치 도구모음에서 중심점 직선 홈을 선택하여 다음과 같이 그리고 치수를 입력한다.
- 피처 메뉴에서 스윕보스/베이스 선택한 다음 옵션에서 단면을 이룰 프로파일과 (단면을 이룰 모양)이 단면이 따라가는 경로 (따라가는 경로를 표시하는 곡선 모양)를 지정한다.
- [확인]

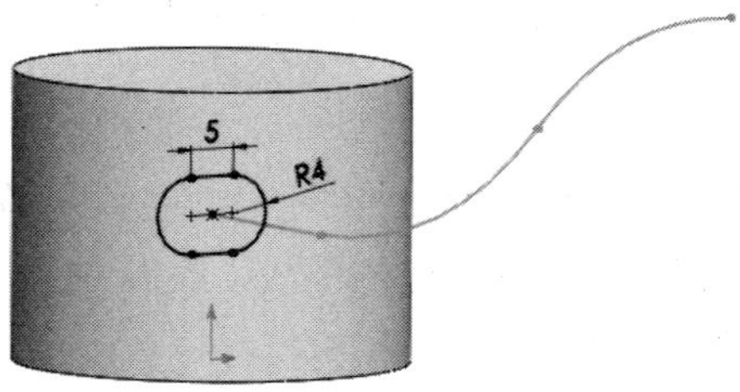

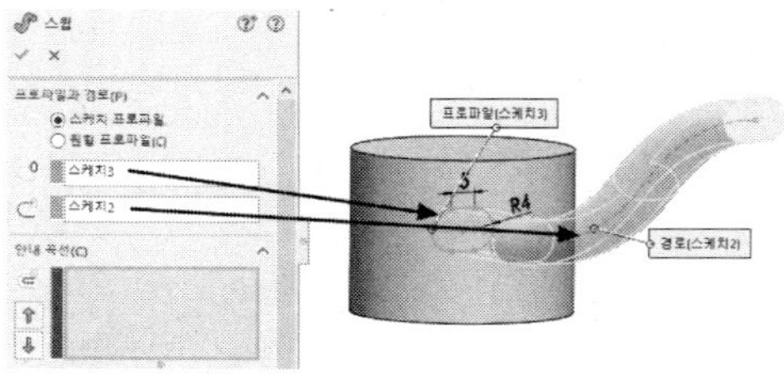

③ 암을 원형 패턴으로 복사

- 원형 패턴을 위한 중심축을 그린다.
- [피처] 도구모음 ⇒ [참조형상] ⇒ [기준축] ⇒ 가운데 보스의 원주면을 클릭 ⇒ [확인]
- [피처] 도구모음 ⇒ [선형패턴] 하위메뉴에서 [원형패턴] 선택
- PropertyManager에서 기준 축은 자동으로 입력된다. 만약 입력이 안 되어 있으면 앞에서 만든 기준 축을 선택한다. 개수를 5개, 각도는 360도로 입력하고 (동등간격에 체크해야 함) [피처 및 면(F)]에서 앞에서 스윕으로 만든 암을 선택
- [확인]

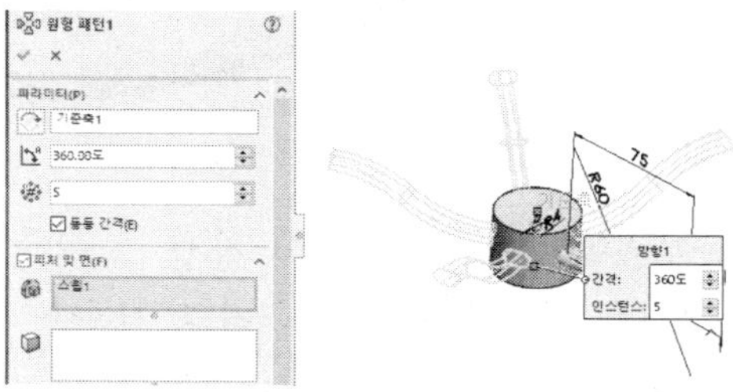

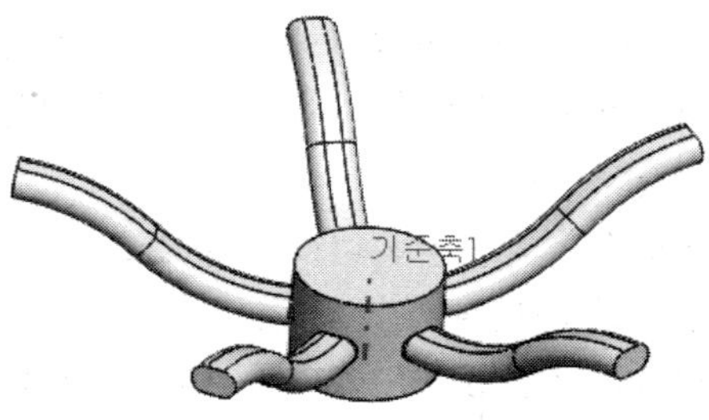

④ 핸들의 바깥 휠 만들기

- 스케치 면으로 [정면]을 선택하여 암의 끝 부분에 가운데를 기준으로 원을 그리고 지름을 15mm로 입력.
- [피처] 도구모음 ⇒ [회전보스/베이스] ⇒ PropertyManager에서 [회전축]에 기준축1 선택
- [확인] ✔

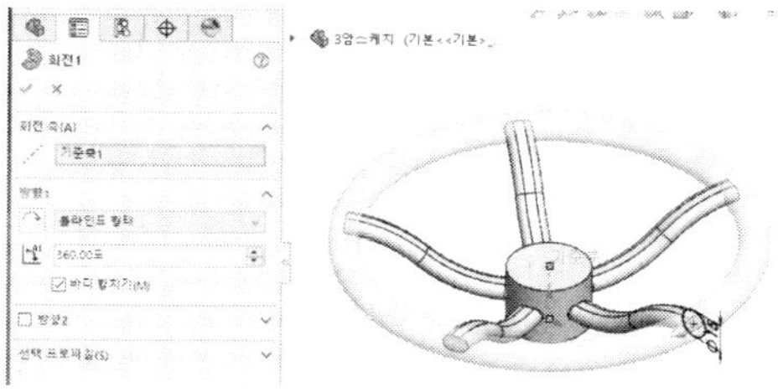

⑤ 축 구멍과 키 홈 만들기(돌출 컷)

- 풀리의 측면을 클릭 ⇒ [면에 수직으로 보기]
- 여기에 원과 사각을 그리고 치수를 입력한다.
- 스케치 도구모음 ⇒ 요소 잘라내기 를 이용하여 정리한다. 이 과정을 생략하고 선택 프로파일에서 영역을 잘 선택해도 된다.
- 피처 도구모음 ⇒ [돌출 컷] ⇒ 마침조건을 [관통]
- [확인] ✔

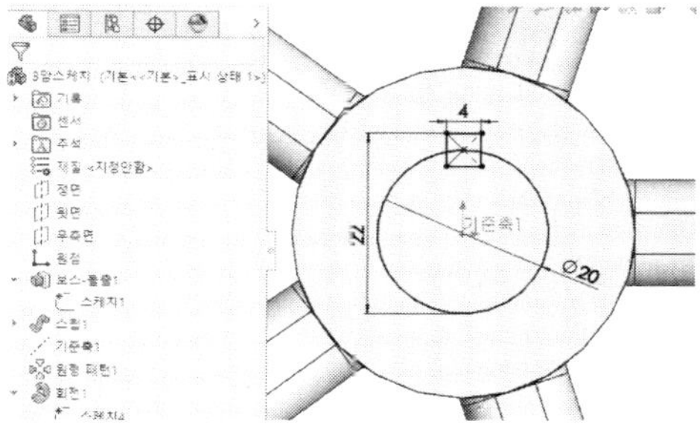

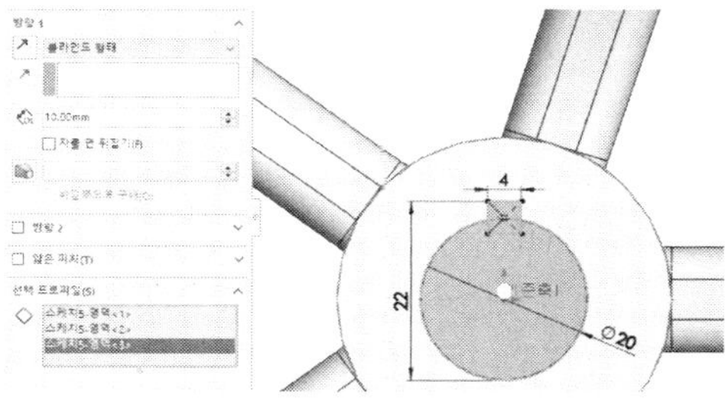

7. 로프트보스/베이스(다단 면 돌출)

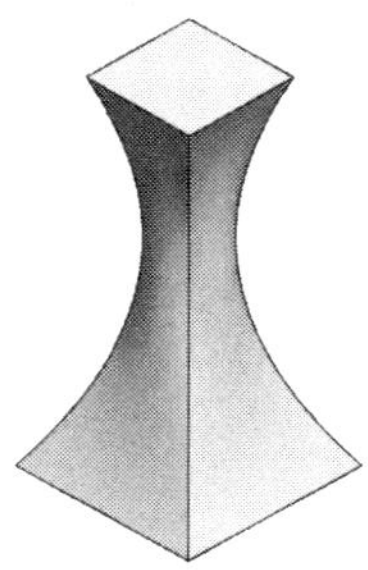

두 개 이상의 프로파일을 연결하여 형상을 생성하는 방법으로 프로파일은 모델 면이나 분할 선으로 생성한 면, 평면, 프로파일 또는 곡면 등을 사용할 수 있다. 선택하는 프로파일 순서 및 선택하는 점에 따라 로프트가 작성된다. 물론 이미 선택된 프로파일을 PropertyManager에서 순서를 조정할 수는 있다. 선택을 어떻게 하느냐에 따라 로프트가 꼬인 형태로 작성되기도 한다. 따라서 선택할 때 로프트 순서 및 점을 정확하게 선택해야 한다. 로프트 컷 역시 사용 방법은 로프트 보스/베이스와 같다. 다만 형상을 제거하는 작업이다.

① 로프트 피처를 생성하기 위해서는 단면이 변하는 부위의 프로파일을 작성해야 한다. 세 개의 프로파일을 만들기 위해 평면 2개를 새로 만든다.

㉮ 피처 ⇒ [참조형상] ⇒ [기준면] 클릭

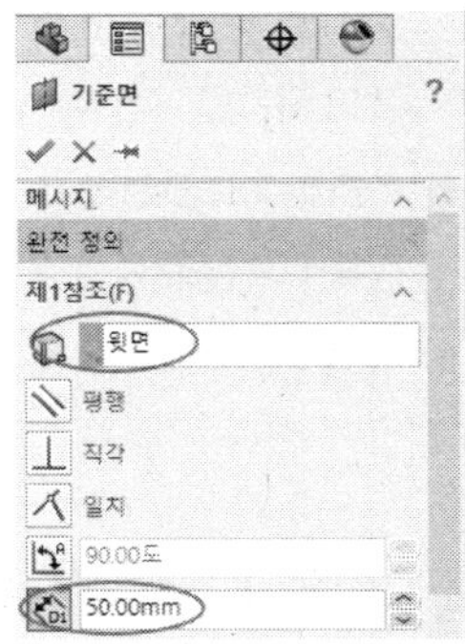

㉯ 기준면 PropertyManager의 제1참조(F) 에 클릭한 다음 그래픽 화면의 왼쪽 위에 있는 트리의 화살표를 누르면 아래로 트리메뉴가 펼쳐진다. 여기서 윗면을 클릭 ⇒ 오프셋 거리 에서 50mm 입력 ⇒ [확인] 하면 Property Ma nager의 트리의 맨 아래 원점 밑에 평면1 생긴다.

㉰ 위와 같은 방법으로 기준면을 하나 더 만든다. 피처 ⇒ 참조형상 ⇒ 기준면을 선택하고 정면에서 100mm 오프셋 면으로 평면2를 만든다.

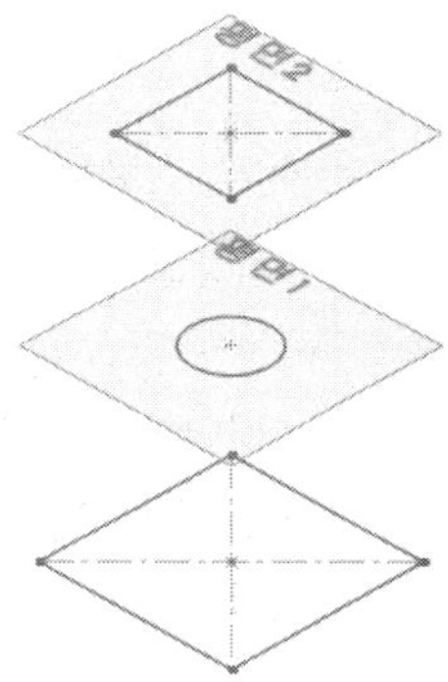

㉱ 윗면에 중심 사각을 길이를 모두 50으로 입력하고 [확인]

㉲ 평면1에 중심 원을 그리고 지름을 20으로 입력하고 [확인]

㉳ 평면2에 다시 사각을 그리고 각 변을 30으로 입력하고 [확인]

㉴ 작성된 프로파일을 등각으로 본다.(Ctrl+7 또는 스페이스 바를 누르면 나타나는 뷰 조절에서 등각으로 선택)

② 피처 ⇒ 로프트보스/베이스 ⇒ 로프트PropertyManager에서 프로파일에 위에서 그린 스케치를 차례로 선택한다.

③ [확인]

8. 로프트 컷(다단 면 돌출 빼기)

앞에서 익힌 로프트 보스/베이스와 같은 방법으로 로프트 형상을 만들고 기존의 형상모델에서 빼는 작업이다.

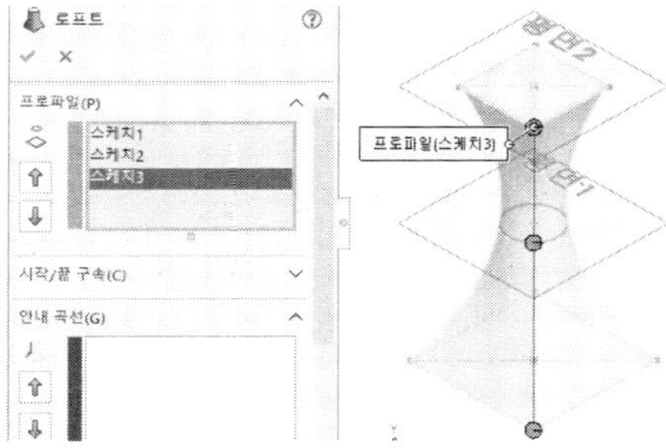

9. 구멍가공 마법사(구멍가공)

피처 도구모음에서 구멍가공 마법사 아이콘 구멍 가공 마법사을 클릭하면 [구경 스팩] PropertyManager가 나타난다.

① 구멍을 생성할 면을 선택

② 피처 도구모음 ⇒ [구멍가공 마법사]

③ 구멍스팩 PropertyManager ⇒ [유형] 유형에서 필요한 사항 입력

㉮ 구멍유형 : 카운터보어, 싱크, 일반구멍 등의 유형 설정

㉯ 표준규격 : KS 선택(ISO 등 여러 가지 중에서 필요한 규격 선택)

㉰ 유형 : 선택한 구멍 유형에 따른 하위 규격이나 형태(구경 지름 등)

㉱ 마침조건 : 어디까지 구멍을 뚫을지 깊이 지정

④ PropertyManager ⇒ [위치] 위치 ⇒ 구멍위치를 클릭(미리 보기 형태가 마우스 포인터를 따라다니므로 필요한 위치에 클릭하면 된다.)

⑤ 구멍의 구속조건 및 치수를 조정하려면 [유형]에서 수정할 수 있다.

구멍마법사 따라 하기

구멍마법사는 필요한 유형과 치수 등을 정하는 것만 신경 쓰면 나머지는 그렇게 개념이 어려운 것이 아니므로 다음과 같은 간단한 형상을 연습해보자.

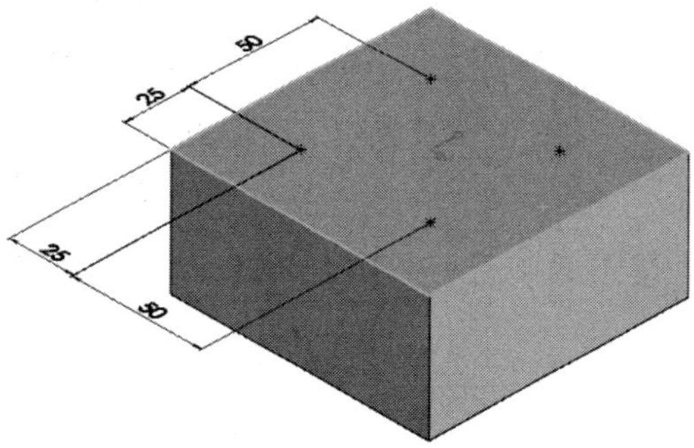

① 먼저 간단한 사각 스케치를 한 다음 돌출보스/베이스로 육면체를 만들고 윗면을 클릭하여 파란색으로 변하면 이 면에 적당한 위치에 점을 만든다. (치수는 중요한 것이 아니지만 연습을 하는 뜻에서 그림과 같이 위치를 잡는다.

② 피처 도구모음 ⇒ [구멍가공 마법사] ⇒ [구멍스팩] PropretyManager에 있는 맨 위의 탭 

에서 [유형]을 선택하고 다음 내용을 입력한다.(구멍가공 마법사에 들어가기 전에 형상의 윗면을 클릭하여 파란색으로 만들어 놓고 작업하는 것이 편하다. 물론 순서가 바뀌어도 가능하지만 좀 복잡해진다.)

③ [구멍 유형(T)]에 카운터 보어 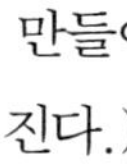

④ [표준 규격]에 KS 

⑤ [크기:]에 M8 

⑥ [마침조건]에 블라인드 형태 마침 조건(C) 블라인드 형태

⑦ 길이 20mm 입력 20.00mm

⑧ 맨 위의 탭 유형 위치 에서 [위치] 탭을 선택하고 앞에서 스케치 점을 표시하였던 곳으로 마우스를 움직이면 미리보기 모양이 따라다닌다. 구멍을 만들 자리에 클릭한다.

⑨ [확인] 한다.

트리에 M8 소켓 머리 캡 나사용 카운터보어1 가 생성된다. 구멍의 치수를 수정 하려면 이 트리를 클릭하면 나타나는 팝업 메뉴아이콘에서 피처편집 을 클릭하면 수정 가능한 피처가 노란색으로 변한다. 이때 PropertyManager에서 필요한 사항(치수나 형상 등)을 수정하고 확인하면 된다. 그러나 위와 같이 한꺼번에 구멍을 만든 4개 중에 한 개만 따로 치수나 형상을 수정할 수 없다. 꼭 필요하다면 한 개를 지우고 새로 만들어야 한다.

3.4.2 참조 요소 기반 형상 명령어

1. 필렛 (3D 필렛)

필렛은 파트에 안쪽 또는 바깥쪽의 곡면을 만드는 기능이다. 면 모서리, 선택한 면 세트, 선택한 모서리, 모서리 루프에 필렛 할 수 있다.

다음은 다양한 형태의 필렛의 유형을 나타내는 형상을 보여준다.

고정 크기 필렛

다중 반경 필렛

둥근 모서리 필렛

세트백 필렛

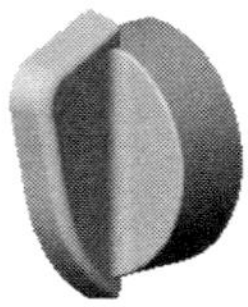

가변 크기 필렛

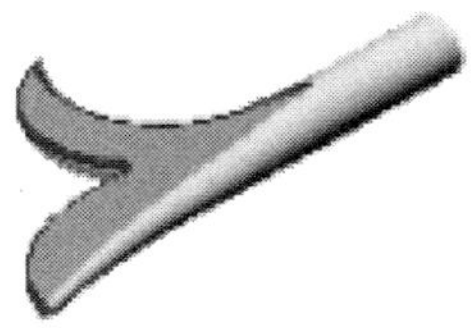

면 필렛

둥근필렛

비대칭 필렛

필렛을 만들 때 다음 규칙을 따르는 것이 좋다.

- 작은 필렛 보다 큰 필렛을 먼저 만든다.
- 꼭지점에 여러 필렛을 만들 때 큰 필렛을 먼저 만든다.
- 필렛보다 구배를 먼저 만든다.
- 나사선 필렛을 마지막으로 만든다.
- 파트 재생성 시간을 단축하려면 일정 반경 필렛이 필요한 여러 모서리를 처리할 때 단일 필렛을 사용한다. 단, 이러한 필렛의 반경을 변경하면 같은 작업으로 생성된 모든 필렛이 변경된다.

[피처 도구모음] ⇒  을 선택하거나 메뉴에서 [삽입(I)] ⇒ [피처(F)] ⇒ [필렛(F)]을 클릭한다.(일정한 형태의 피처(형상)를 만든 상태가 아니면 필렛 명령이 활성화되지 않는다.)

필렛 PropertyManager가 나타나면 

탭이 있는데 [수동]을 선택한다. (FilletXpert는 대칭 부동 반경 필렛만 해당된다.)

① 필렛 유형(Y) 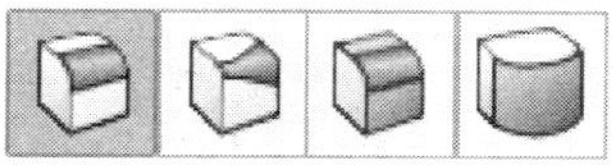

㉮ 부동크기 필렛 : 선택요소 전체에 크기가 고정된 필렛을 만든다.

- 필렛할 항목 : 필렛할 모서리, 면을 필요한 만큼 선택한다.
- 탄젠트 파급 : 선택한 모서리와 인접한 모서리까지 적용된다.
- 전체 미리보기 : 모든 모서리의 필렛 형태를 미리 볼 수 있다.
- 부분 미리보기 : 첫 번째 필렛만 보여준다. A키를 누르견 하나씩 순서대로 볼 수 있다.

- 필렛 변수(P) : 필렛의 시작과 끝의 지름을 지정할 수 있다
- 대칭 : 반경으로 정의된 대칭 필렛을 만든다.
- 비대칭 : 두 반경으로 정의된 비대칭 필렛을 만든다.

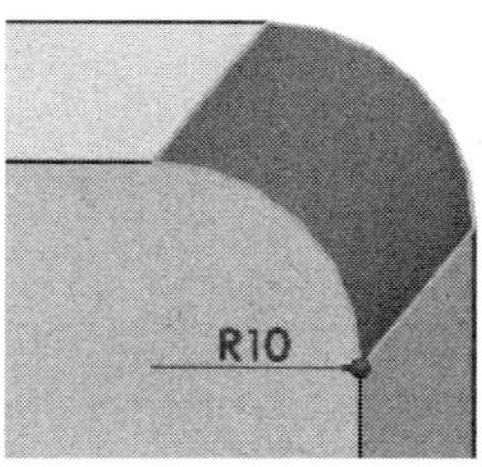

대칭

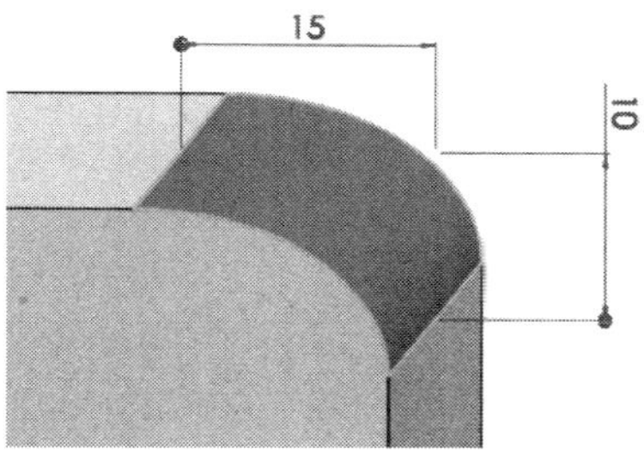

비대칭

- 프로파일(P) : 필렛의 단면 모양을 정의
- 원형 : 일반적인 모양
- Conic Rho : 원추까지의 곡률을 1과 0 사이의 숫자로 지정(1이면 뾰족하고 0이면 완만해진다).
- 원추반경 : 만곡점의 곡률 반경을 지정한다.
- 곡률연속 : 인접 곡면 사이에 더 부드러운 곡선을 작성한다.

- 세트백 변수(B) : 혼합 곡면 간에 파트 모서리를 따라 필렛된 모서리로 부드러운 전이를 만든다. 꼭지점 한 개와 반경을 선택한 뒤, 모서리마다 세트백 거리를 같게 하거나 필요에 따라 다르게 지정한다.

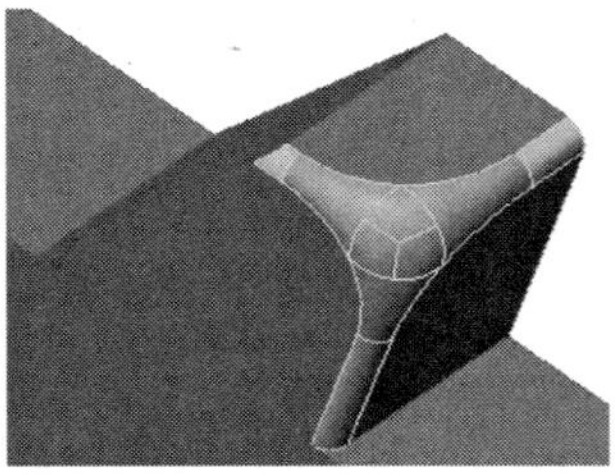

일정한 세트백 거리 12mm

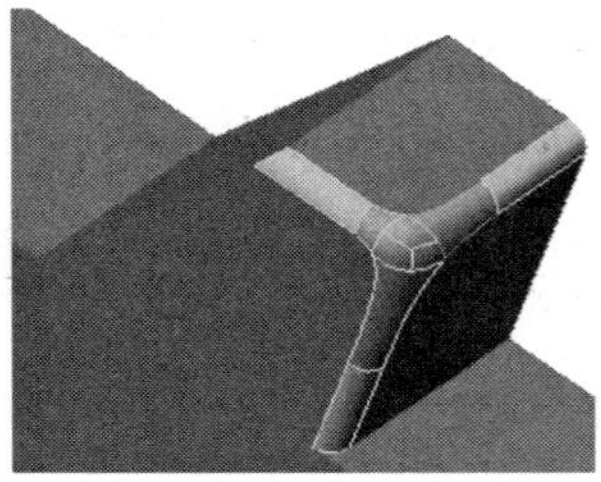

각각 다른 거리 4, 8, 12mm 지정

- 필렛 옵션(O)

- 관통면 선택 : 형상에 가려진 뒷부분의 선을 선택할 수 있다.
- 피처유지 : 큰 반경으로 필렛했을 때 포함되는 피처를 유지할 것인지 없앨 것인지를 결정한다. 아래 그림의 사각 기둥은 필렛의 끝 부분이 사각기둥의 안에 있으므로 포함되지 않는다.
- 코너 둥글리기 :

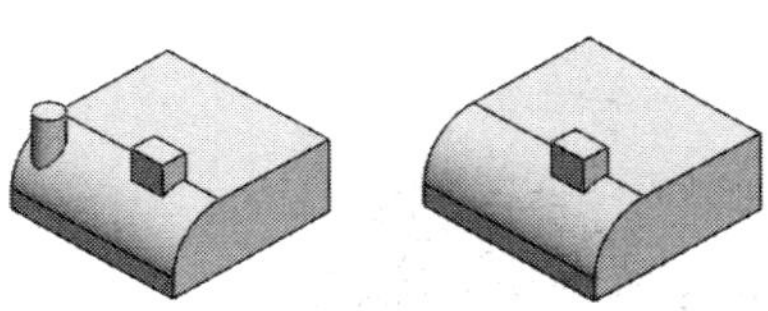

피처유지 적용 전, 후

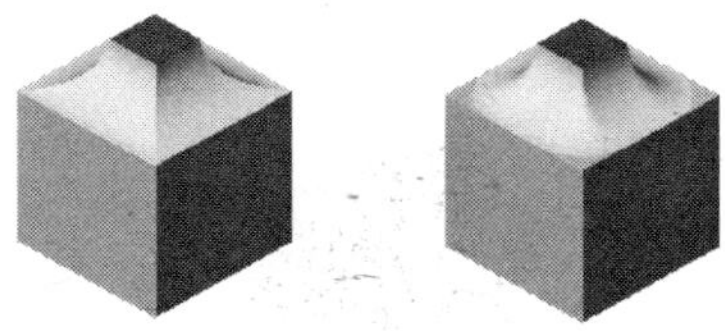

코너 둥글리기 적용 전, 후

㉯ 유동크기 필렛 : 여러 가지 다른 반경을 가진 필렛을 만든다.

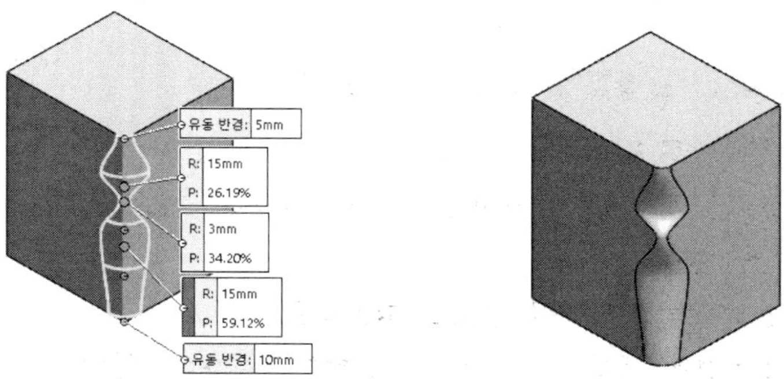

시작점 및 끝점, 중간에 점 3개를 지정하여 다른 값을 적용한 예

㉰ 면 필렛 : 선택한 면과 면 사이의 가상 꼭지점에 필렛을 만든다.

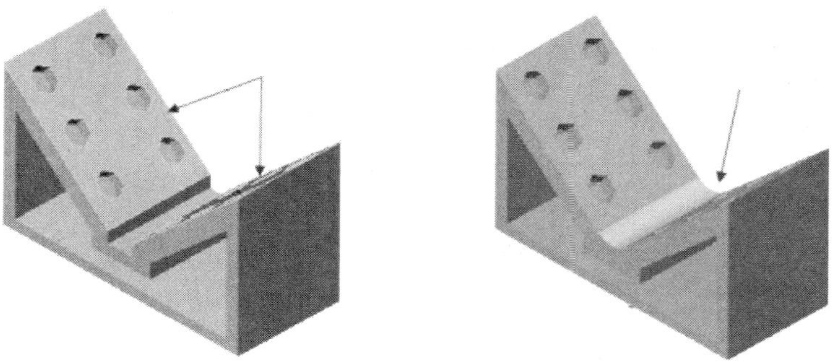

면 필렛 적용 예

㉱ 둥근 필렛 : 인접한 세 개의 면 쌍에 접하는 필렛 자동으로 만든다.

- 측면 쌍1에 윗면, 중간 면 쌍에 앞부분의 오른쪽 측면, 측면 쌍2에 바닥면을 선택하면 이 면에 접하는 필렛값을 자동으로 결정하여 그림과 같이 측면을 필렛한다.

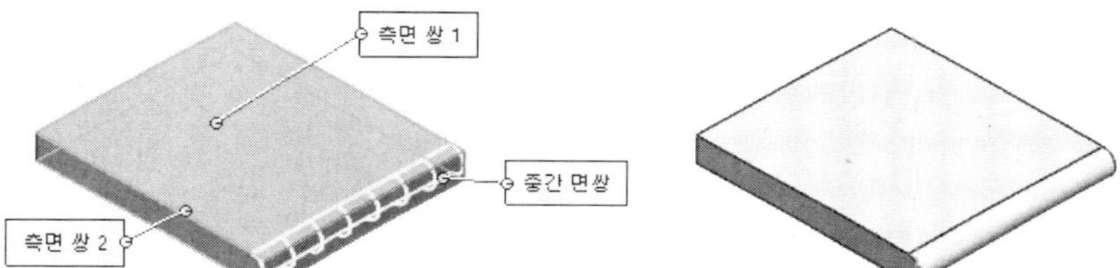

- 여기서 측면 쌍2를 바닥면이 아니고 앞부분의 왼쪽 면을 선택하면 이 세 개의 면에 접하는 필렛의 지름 값은 자동으로 결정되어 그림과 같이 완성한다.

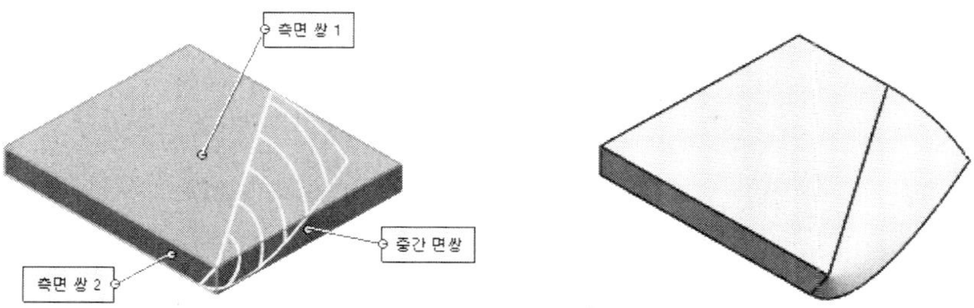

2. 모따기(3D 챔퍼)

먼저 일정한 형상을 만들고 [피처 도구모음] ⇒ 필렛 아래 화살표 ⇒ 모따기 또는 메뉴에서 [삽입(I)] ⇒ [피처(F)] ⇒ [모따기(C)]를 클릭한다.

모따기 PropertyManager에서 다음 설명에 따른 치수와 옵션을 정한다.

① : 모따기 할 모서리선과 면 또는 꼭지점, 면을 선택하면 선택된 면과 접해있는 전체 모서리를 모따기한다.

② 각도-거리 : 한 변의 거리와 각도 지정

③ 거리-거리 : 두 변의 거리 지정

④ 꼭지점 : 세 모서리가 만나는 점에서 각 변의 거리 지정

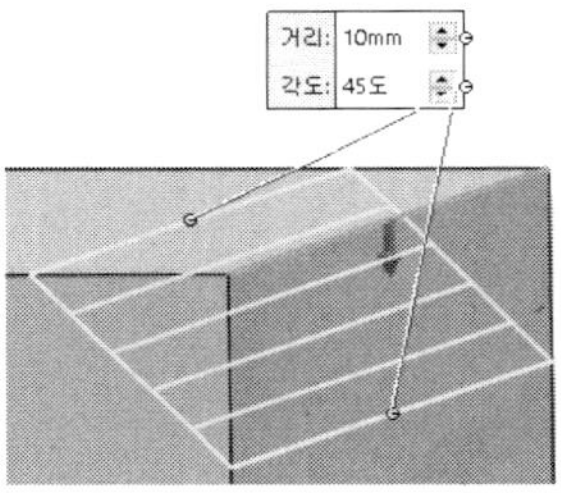

각도 - 거리

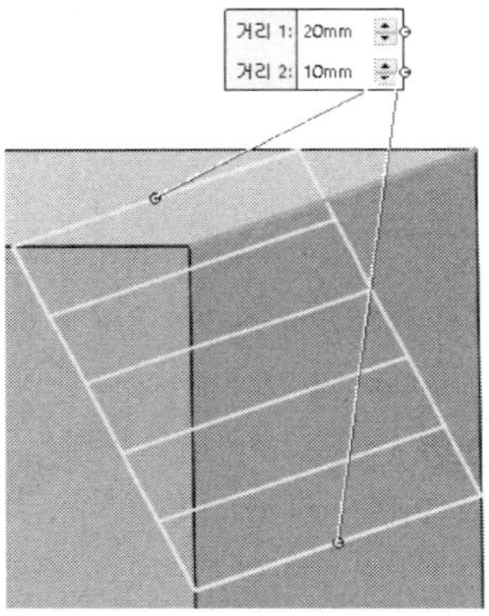

거리 - 거리

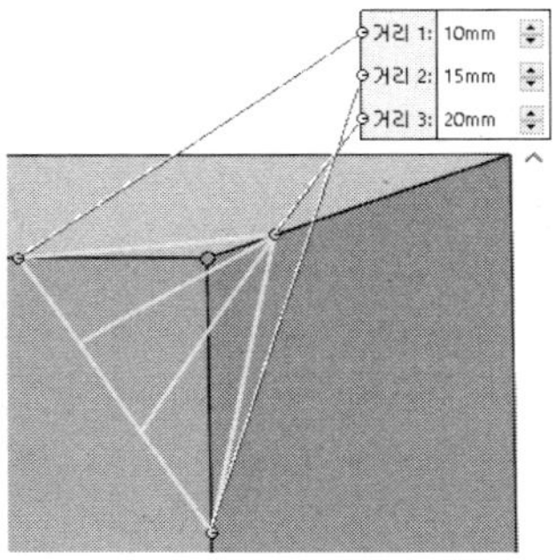

꼭지점

⑤ 반대방향 □반대 방향(F), 거리 5.00mm, 각도 45.00도 : 앞에서 선택된 옵션에 맞추어 필요한 부분이 입력될 수 있도록 나타난다.

⑥ 관통면 선택 : 형상에 가려진 뒷부분의 선을 선택할 수 있다.

⑦ 피처유지 : 큰 값으로 모따기했을 때 포함되는 피처를 유지할 것인지 없앨 것인지를 결정한다.

⑧ 탄젠트 파급 : 선택한 모서리와 인접한 모서리까지 적용된다.

⑨ 전체 미리보기 : 모든 모서리의 모따기 형태를 미리 볼 수 있다.

⑩ 부분 미리보기 : 첫 번째 모따기만 보여준다. A 키를 누르면 하나씩 순서대로 볼 수 있다.

3. 구배주기(구배 Deaft)

[피처 도구모음] ⇒ 구배주기 을 선택하거나 메뉴에서 [삽입(I)] ⇒ [피처(F)] ⇒ [구배주기(D)]을 클릭한다.

구배 PropertyManager가 나타나면 수동 DraftXpert 탭이 있는데 [수동]을 선택하고 구배 유형에는 중립평면을 선택한다.

① 구배유형(T) : 선택할 수 있는 구배 유형은 중립 평면, 분할선, 계단 구배가 있지만 여기서는 중립평면을 설명한다.
② 구배각도 : 구배를 줄 각도를 지정한다.
③ 중립평면 : 구배가 시작되는 면이 중립평면이 된다.
④ 구배줄 면 : 중립평면과 접해있는 구배를 적용시킬 측면
⑤ 면 연장 : 더 연장할 필요가 있으면 해당 조건에 맞는 조건 선택
- 없음 : 선택한 면만 구배를 준다.
- 탄젠트따라 : 선택한 면과 접하는 모든 면에 구배를 연장한다.
- 모든 면 : 모든 면에 구배를 적용시킨다.
- 안쪽 면 : 중립 평면에서 돌출된 모든 안쪽 면에 구배를 준다.
- 바깥쪽 면 : 중립 평면 옆에 있는 모든 바깥쪽 면에 구배를 준다.

없음	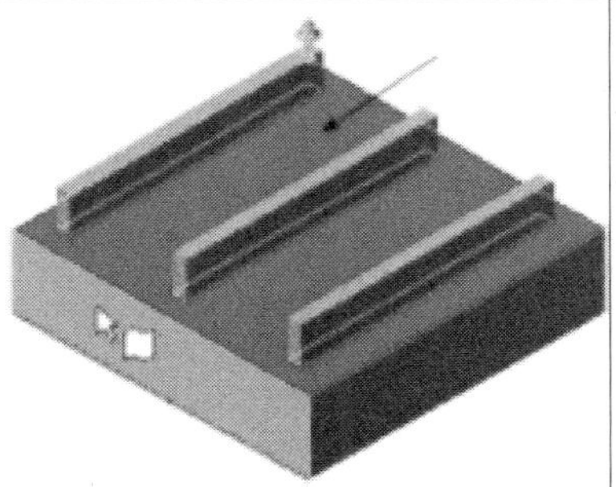	
탄젠트 따라		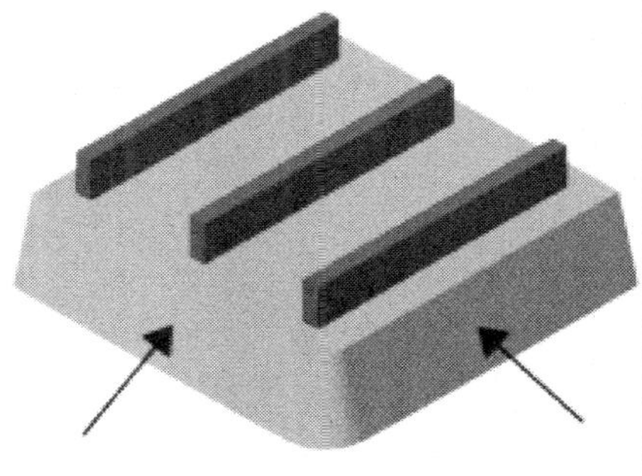

모든 면	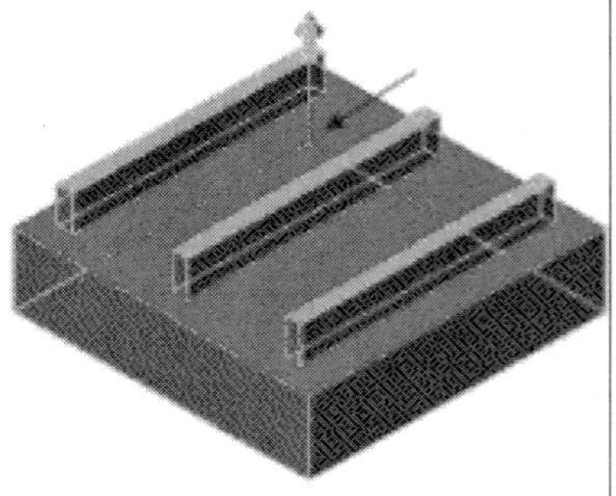	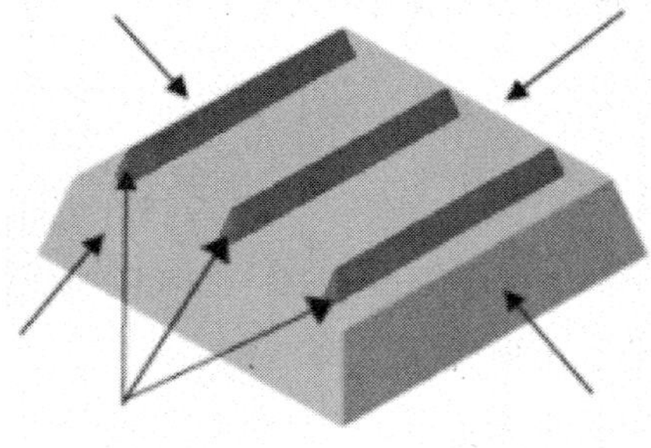
안쪽 면	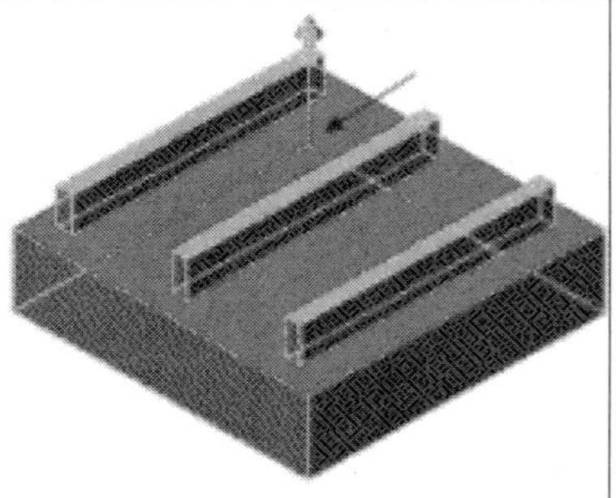	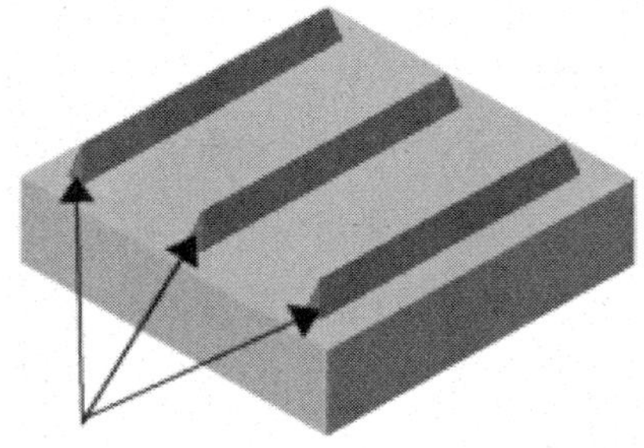
바깥쪽 면	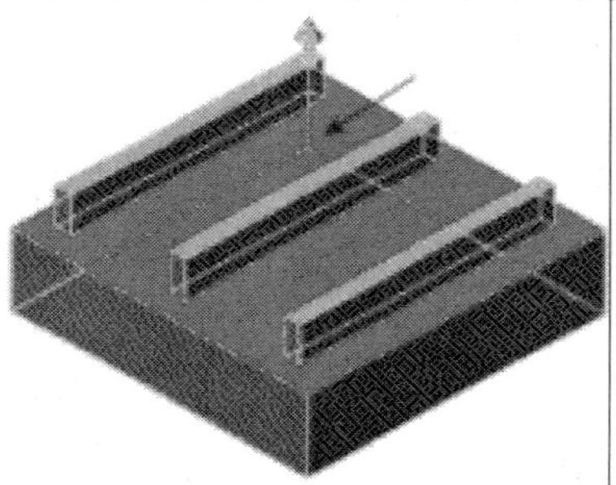	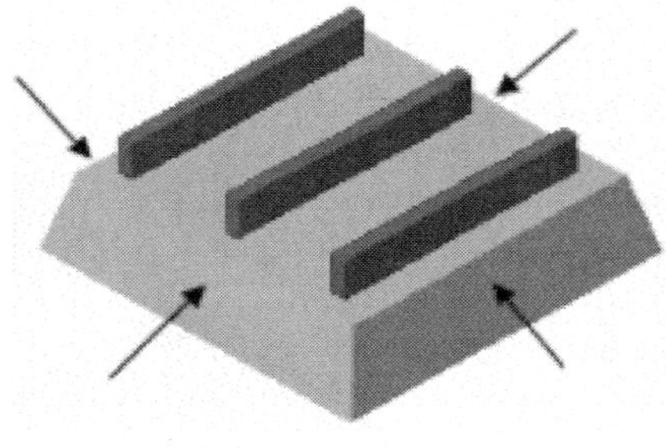

4. 쉘 (셸)

선택한 면을 지정한 값으로 일정한 두께를 남겨놓고 파내는 작업으로 상자를 만들 때, 육면체를 만들고 여기서 지정한 두께만큼 가장자리와 바닥을 남겨두고 파내면 상자 모양이 된다.

[피처 도구모음] ⇒ 쉘 을 선택하거나 메뉴에서 [삽입(I)] ⇒ [피처(F)] ⇒ [쉘(S)]을 클릭한다.

쉘 PropertyManager가 나타나면 옵션에 다음과 같이 내용을 설정한다.

① 파라미터(P)

㉮ 두께 2.00mm : 파내고 남는 부분의 살 두께

㉯ 제거할 면 면<1> : 제거할 면을 선택. 하나 이상 지정할 수 있다. 제거할 면을 선택하지 않으면 속이 빈 형태의 형상을 만든다. 단면을 보면 쉘이 적용된 것을 볼 수 있다.

㉰ 바깥쪽으로 쉘(S) : 현재 선택된 형상의 바깥으로 두께를 확장한다.

㉱ 미리보기 표시(W) : 미리보기 선택 여부 표시

② 다중 두께 세팅(M) : 상자에서 바닥의 두께는 벽면과 다르게 지정하거나 벽면 중 다른 면의 두께를 다르게 지정할 때 사용한다.

㉮ 다중두께 : 다르게 지정할 두께 값을 입력한다.

㉯ 다중두께 지정 면 : 다중 두께를 부여할 면을 하나 또는 그 이상 지정한다.

5. 보강대

보강대는 개곡선이나 및 폐곡선 스케치 프로파일에서 돌출 피처(돌출보스/베이스)를 만들 수 있는 특수한 유형이다.(일반적인 돌출보스/베이스에서는 개곡선은 돌출피처를 만들 수 없다.)

연습을 하기 위해 아래 기존피처와 같은 형상을 만들어 놓은 상태에서 작업해야 한다. 기존 피처에서 보강대를 설치할 부분에 새 평면을 만들고 (피처 도구모음 ⇒ 참조형상 ⇒ 기준면) 이 평면에 보강대에 해당하는 직선 또는 곡선 스케치를 완성한 다음 보강대 명령(피처 도구모음 ⇒ 보강대 ⇒ 보강대 두께 1를 입력하고 돌출 방향과 뒤집기 구배 등의 조건을 부여하고 확인한다.

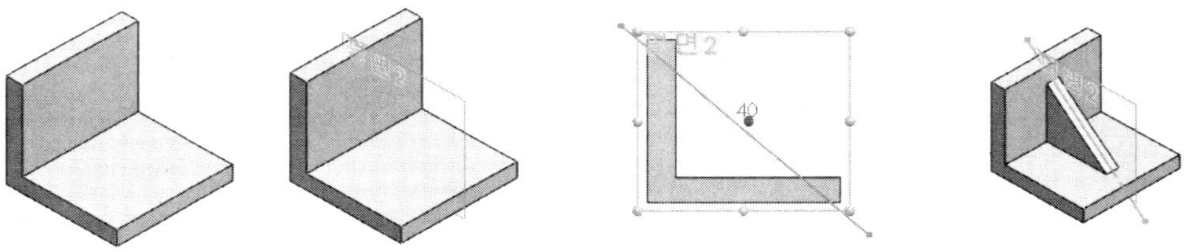

기존 피처 ⇒ 평면 생성 ⇒ 새 평면에 스케치 ⇒ 보강대 실행

냉동실 얼음틀 따라 하기(구배주기, 쉘, 보강대)

지금까지 학습한 내용을 바탕으로 쉘과 보강대를 추가하여 냉동실 얼음 틀을 만들어 본다.

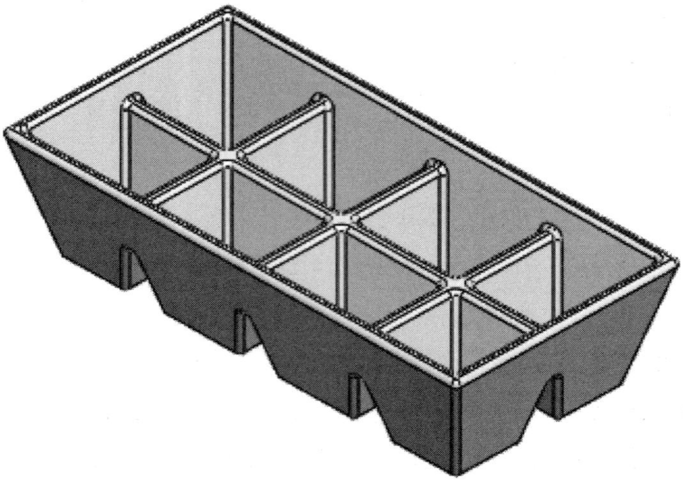

① 구배가 있는 육면체를 만든다. 스케치는 가로 200, 세로 100으로 하고 돌출보스/베이스에서 높이 50으로 육면체를 만든 다음 [구배주기]에서 구배유형은 [중립평면], 구배 각도는 15°, 구배줄 면은 측면 4군데를 모두 선택한다.

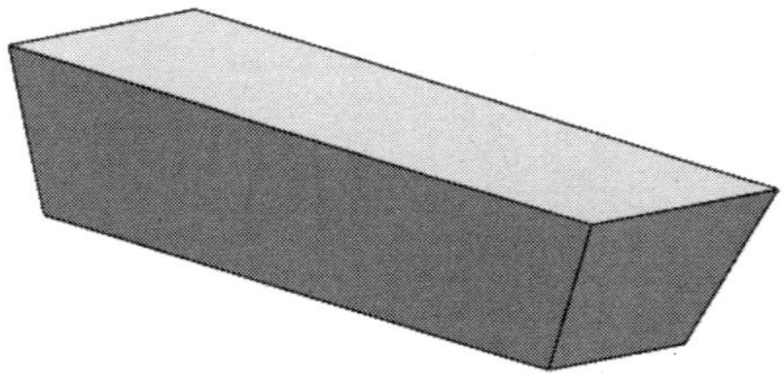

② 쉘 기능을 이용해 쉘 두께 5mm의 쉘 작업을 하고 윗면에서 10mm 아래로 오프셋 거리에 평면(평면1)을 만든다. (참조형상 ⇒ 기준면 기능을 이용한다.)

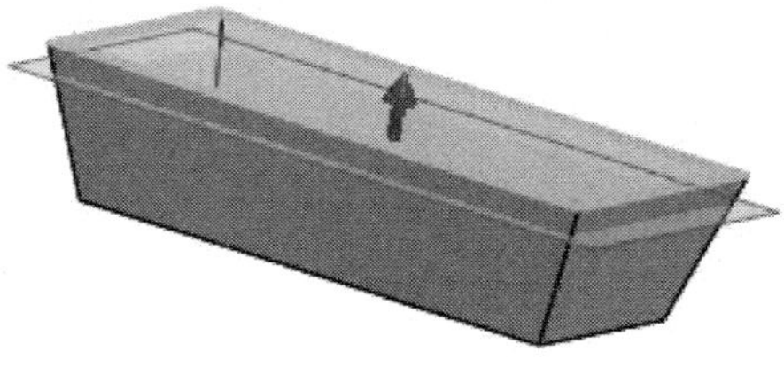

③ [평면1]에 [스케치]를 이용하여 내부의 칸막이를 이룰 형상의 직선을 그린다. 직선은 박스의 바깥으로 나가도록 적당히 그리면 된다.(치수는 50mm의 동등 간격으로 한다.)

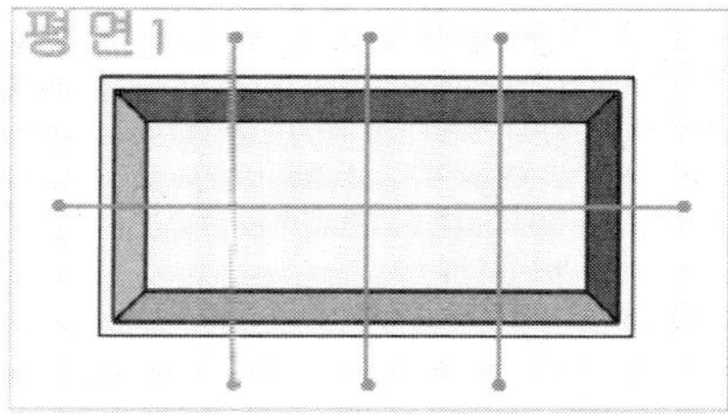

④ 보강대를 만든다. 이 때 보강대도 구배 각도를 15°로 적용한다. 칸막이 스케치가 선택된 상태에서 피처 도구모음 ⇒ 보강대 ⇒ 두께 5mm 5.00mm ⇒ ◉ 스케치 평면에서(S) ⇒ 구배 15도 15.00도 (아이콘 클릭 후 입력) ⇒ ☑ 바깥쪽으로 구배(O)

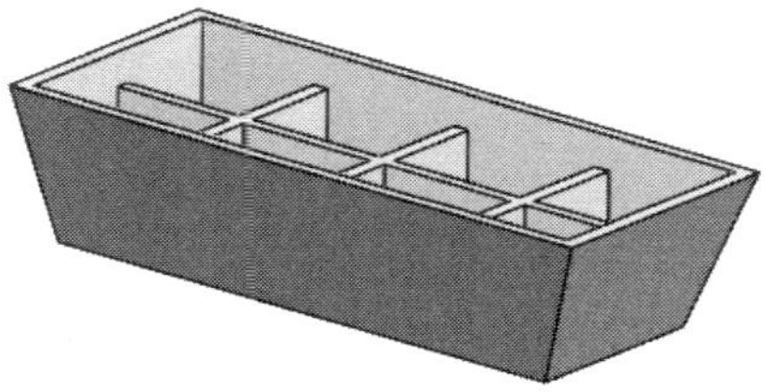

⑤ 여기서 다시 쉘 기능을 이용하여 제거할 면을 둘레 측면과 바닥면을 선택한다. 입력 옵션 사항은 앞에 만든 값을 그대로 유지하고 있으므로 면만 선택하면 된다.

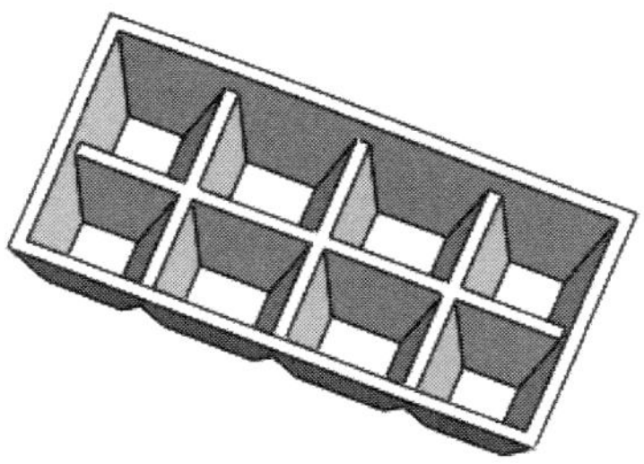

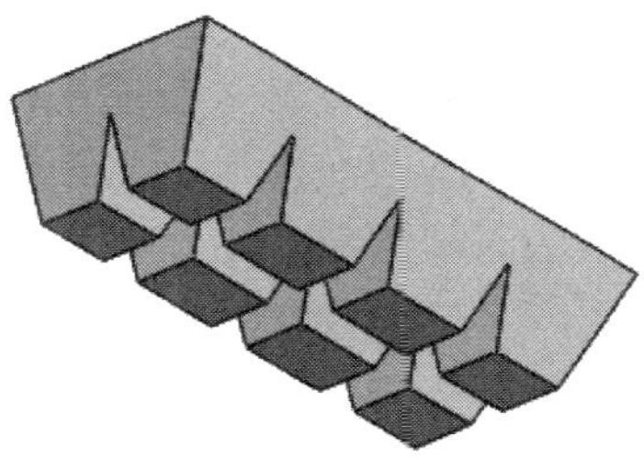

⑥ 보기 좋게 필렛을 적용해 본다. 필렛유형은 [부동크기], 필렛 반지름을 2mm로 입력하고 모델을 돌려가며 필요한 부분 전체를 선택해서 필렛을 완성한다. 아래 그림은 메뉴의 [보기] ⇒ [표시] ⇒ [음영]을 선택한 모습이다. 여러 가지 옵션을 선택해 적용해 보면서 기능을 익혀보자.

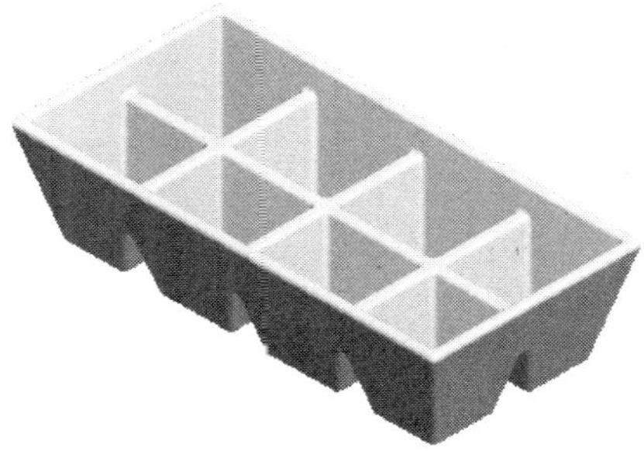

3.5 형상 편집

3.5.1 형상 반복 명령어

선택한 피처나 바디를 반복하여 배열하는 것이다. 내부적인 알고리즘은 기존의 형상을 생성하기 위한 여러 가지 파라미터 등의 정보를 다른 위치에 다시 생성하는 기능으로 스케치 기반 형상 및 참조 요소 기반 명령어에서 생성한 형상을 기반으로 응용 작업을 하는 도구 모음이다.

1. 선형패턴(선형패턴)

기존 형상을 일정한 간격에 의하여 임의의 방향으로 동일한 형상을 배열하는 기능이다. 기존 형상은 서로 연관성 있는 형상(예를 들어 필렛 또는 구배 형상)까지 포함한 형상을 의미한다.

임의의 방향이란 한 방향 또는 두 방향으로 설정할 수 있으며, 두 방향인 경우에 두 방향의 각이 항상 직각 상태여야 되는 것은 아니며, 임의의 방향과 평행한 선 또는 모서리 등을 선택할 수 있다.

일정한 간격이란 일반적으로 형상 사이의 간격과 형상의 개수(개수는 기존 형상까지 포함한 총 개수)를 뜻한다.

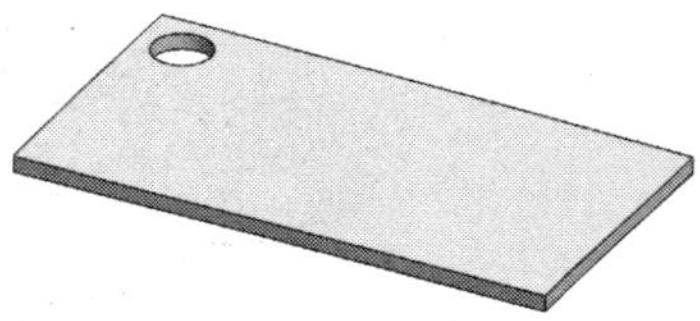

① 연습용 기초 파트를 만들기 위해 [윗면]에 간단한 육면체 형상을 만들고 구멍을 돌출 컷하여 그림과 같은 형상을 만든다. 치수는 적당히 한다.

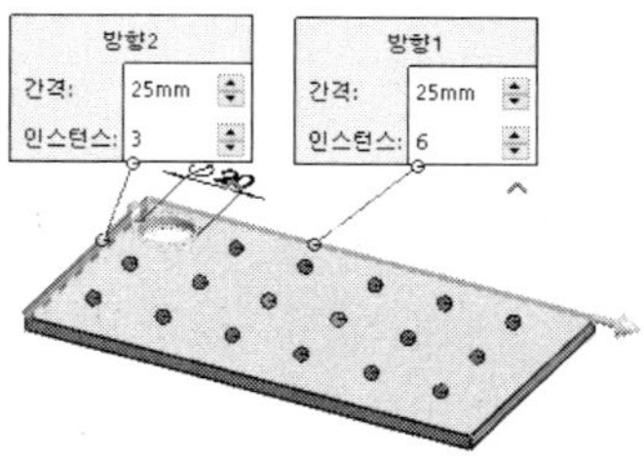

② 피처도구모음 ⇒ 선형패턴 선형 패턴 의 PropertyManager에서 [옵션] ⇒ [전체 미리보기]를 선택한다.

- 방향1 : 긴 쪽 모서리 선택
- 간격 및 인스턴스 ⇒ 인스턴스(복사되는 형상) 사이의 거리(간격) 25.00r와 인스턴스 수(복사되는 개수) 6 입력

- 방향2 : 짧은 쪽 모서리 선택

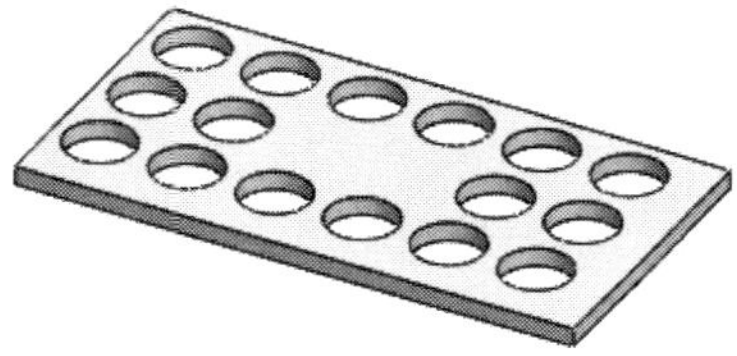

- 패턴 씨드만 : 선택하면 패턴씨드(원본패턴)만 가로 세로로 복사된다. 여기서는 체크하지 않고 작업한 형상이다.
- 피처 및 면 : 패턴 씨드(원본형상)를 선택한다.
- 인스턴스 건너뛰기 : 미리 보기로 나타난 패턴에서 적용하지 않을 부분의 점을 클릭하면 그 부분의 패턴은 적용되지 않고 건너뛴다. 여기서는 가운데 2개의 인스턴스를 건너뛰기 적용하였다.
- 참조까지를 선택하면

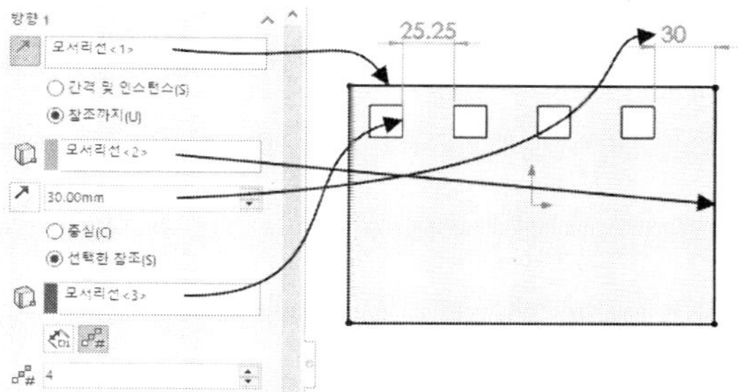

· ◉ 참조까지(U) 모서리선<2> 참조형상 : 오른쪽 세로 모서리 선택(그림의 맨 오른쪽 세로 모서리 선택)

· 30.00mm 오프셋 거리 : 참조형상에서 마지막 인스턴스까지 떨어진 거리 값을 입력(그림에서 30mm에 해당)

· ○ 중심(C) ◉ 선택한 참조(S) 선택한 참조에 클릭

· 모서리선<3> 씨드 참조 : 씨드(원본 패턴)에서 요소 선택. 배열된 마지막 인스턴스의 여기서 선택한 요소에서 참조형상까지 오프셋 거리만큼 떨어진 거리에 배치하고 그 사이를 동일 간격으로 인스턴스 수만큼 배열한다.

· 4 인스턴스 수 : 배열할 인스턴스 수를 입력한다. 오프셋 거리를 계산하여 거리는 자동으로 계산한다. 필요에 따라 거리를 입력할 수도 있는데 거리로 입력하면 오프셋 거리만큼 띄운 위치까지의 범위 안에 들어갈 수 있는 개수를 적용한다. 물론 마지막 인스턴스와 참조형상까지의 거리는 개수를 적용한 마지막 인스턴스가 적용되는 위치에서부터 적용되므로 입력된 값과 다르게 나타난다.

2. 원형패턴(원형패턴)

기존 형상을 축을 기준으로 원형 형식으로 복사하여 배열하는 기능이다. 원형 패턴 명령어는 선형 패턴 명령어의 옵션과 실행 과정이 비슷하다.

① 연습용 기초 파트를 만들기 위해 [윗면]에 간단한 육면체 형상을 만들고 구멍을 돌출 컷하여 그림과 같은 형상을 만든다. 바닥면과 수직이 되도록 면을 선택하고(우측면 또는 정면) [스케치] ⇒ [중심선]을 스케치한다.

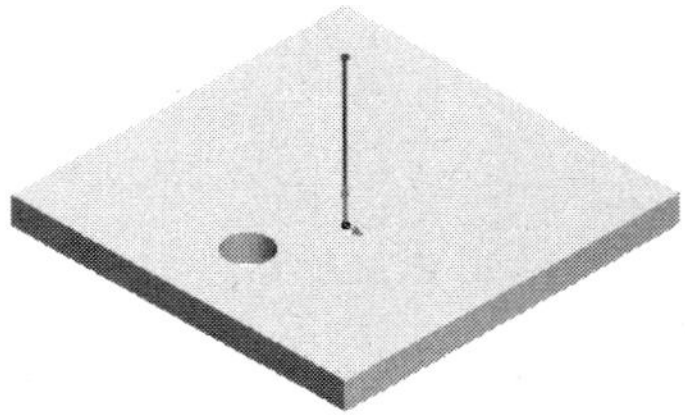

② 피처도구모음 ⇒ 선형패턴  의 하위 메뉴에서 원형패턴 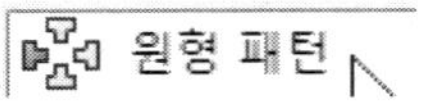 선택하고 PropertyManager가 나타나면 아랫부분의 [옵션]에서 [전체 미리보기]를 선택한다.

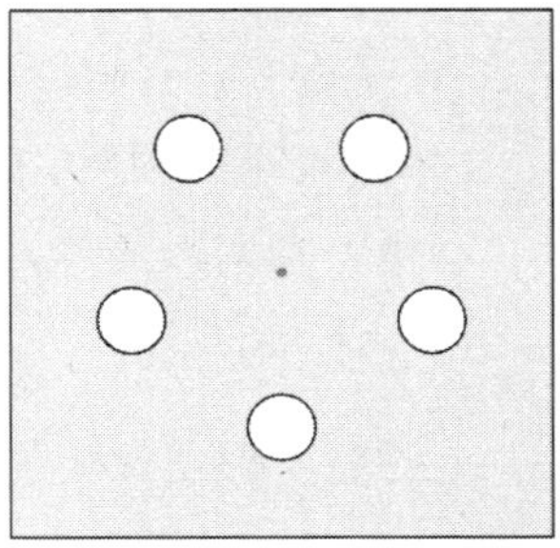

③ [파라미터(P)]의 첫 번째 빈칸  을 클릭한 후 중심축을 선택하고 필요한 각도(360) 및 개수(5)를 입력한다. 방향을 반대로 하려면 반대방향  을 클릭한다.

④ [피처 및 면(F)] 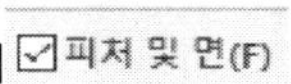 에서 원본 피처인 구멍을 선택한다.

3. 대칭복사(미러)

기존에 생성된 형상을 대상으로 기준면(평면)에 의하여 대칭 복사한다.

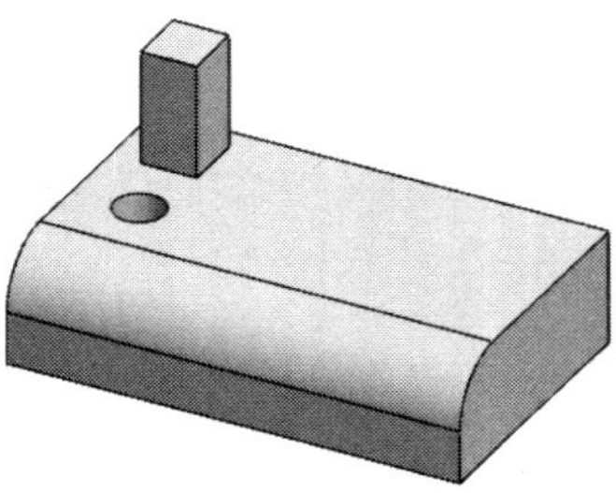

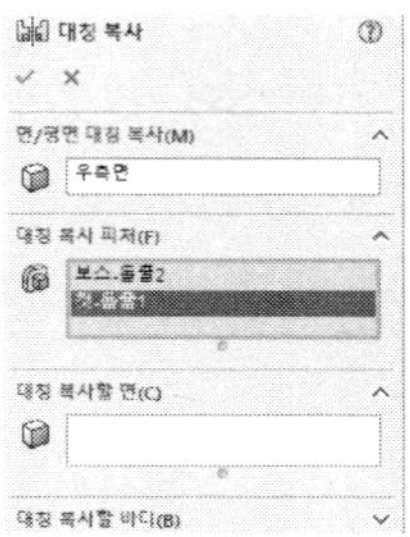

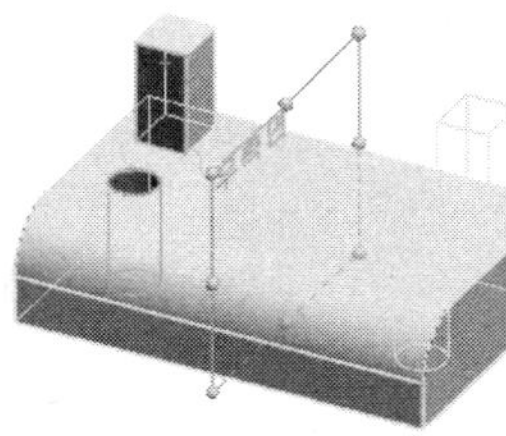

그런데 만약 대칭 복사할 기준면을 오른쪽 측면으로 선택한다면 사각기둥의 돌출부분이나, 원형 구멍의 돌출 컷 형상이 생성되어야 할 바디가 없이 허공에 위치하게 된다. 따라서 이

때는 대칭복사 명령이 에러가 발생하여 트리 메뉴에 노란색의 주의 표시가 나타난다.

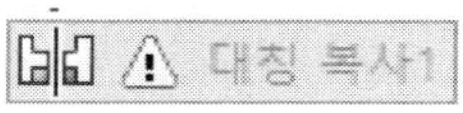

이럴 경우 대칭 복사할 때 [대칭복사 피처(F)]에서 전체 보스까지 선택하면 된다. 아래 예는 필렛을 적용한 보스에서 필렛을 선택하지 않고 보스만 선택하여 대칭복사를 하면 생성되는 모양을 보여준 것이다.

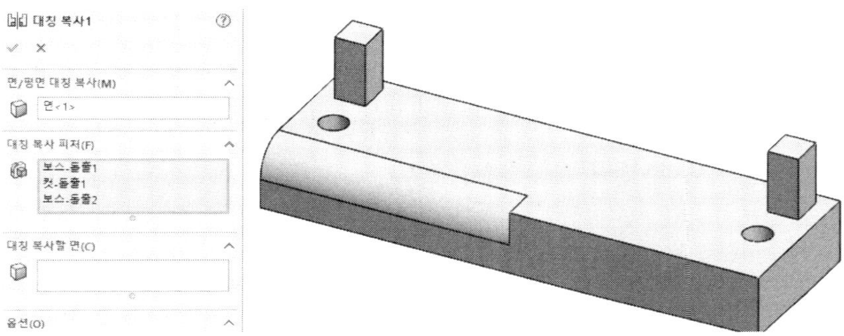

4. 곡선이용 패턴(사용자패턴)

기존 형상을 규칙적인 배열상태로 복사하는 명령어는 선형 패턴과 원형 패턴 명령어를 사용하여 구현할 수 있다. 하지만 규칙적이지 않은 동일한 형상의 위치는 앞에서 언급한 두 가지의 명령어로 구현하기가 쉽지 않다. 곡선이용패턴은 새 곡선을 이용하거나 기존에 작성된 곡선을 이용하여 사용자가 정한 형태로 형상을 배열한다.

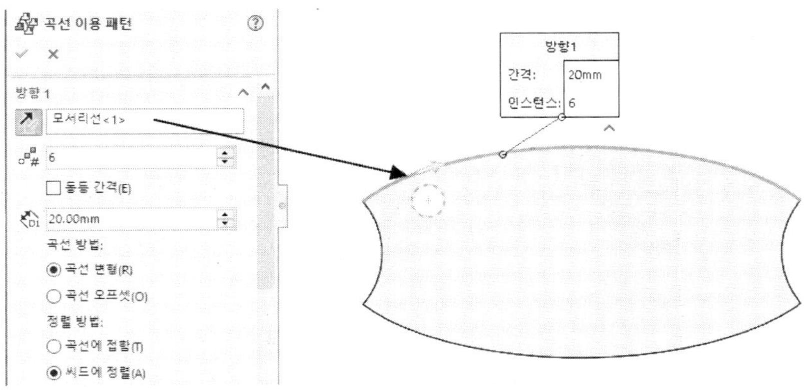

파트 모델링 연습 따라 하기

다음은 기계산업기사/기계설계산업기사/전산응용기계제도기능사 등에 실제 출제될 수 있는 도면에 포함될 수 있는 주요 부품들이다. 실제 과제로 출제될 때는 여러 가지 형태로 약간 변형되겠지만 기본 원리는 거의 같으므로 다음 모델링을 연습하여 기본 실력을 쌓은 다음 이를 바탕으로 과거에 출제되었던 여러 개의 도면을 구하여 스스로 연습하기 바란다. 실제 과제로 출제될 때는 치수 없이 도면만 제시된다. 수검자가 측정도구(자)를 이용하여 출제된 도면을 직접 측정하여 모델 및 도면을 작성해야 한다. 여기서는 연습의 편의를 위하여 도면을 제시하지 않고 연습 그림에서 치수를 제시한다. **연습한 파트 모델은 다음에 어셈블리에서 활용할 것이므로 폴더를 만들어 잘 저장해 둔다.**

하우징(Housing)

① 새문서 ⇒ 파트로 새 문서를 연 다음 저장한다.
새 이름으로 저장 ⇒ 파일 이름을 HOUSING으로 저장

② PropertyManager에서 [우측면] 선택 ⇒ 스케치 ⇒ 원 ⇒ 그래픽 화면에 원을 그린다.
⇒ 지능형치수 ⇒ 지름 66을 입력 ⇒ 확인 ✓

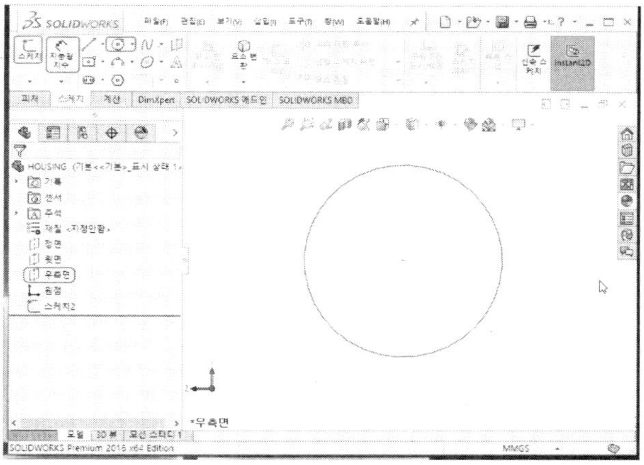

③ 피처 ⇒ 돌출보스/베이스 ⇒ 중간평면 ⇒ 74 입력 ⇒ 확인 ✓

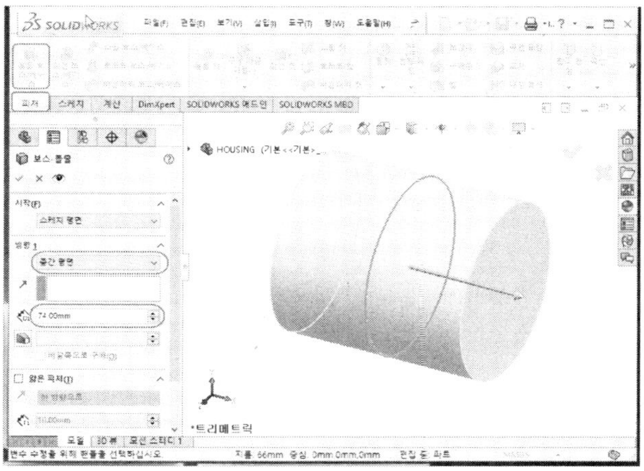

④ 윗면 ⇒ 면에 수직으로 보기 ⇒ 스케치 ⇒ 중심사각형으로 다음과 같이 스케치하고 세로 치수 66, 가로 치수 60을 입력한다.

치수를 입력할 때 이미 구속조건이 자동으로 부가되어 치수가 입력이 안 되는 경우가 있다. 구속조건 삭제 기능을 이용한다.

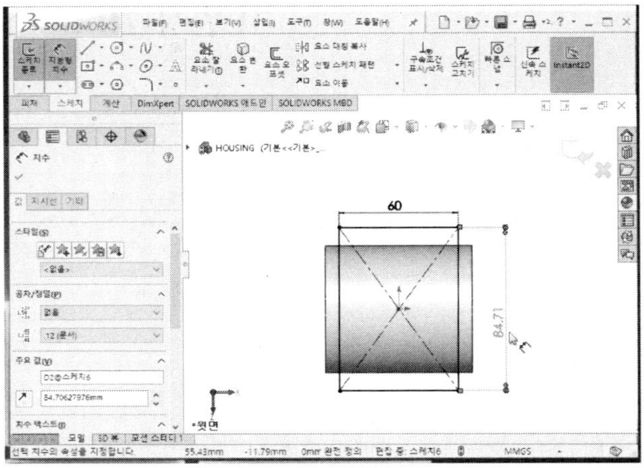

⑤ 피처 ⇒ 돌출(앞으로는 돌출 보스/베이스를 줄여서 돌출로만 적는다.) ⇒ 위쪽으로 높이 50만큼 돌출시킨다. ⇒ 확인 ✓

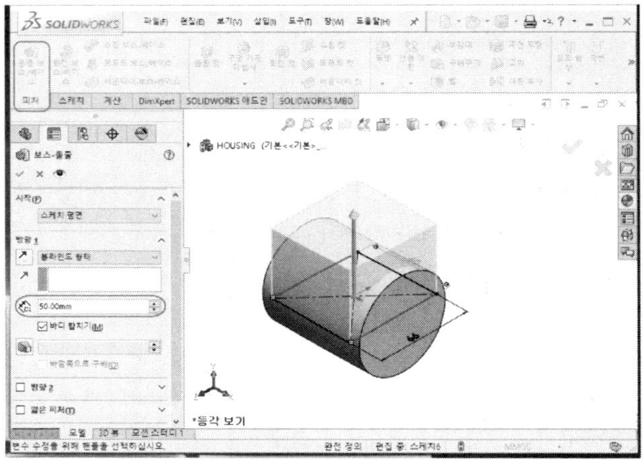

⑥ 우측면 ⇒ 면에 수직으로 보기 ⇒ 스케치 ⇒ 코너 사각형으로 바닥형태를 그린다. ⇒ 지능형 치수 ⇒ 가로 100, 세로 8, 중심으로부터 바닥까지 거리 60을 입력한다.

CTRL을 누르고 사각의 중간점과 원의 중심을 클릭한 다음 수직 구속조건을 부가한다.

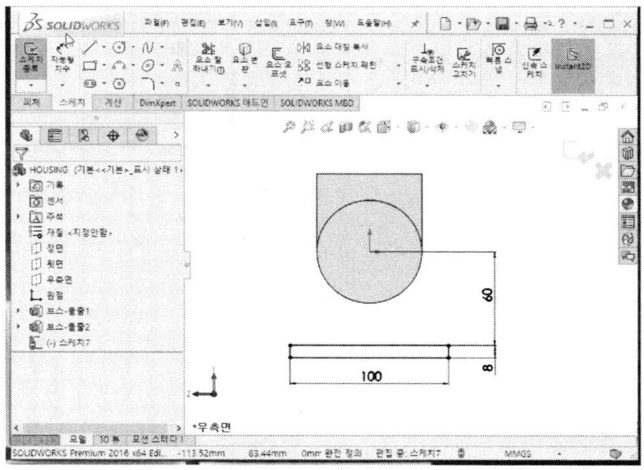

⑦ 피처 ⇒ 돌출 ⇒ 방향1의 거리 값을 34, 방향2의 거리 값을 69로 입력 ⇒ 확인 ✓

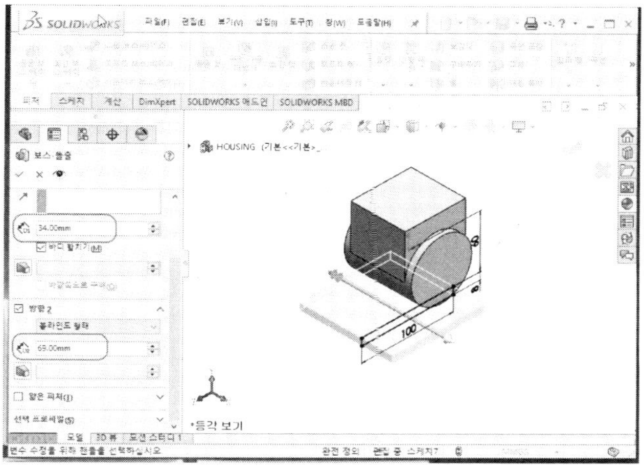

⑧ 정면 ⇒ 면에 수직으로 보기 ⇒ 리브형태의 모양을 작도하고 치수를 입력한다(끝에서부터의 거리 10, 반대쪽 끝에서부터의 거리 5, 빗변의 각도 32°). ⇒ 확인

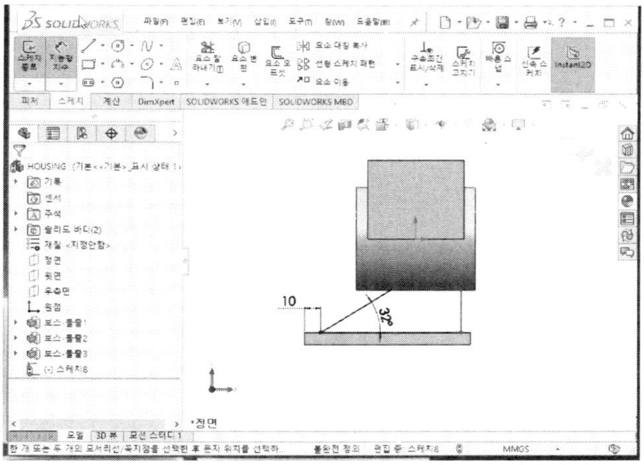

⑨ 피처 ⇒ 돌출 ⇒ 중간평면 ⇒ 8mm 입력 ⇒ 확인

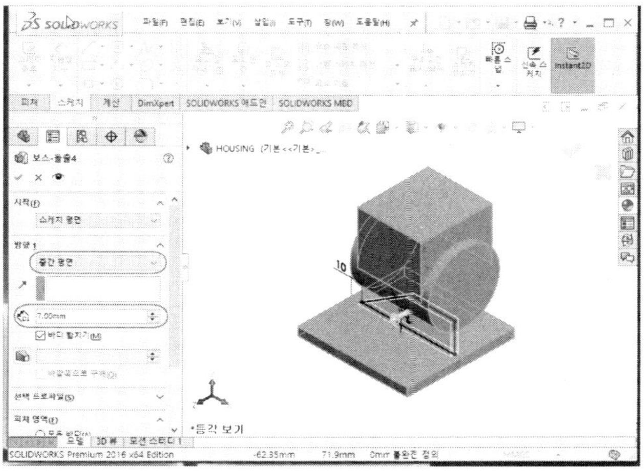

⑩ 스케치 평면을 바닥 형상의 오른쪽 측면 선택 ⇒ 면에 수직으로 보기 ⇒ 스케치 ⇒ 직선 ⇒ 그림과 같은 사다리꼴 형태를 작도 ⇒ 끝에서의 거리 6mm, 각도 17°입력 ⇒ 확인

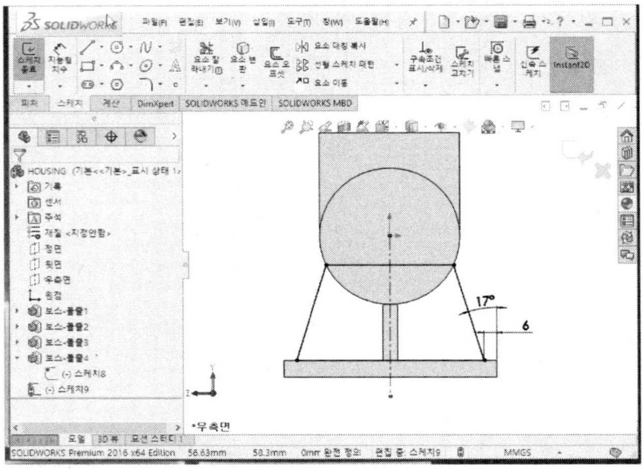

⑪ 피처 ⇒ 돌출 ⇒ 블라인드형태 ⇒ 8mm 입력 ⇒ 만약 방향이 바깥쪽이면 방향1의 반대 방향 아이콘 을 클릭하여 안쪽으로 가는 것을 확인 ⇒ 확인

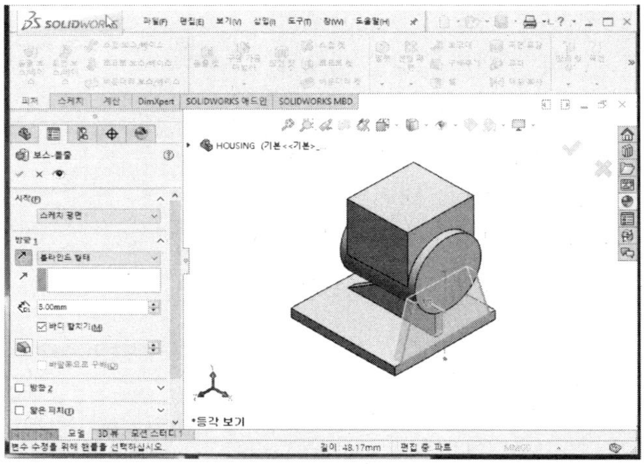

⑫ 스케치 평면을 제일 위의 평면 선택 ⇒ 면에 수직으로 보기 ⇒ 스케치 ⇒ 중심사각형 ⇒ 그림과 같은 정사각형을 작도 ⇒ 변의 길이 42mm

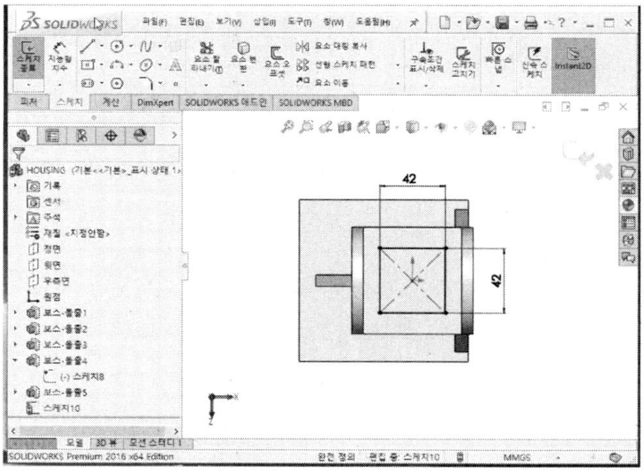

⑬ 피처 ⇒ 돌출 ⇒ 블라인드형태 ⇒ 거리 2mm ⇒ 방향이 위쪽으로 가는지 확인하고 만약 방향이 반대이면 방향1의 반대방향 아이콘 [↗]을 클릭 ⇒ 확인 [✓]

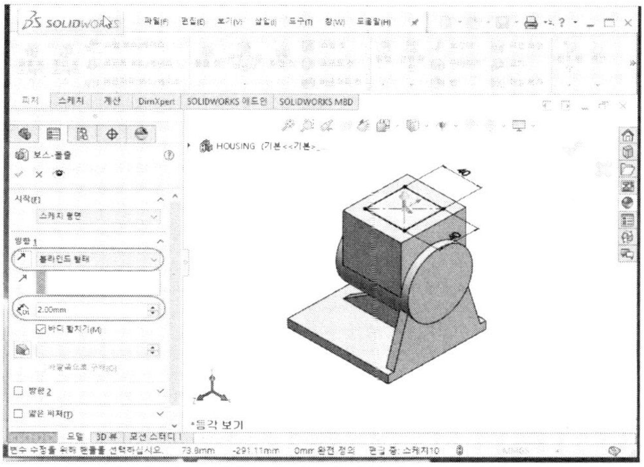

⑭ 정면 ⇒ 면에 수직으로 보기 ⇒ 원점을 지나는 중심선을 그린다. ⇒ 내부의 모양을 회전 컷으로 파낼 부분을 작도하고 치수를 입력한다.

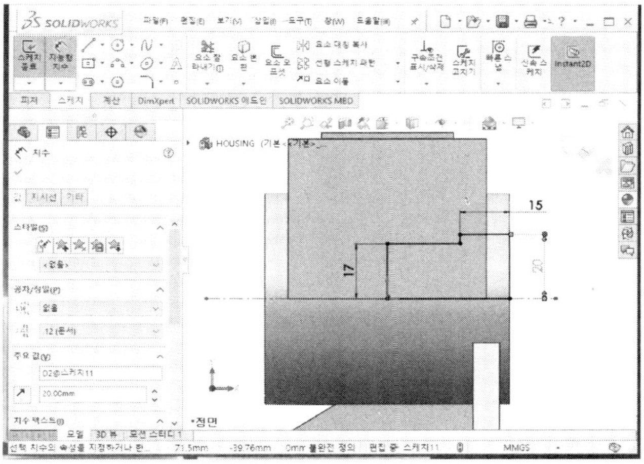

⑮ 피처 ⇒ 회전 컷 ⇒ 회전축에 중심선 선택 ⇒ 선택 프로파일에 앞에 작도한 내부 모양의 프로파일 선택 ⇒ 확인

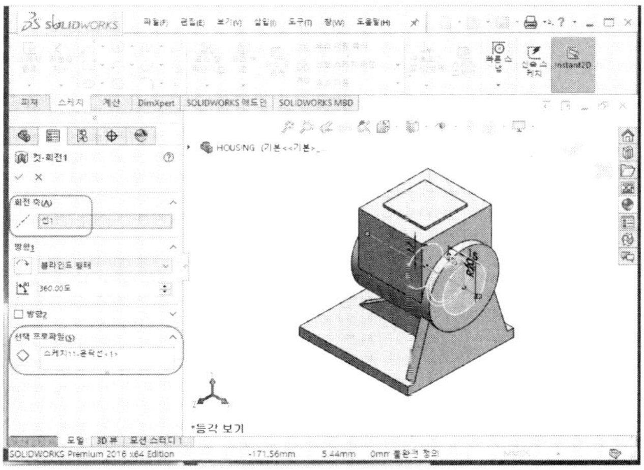

⑯ 앞의 회전 컷을 대칭복사. 피처 ⇒ 선형패턴 ⇒ 대칭복사 ⇒ [면/평면 대칭복사]에 [우측면] 선택 ⇒ [대칭복사 피처]에 디자인트리를 확대하여 [컷-회전] 선택 ⇒ ✓

디자인트리 확대방법

▾ HOUSING (기본<<기본>_표시 의 아래 화살표 ▾ 클릭

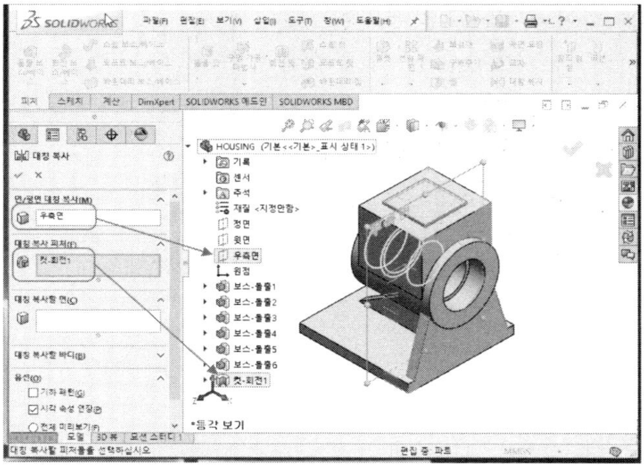

⑰ 우측면 ⇒ 면에 수직으로 보기 ⇒ 내부의 편심축이 들어갈 부분의 파낼 모양을 작도하고 치수를 입력한다.

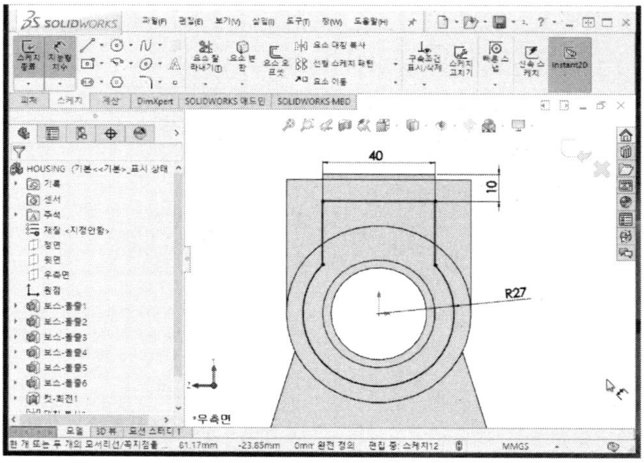

⑱ 피처 ⇒ 돌출 컷 ⇒ [방향1]에서 중간평면 선택 ⇒ 거리 에 40mm 입력 ⇒ 확인

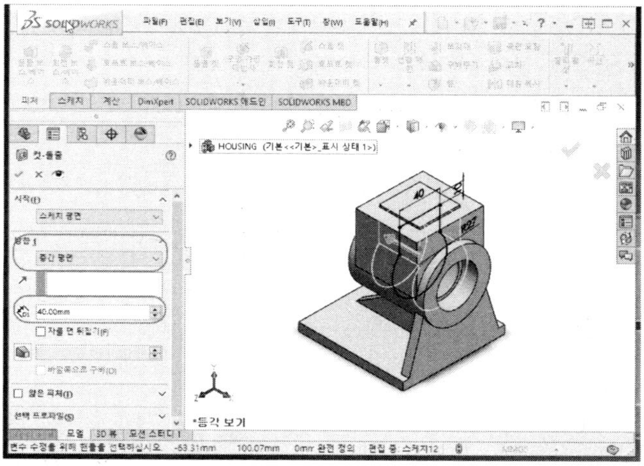

⑲ 본체 맨 윗면을 클릭 ⇒ 스케치 ⇒ 지름 22mm 원을 그리고 ⇒ 피처 ⇒ 돌출 컷 ⇒ 다음까지 ⇒ 방향이 아래쪽으로 가는지 확인하고 방향이 반대이면 [방향1]의 반대방향 아이콘 ↗을 클릭 ⇒ 확인 ✓

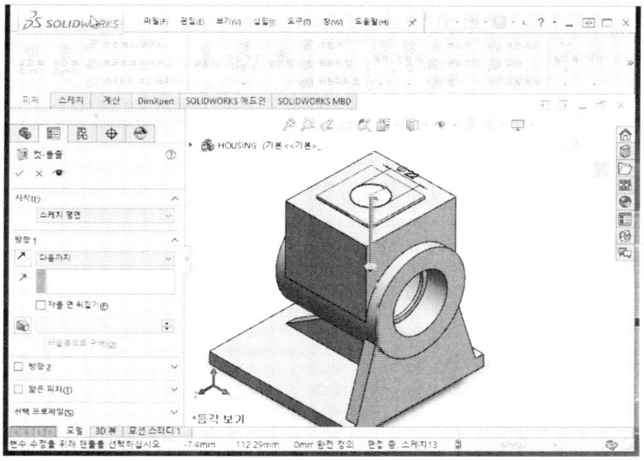

⑳ 원기둥의 정면을 선택 ⇒ 면에 수직으로 보기 ⇒ 피처 ⇒ 구멍가공마법사 실행

- 유형 ⇒ 구멍유형 직선 탭
- 표준규격 ⇒ KS
- 유형 ⇒ 핸드 탭 구멍
- 크기 ⇒ M4
- 마침조건 ⇒ 블라인드
- 길이 ⇒ 10mm
- 나사산 8mm
- 옵션에 나사산 표시
- 위치 탭 클릭하여 그림과 같이 상단에 찍고 중심으로부터 거리 27 입력

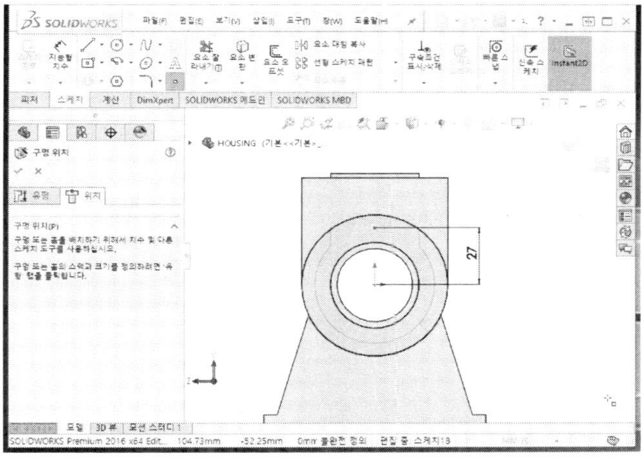

㉑ 피처 디자인트리에서 M4 나사구멍 선택 ⇒ 원형패턴 ⇒ 중심을 위해 파라미터에 원통면을 선택 ⇒ 동등간격 체크하고 ⇒ 인스턴스 수 4 입력 ⇒ 확인

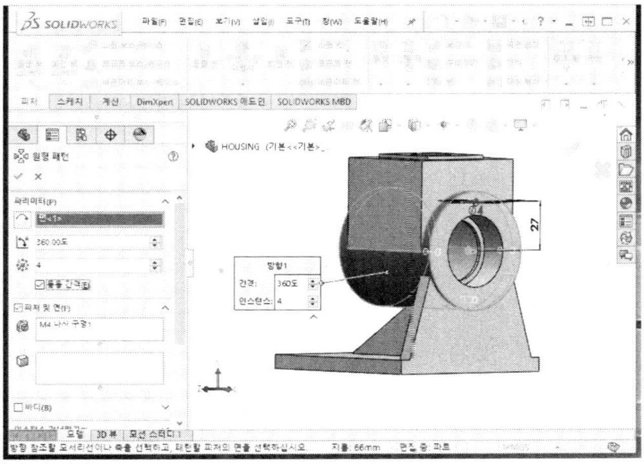

㉒ 원형 패턴으로 생성한 나사구멍을 대칭 복사한다.
피처 ⇒ 선형패턴 ⇒ 대칭복사 ⇒ 면/평면 대칭복사에 우측면 선택 ⇒ 대칭복사 피처에 원형패턴 선택 ⇒ 확인 ✓

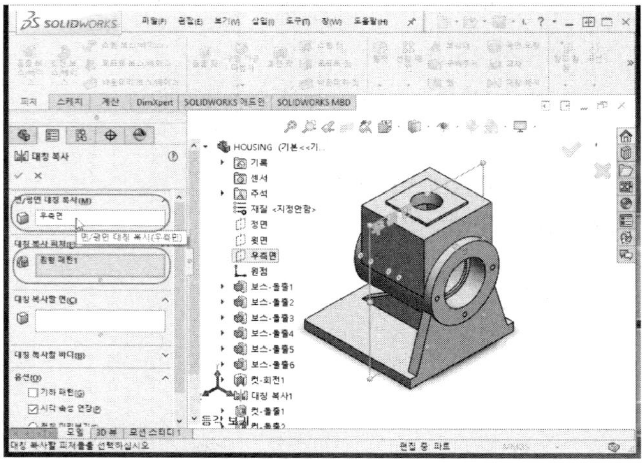

㉓ 모델의 제일 윗면 선택 ⇒ 면에 수직으로 보기 ⇒ 구멍가공 마법사 ⇒ 앞의 M4 나사구멍 생성과 같은 방법으로 작업하고 마침조건 깊이는 15mm, 나사길이 12mm로 입력하고 확인한다.

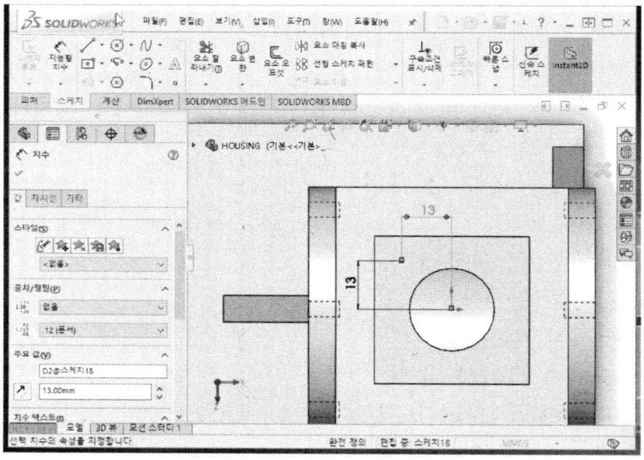

㉔ 피처 ⇒ 선형패턴 ⇒ 피처 및 면에 앞에서 만든 M4나사구멍2를 선택
- 방향1에 가로 모서리 선을 클릭하고 거리 26mm, 인스턴스 수 2 입력
- 방향2는 세로 모서리 선을 클릭하고 거리 26mm, 인스턴스 수 2 입력 후 확인

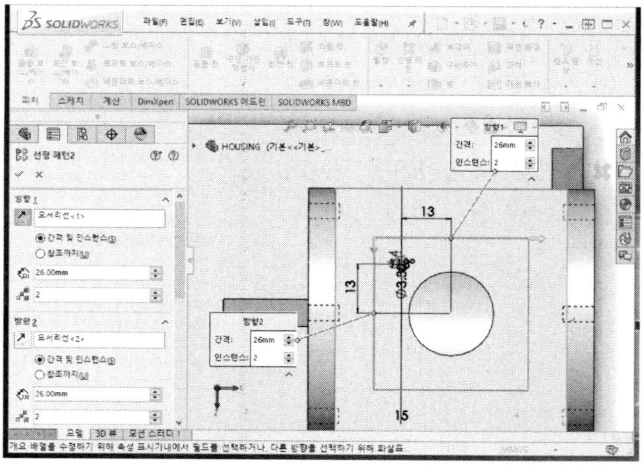

㉕ 바닥판의 윗면을 클릭하여 스케치 면으로 하고 지름 20mm 인 원을 그리고 외곽으로부터 거리 치수를 그림과 같이 20mm, 28mm 부여 ⇒ 2mm 높이로 돌출.

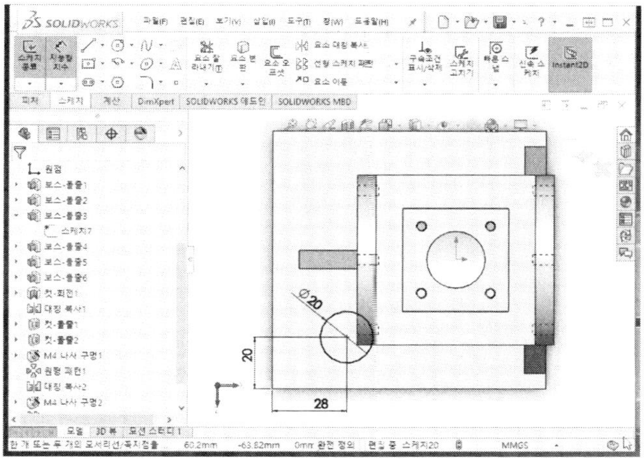

㉖ 돌출한 윗면에 지름 10 mm의 원 스케치 ⇒ 돌출 컷 ⇒ 관통 ⇒ 확인한다.

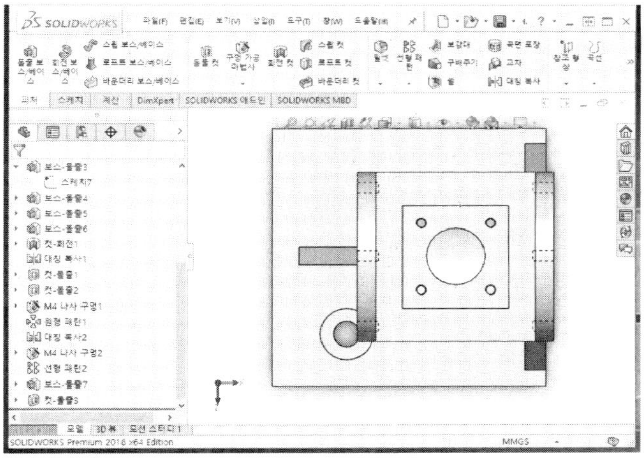

㉗ 피처 ⇒ 선형패턴 ⇒ [피처 및 면]에 앞에서 만든 돌출보스와 돌출 컷을 선택

- 방향1에 가로 모서리 선을 클릭하고 거리 45mm, 인스턴스 수 2 입력
- 방향2는 세로 모서리 선을 클릭하고 거리 60mm, 인스턴스 수 2 입력 후 확인

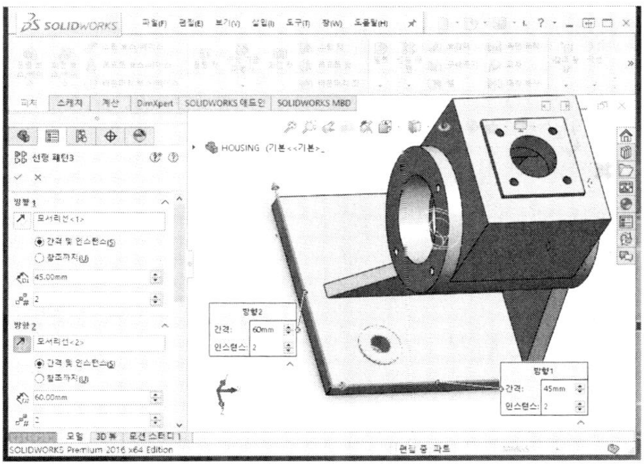

㉘ 정면을 기준으로 단면도를 확인하면 그림과 같다.

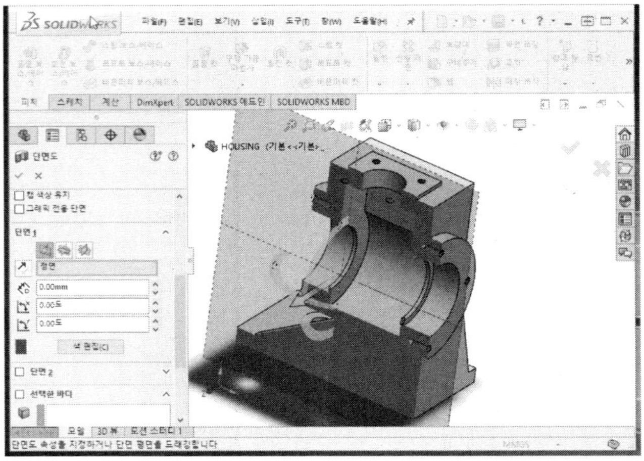

㉙ 피처 ⇒ 필렛 ⇒ 높이 2mm인 위의 가운데 돌출부는 R8, 본체 상부 모서리에는 R6, 본체 상부의 세로 모서리 부분은 R3, 바닥 부분의 모서리 부분은 R12를 적용하고 나머지는 도면을 보면서 적당한 부위의 필렛을 실시한다. ⇒ 확인 ✓.

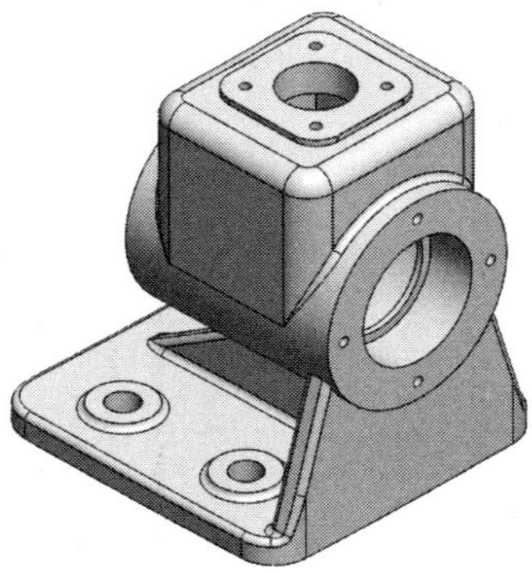

㉚ 도구모음의 단면도 아이콘 , 또는 [보기] ⇒ [표시] ⇒ [단면도]를 클릭.

- 단면방법 ⇒ [영역] 체크
- 단면1 ⇒ 정면 선택
- 단면2에 체크하고 윗면 선택
- 확인하면 1/4 단면이 보인다.

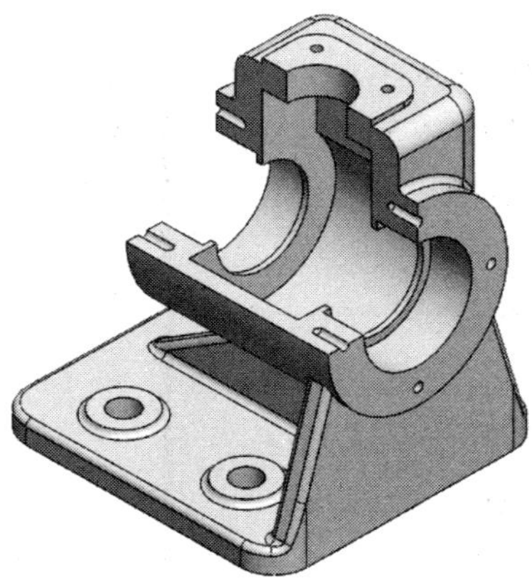

상부 커버(Upper Cover)

① [새문서] ⇒ [파트] 선택하고 새 이름을 upper Cover로 만들어 새 파트 저장
윗면을 스케치 평면으로 하고 그림과 같이 각 변의 길이 40mm의 사각을 그리고 높이 5mm로 돌출한다.

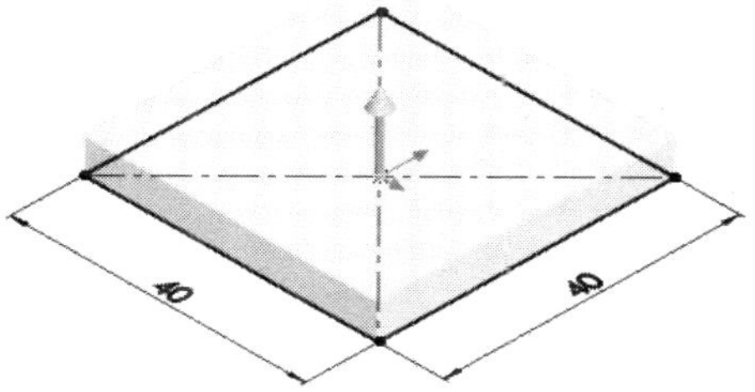

② 윗면을 선택하고 사각의 중심과 일치하도록 지름 14mm, 22mm의 원 2개를 그린다.
피처 ⇒ 돌출/보스 베이스 ⇒ 방향1 거리 13mm, 방향2 거리 10mm 입력
윗면 ⇒ 지름 14mm 원을 그린다. ⇒ 돌출 컷으로 관통구멍을 만든다.

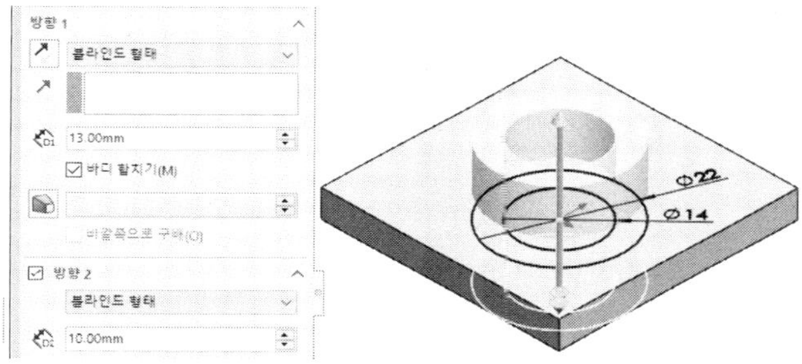

③ 피처 ⇒ 구멍 가공 마법사 실행
- 구멍유형 ⇒ 구멍
- 표준규격 ⇒ KS
- 유형 ⇒ 드릴크기
- 크기 ⇒ ø5
- 마침조건 ⇒ 관통
- 위치 ⇒ 임의의 위치에 클릭하고 외곽으로부터 거리 8 mm 입력

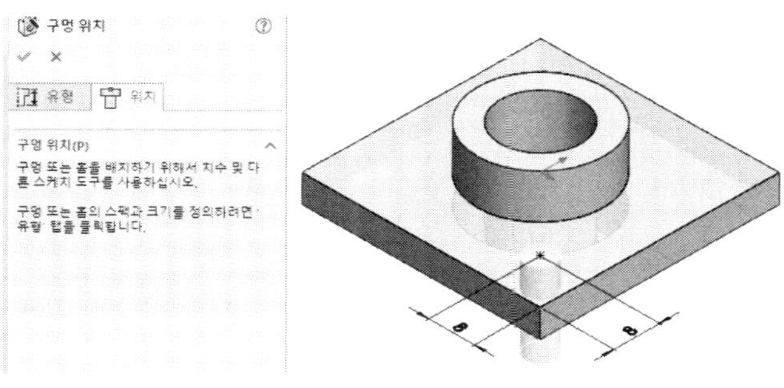

④ 선형패턴 기능을 사용하여 4개를 배열한다. 선형패턴 옵션에서

- 방향 1, 방향 2를 같은 방법으로 입력한다.
- 각각의 모서리를 선택하고 거리 26mm, 인스턴스 수 2개.
- 전체 미리보기 선택하고 방향을 제대로 맞추어 조정한다.

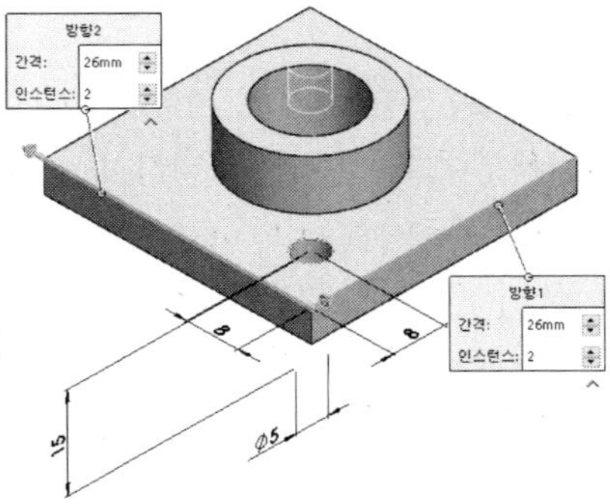

⑤ 필렛 기능으로 커버의 모서리 부분에 R8 필렛을 적용한다.

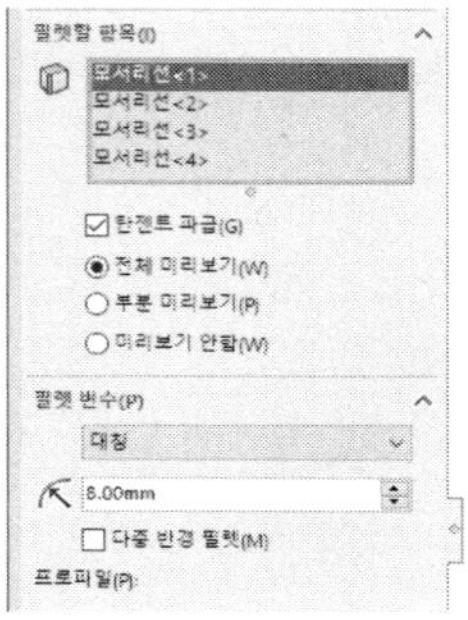

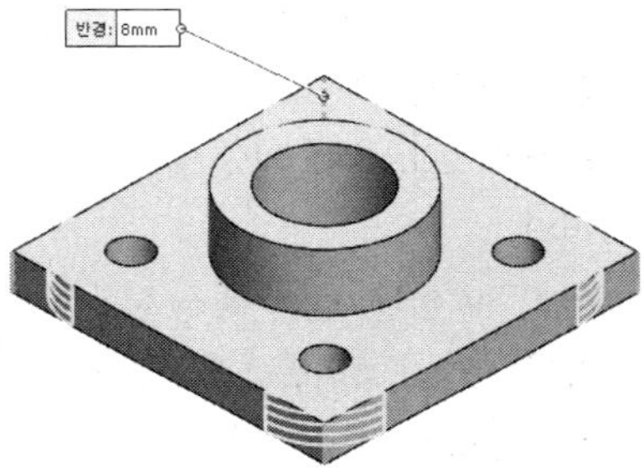

우측면 커버(R_Side Cover)

① [새문서] ⇒ [파트] 선택 ⇒ R_Side Cover 로 만들어 새 이름으로 저장
[정면] ⇒ [스케치] ⇒ 원을 그리고 지름 66mm ⇒ [피처] ⇒ [돌출보스/베이스] ⇒ 거리 6mm 입력 ⇒ 확인

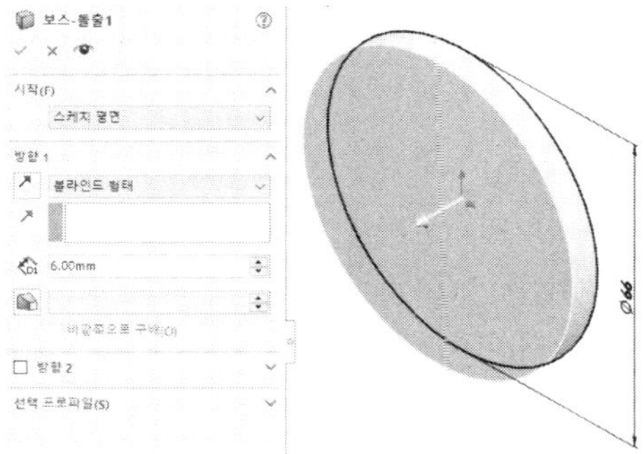

② 모델의 왼쪽 측면을 클릭하여 스케치 면으로 하여 40mm 원을 스케치하고 4mm 돌출
오른쪽 측면을 클릭하여 스케치 면으로 하여 38mm 원을 스케치하고 9mm 돌출

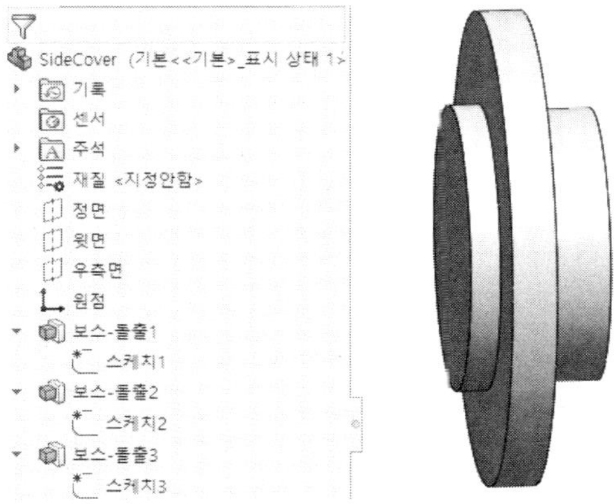

③ 모델의 왼쪽 측면을 클릭하여 스케치 ⇒ 원을 그리고 지름 34 입력 ⇒ 피처 ⇒ 돌출 컷 ⇒ 블라인드형태 ⇒ 7mm ⇒ 확인
같은 방법으로 18mm 원을 스케치하고 [관통]으로 돌출 컷

④ 피처 ⇒ 구멍 가공 마법사 실행

- 구멍유형 ⇒ 카운터보어
- 표준규격 ⇒ KS
- 유형 ⇒ 구멍붙이볼트
- 크기 ⇒ M4
- 맞춤 ⇒ 보통
- 위치 ⇒ 중심과 평행인 임의의 위치에 클릭하고 중심으로부터 거리 27mm입력

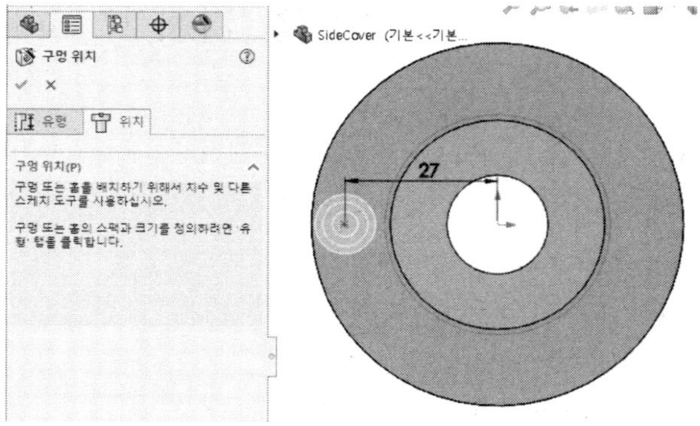

⑤ 원형패턴 기능을 사용하여 4개를 배열한다. 원형패턴 옵션에서

- 인스턴스 수에 4 입력
- 피처 및 면에 앞에서 만든 구멍 선택(트리를 활용하면 편리함)
- 파라미터(P)의 첫 번째 빈 칸에 클릭하고 모델의 원주 부분에 해당하는 면을 클릭(중심선이 없으므로 면을 이용)

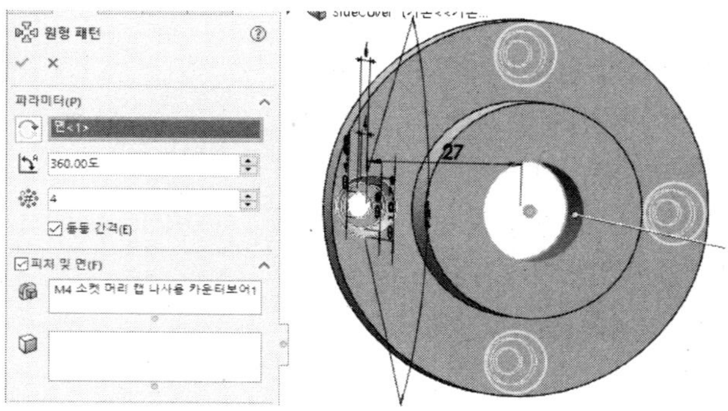

⑥ 필렛 기능으로 그림과 같이 커버의 모서리 부분에 R4, R3 필렛을 적용한다.

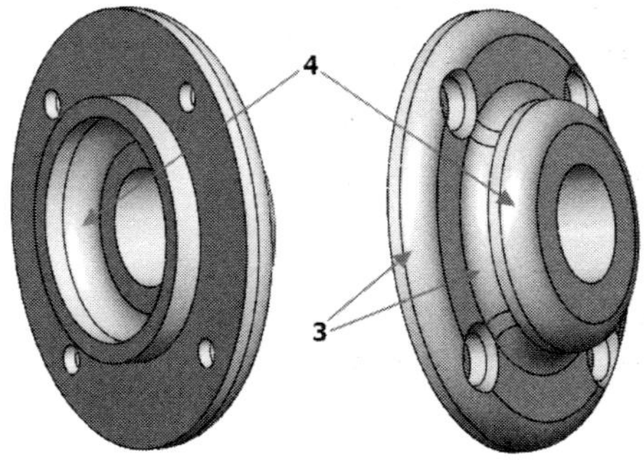

여분의 커버(Ex-Cover) - 다른 모양의 연습용

① 새문서 ⇒ 파트 선택하고 새 이름을 COVER로 만들어 새 파트 저장
정면을 스케치 평면으로 하고 그림과 같은 스케치를 작도한다. 회전체로 만들 것이므로 원점을 지나는 중심선을 먼저 그린다.

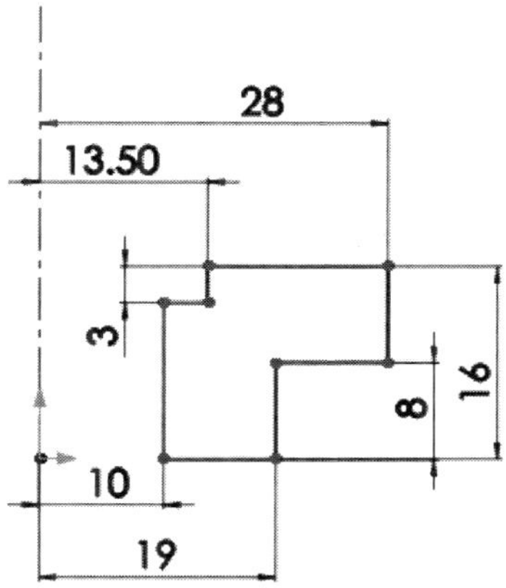

② 피처 ⇒ 회전보스/베이스 기능을 사용하여 커버 몸체를 만들고 윗면을 스케치 면으로 정한다음 그림과 같은 직선 홈을 스케치한 다음 돌출 컷을 사용하여 4.4mm 깊이로 제거한다.

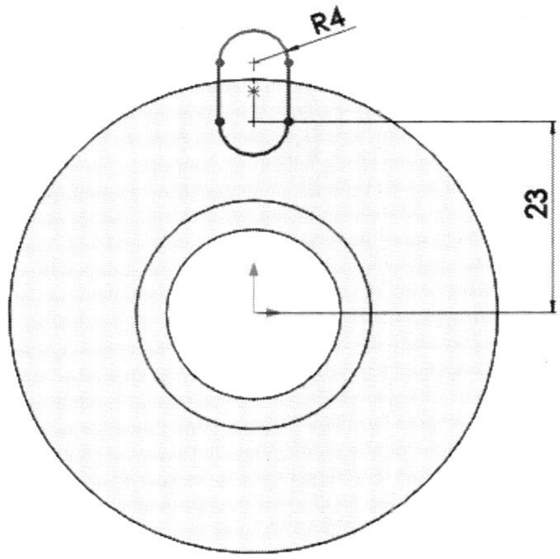

③ 중심이 같은 원을 스케치하고 지름 4.5 입력하고 돌출 컷으로 관통구멍을 만든다.

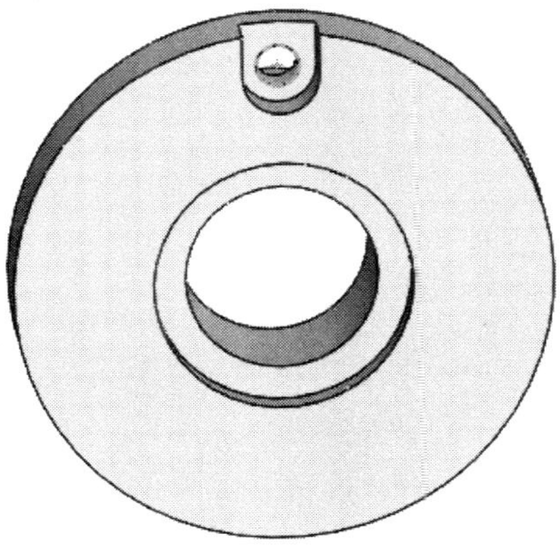

④ 원형패턴 기능을 사용하여 4개를 배열한다. 원형패턴 옵션에서

- 파라미터 패턴 축을 정하기 위하여 만들어진 커버의 원 부분을 클릭
- 인스턴스 개수 4개
- 동등간격 선택
- 피처 및 면에서 디자인트리의 컷-돌출1, 컷-돌출2를 선택 (2, 3에서 만든 피처)

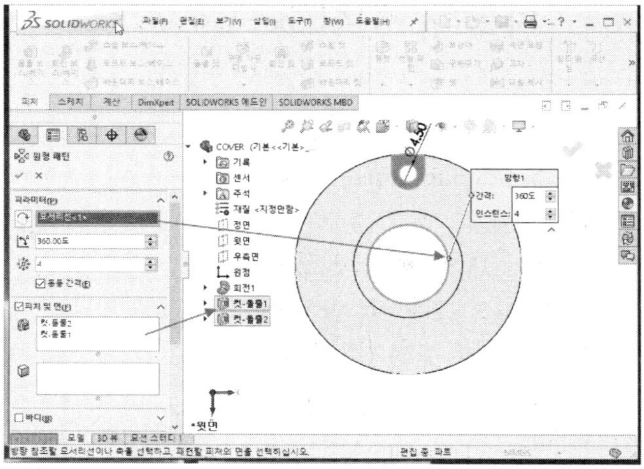

⑤ 필렛 기능으로 커버의 윗면에 R3 필렛을 적용한다.

- 나머지는 모두 C1의 모따기를 적용한다.

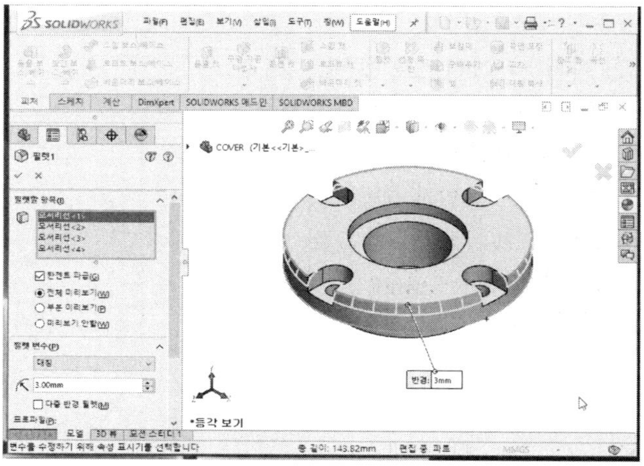

기어(Gear)

① 새문서 ⇒ 파트 선택하고 새 이름을 GEAR로 만들어 새 파트 저장
우측면을 스케치 평면으로 하고 원점을 중심으로 지름 96, 100, 104mm의 원을 그린다.

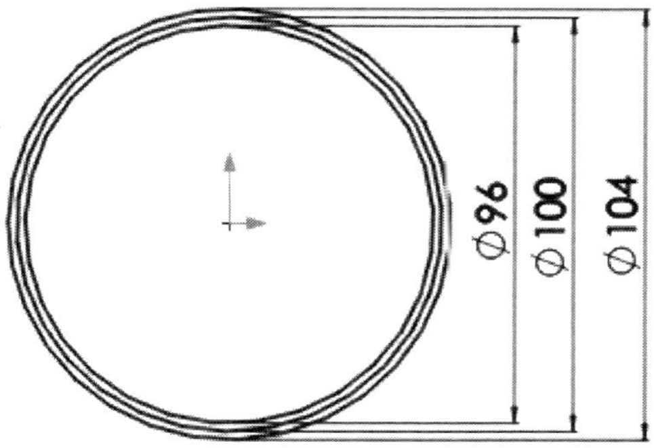

② 스퍼 기어 공식
① = M × 0.785
② = M/2
③ = M/4
- 그림 '임의치수'는 위치만 보여준 것으로 실제 치수가 아니고 임의로 시각 효과를 고려하여 그렸다.
- 오른쪽 그림은 모듈2를 적용하여 그린 스케치를 부분 확대한 것이다.

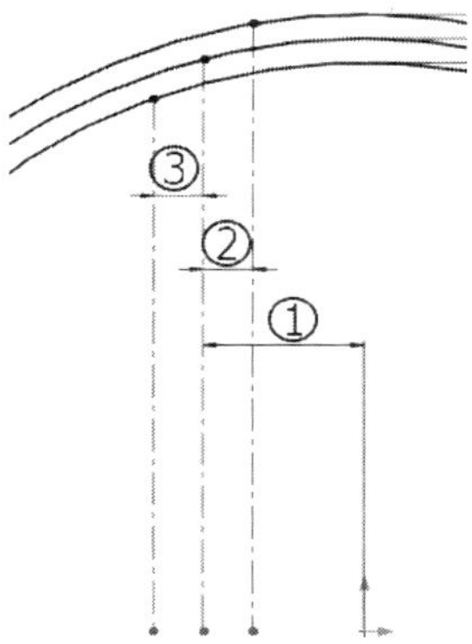

임의치수

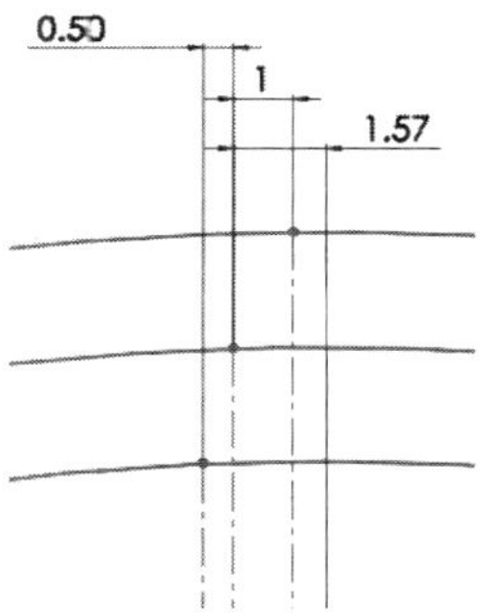

모듈2의 경우 확대

③ 3점호 기능으로 세 교차점을 지나는 기어 이의 곡선(인볼류트 곡선)을 스케치한다.
- 대칭복사하기 위하여 중심을 지나는 보조선을 그리고 이 선을 기준으로[스케치] ⇒ [요소 대칭복사] 한다.

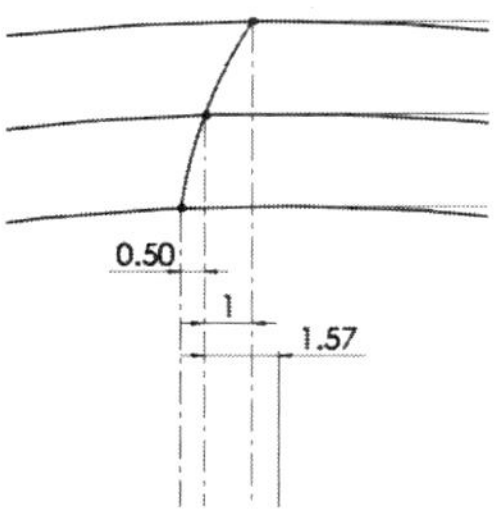

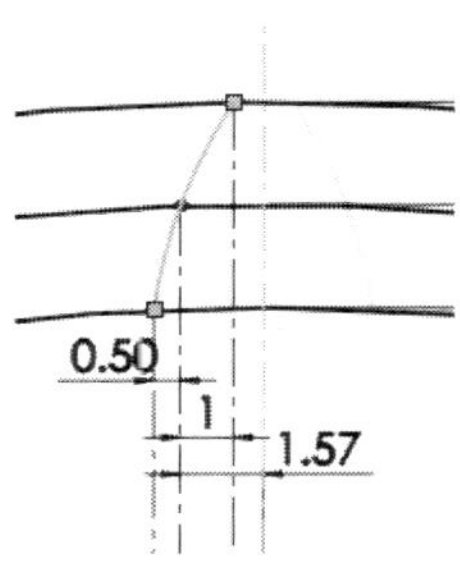

④ 3점호 기능으로 이끝원을 완성하고 이 하나의 모양과 기어 몸체를 돌출한다.

- 이 모양의 곡선 범위와 안쪽의 가장 작은 원을 선택하고 돌출 보스/베이스 ⇒ 중간평면 ⇒ 거리 23mm 입력한다.

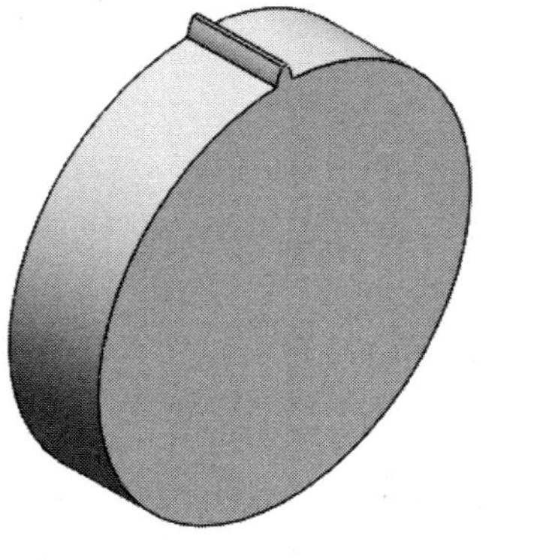

⑤ 이의 양 끝 모따기

- 이의 양 끝을 1mm, 45°로 모따기한다.

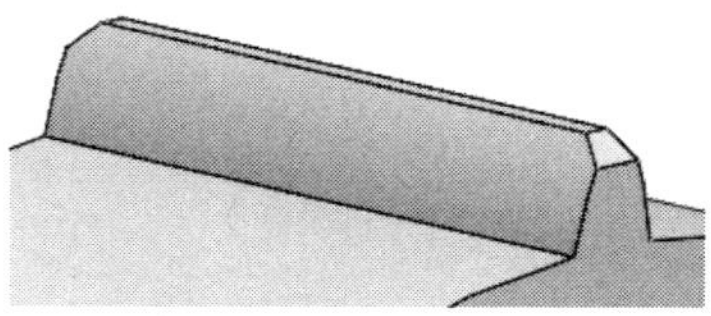

⑥ 원형패턴 기능으로 기어를 완성한다.

- 파라미터의 패턴 축을 찾기 위하여 모델의 외주 면을 클릭한다. 그러면 중심선이 없어도 원통의 중심을 인식한다.
- 360°, 개수 50개 입력

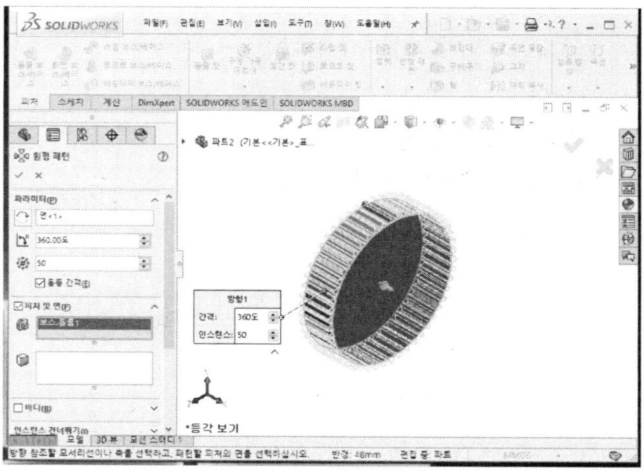

⑦ 몸체의 얇은 두께부분을 빼낸다.

- 기어의 측면 클릭하여 스케치 면으로 ⇒ 수직으로 보기
- 스케치 ⇒ 2개의 원(지름 79, 30)을 그린다.
- 돌출 컷으로 7mm.
- 대칭 복사한다. 피처 ⇒ 대칭복사 ⇒ 면/평면 대칭복사에 우측면 선택 ⇒ 대칭복사 피처에 앞에서 생성한 돌출 컷 선택

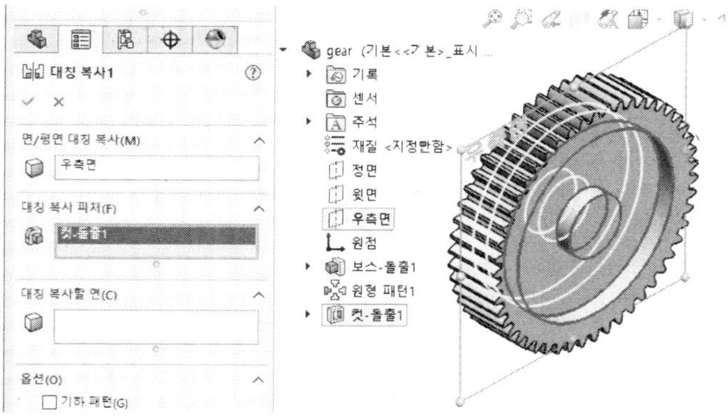

⑧ 축 구멍 생성

- 보스의 측면을 클릭하여 스케치 면으로 ⇒ 원과 사각으로 그림과 같이 스케치 한다.
- 돌출 컷 ⇒ 관통 ⇒ 선택프로파일에 내부 영역을 모두 선택한다.

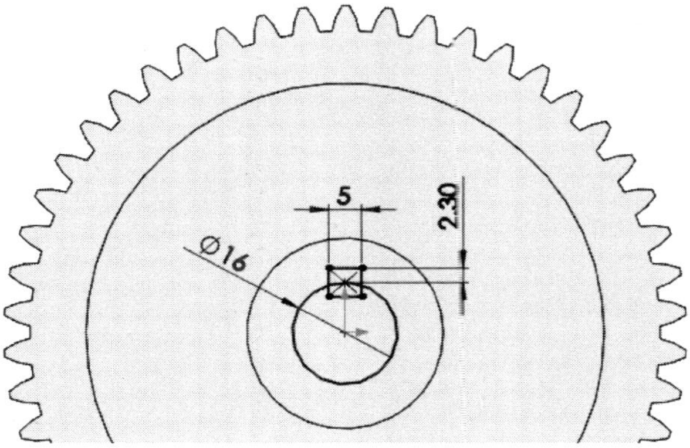

풀리(Pully)

① 새문서 ⇒ 파트 선택하고 새 이름을 Pully로 만들어 새 파트 저장
우측면을 스케치 평면으로 선택하여 스케치 한다. 벨트 홈의 치수 기준점에 스케치 점을 생성하여 일치 구속조건을 부여하여 사용한다.

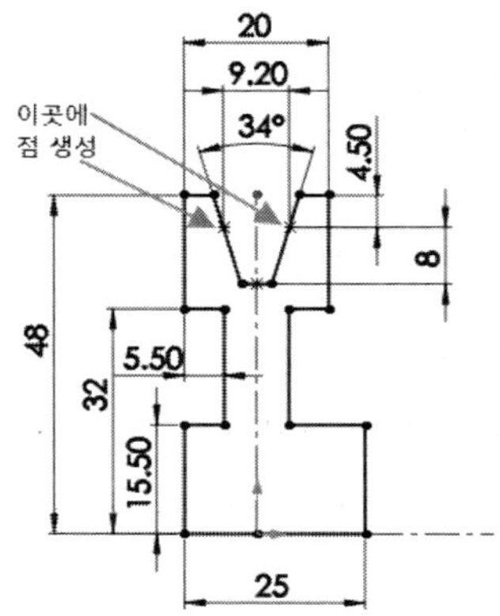

② 회전보스/베이스 기능으로 완성한다.

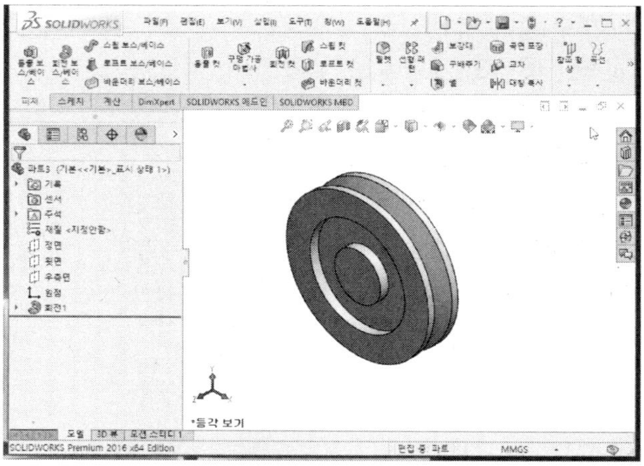

③ 축 및 키 홈 생성
- 보스의 측면을 클릭하여 스케치 면으로 ⇒ 원과 사각으로 그림과 같이 스케치 한다.
- 돌출 컷 ⇒ 관통 ⇒ 선택프로파일에 내부 영역을 모두 선택한다.

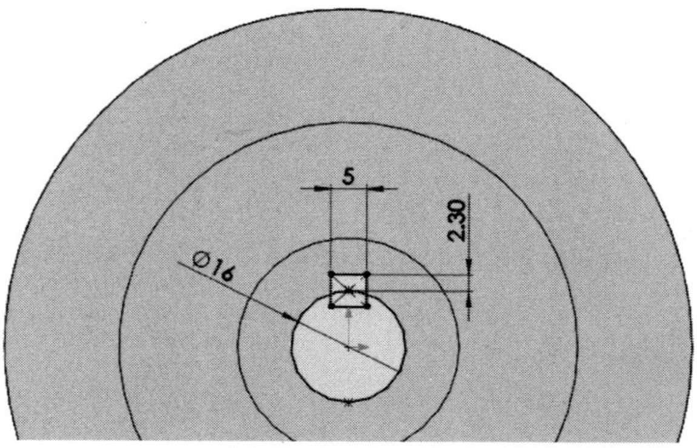

④ 세트 스크류 구멍
- 우측면 ⇒ 참조형상의 기준면 ⇒ 오프셋 거리 15.5mm 평면 생성.

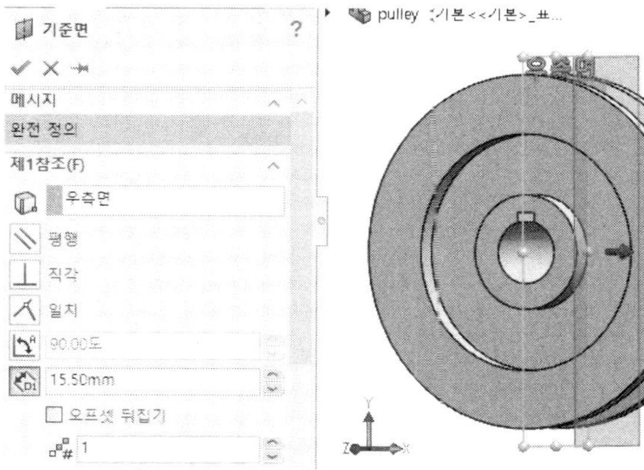

⑤ 구멍 가공 마법사
- 구멍유형 : 직선 탭
- 표준규격 : KS
- 유형 : 핸드 탭 구멍
- 구멍 스팩 크기 : M4
- 마침조건 : 다음까지
- [위치]를 선택하여 그림과 같이 외곽에서 4mm에 위치시킨다.

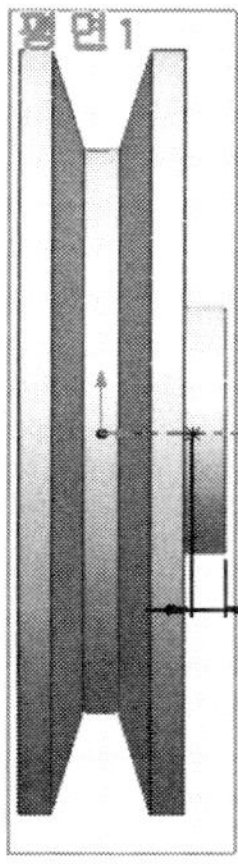

⑥ 모서리 부분에 적당한 필렛 및 모따기를 적용하여 완성한다.

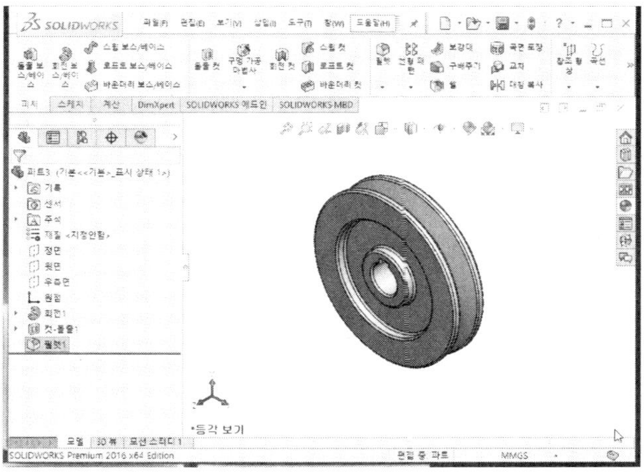

베어링(호칭번호 6203) (Bearing)

① 새문서 ⇒ 파트 선택하고 새 이름을 Bearing으로 만들어 새 파트 저장
정면에 스케치 한다.
- 내경 17, 외경 40
- 볼 = (외경-내경)×2/3
- 내외륜의 두께 = 볼 중심에서 60°의 직선과 볼 지름과 만나는 점을 기준.

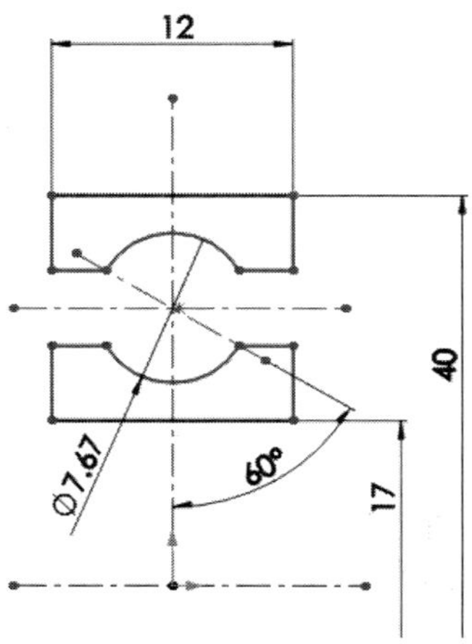

② 내륜과 외륜 완성
회전보스 / 베이스 기능으로 완성한다.

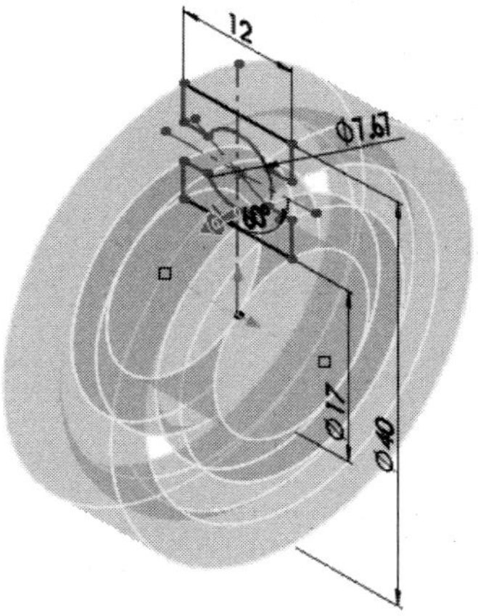

③ 볼 생성
- 정면 ⇒ 면에 수직으로 보기
- 표시유형 ⇒ 은선표시(베어링이 은선과 외형선으로 표시된다.)
- 볼의 반을 스케치하고 회전보스/베이스로 완성한다.

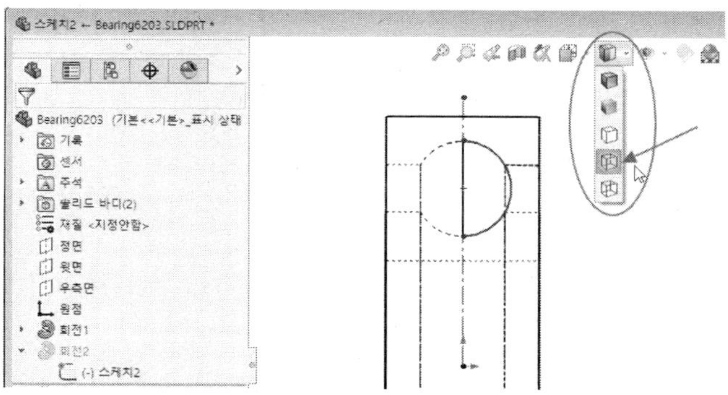

④ 원형 패턴

- 피처 ⇒ 선형패턴의 하위에서 원형패턴 선택
- : 중심 축 또는 원주에 해당하는 면이나 모서리 선을 선택
- 동등간격 체크
- 인스턴스 수 : 9
- 바디에 체크
- 볼 선택(또는 트리에서 회전2 선택)

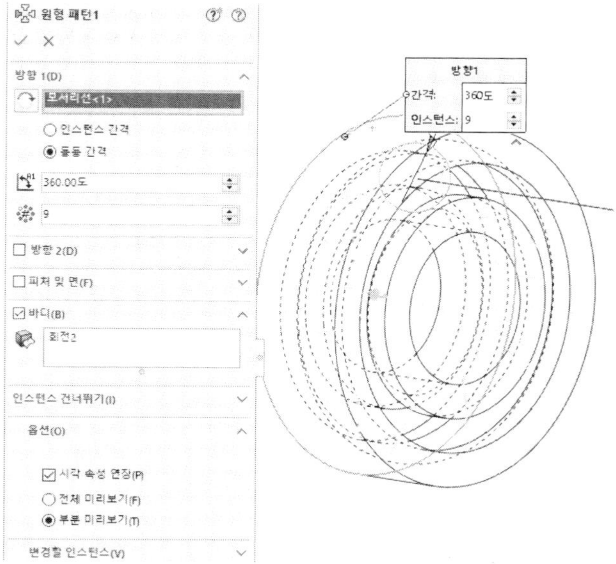

⑤ 모서리 부분에 필렛 R = 0.6mm (KS 규격 적용)를 적용하여 완성한다.

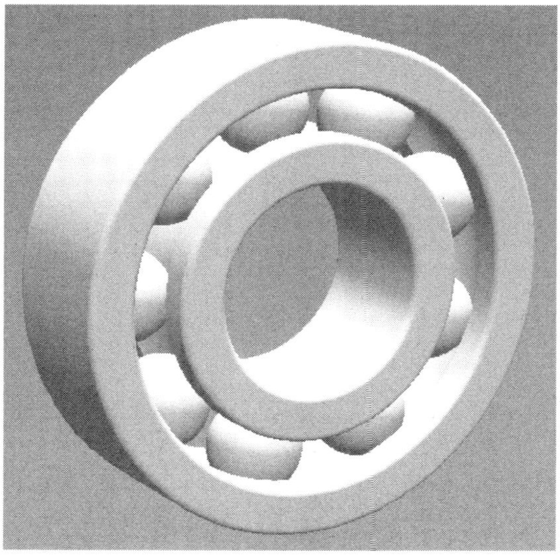

편심 축(CamShaft)

① 정면을 선택하여 그림과 같이 스케치한다.
선 그리기 ⇒ 중심선을 이용하여 중심선을 그린 다음 윤곽에 해당하는 직선을 그리고 치수를 입력한다.

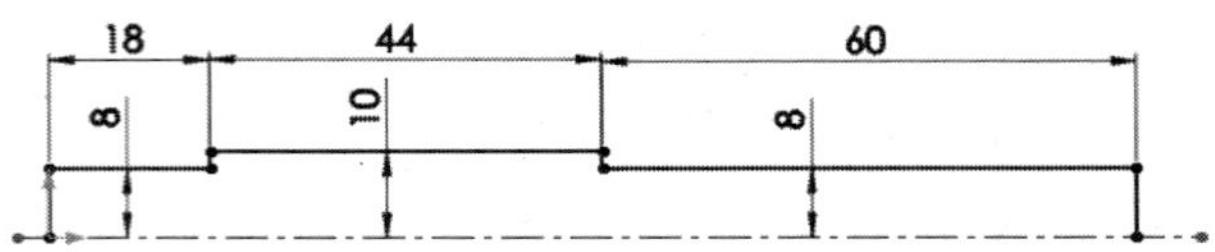

② 회전보스/베이스
- 회전축은 중심선을 선택한다.
- 다음과 같은 메시지가 나타나면 [예(Y)]를 선택한다.

스케치가 열린 상태입니다. 얇지 않은 회전 피처는 닫힌 스케치가 필요합니다. 스케치를 자동으로 닫겠습니까?

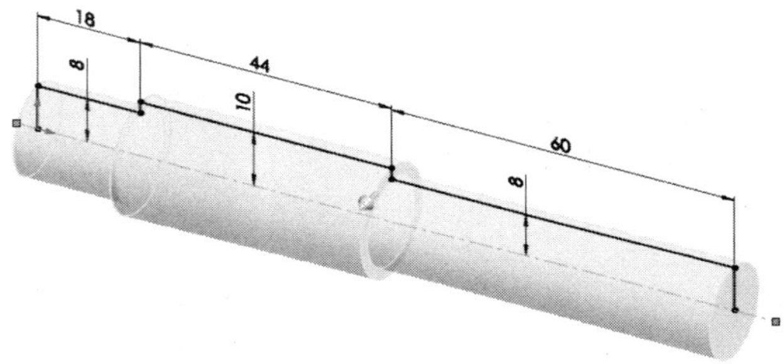

③ 편심 축 스케치
- 정면 ⇒ 중심선을 원래 축의 중심으로부터 위로 4mm 올려 그리고 나머지를 그림과 같이 스케치하고 치수를 입력한다.

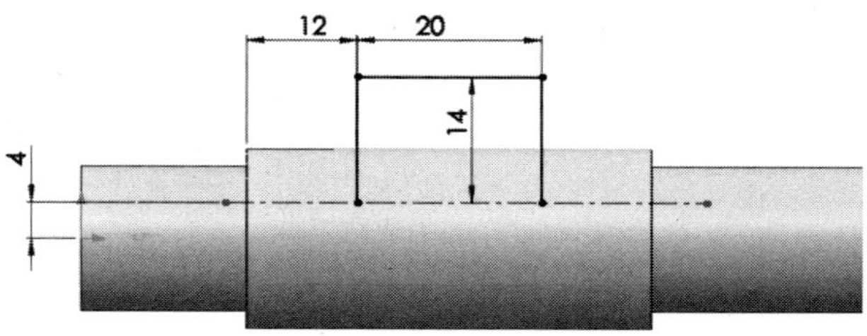

④ 편심 축 만들기

- 피처 ⇒ 회전보스/베이스 ⇒ 확인

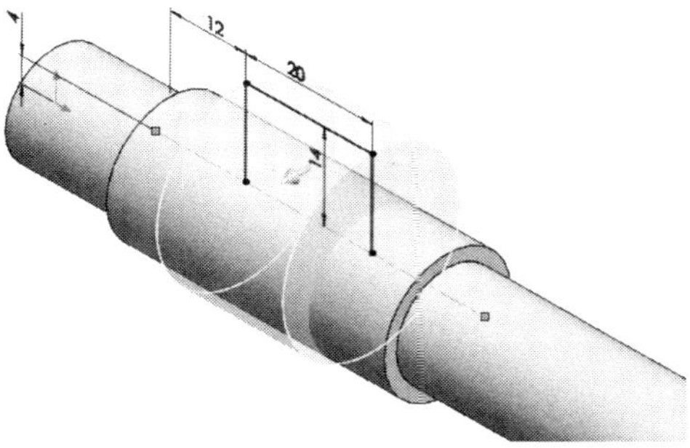

⑤ 키 홈 작성

- 정면을 선택하여 그림과 같은 사각을 스케치한다. (돌출 컷으로 파낼 것이므로 사각의 높이는 치수 없이 대략 그린다.)
- 축의 양 끝을 C1로 모따기 한다.

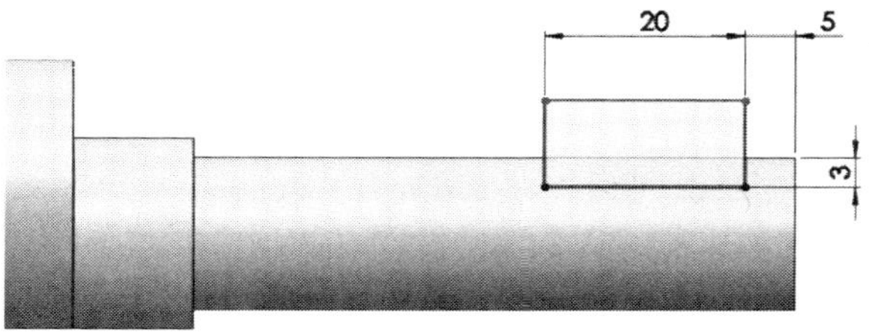

⑥ 키 홈 마무리

- 돌출 컷 ⇒ 중간평면 ⇒ 5mm ⇒ 확인
- 피처 ⇒ 필렛
- 필렛유형 : 부동크기 필렛
- 필렛변수 : 2.5mm
- 마우스로 모서리 선택
- 끝을 C1 모따기 한다.

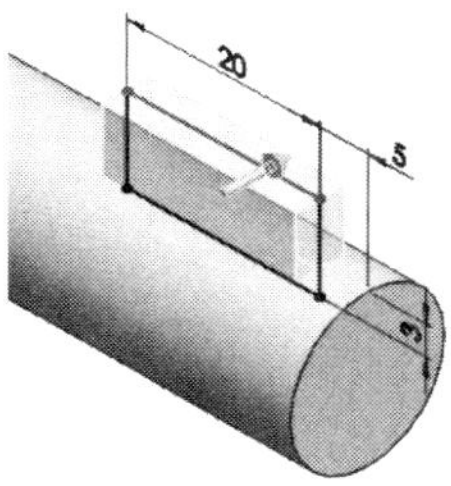

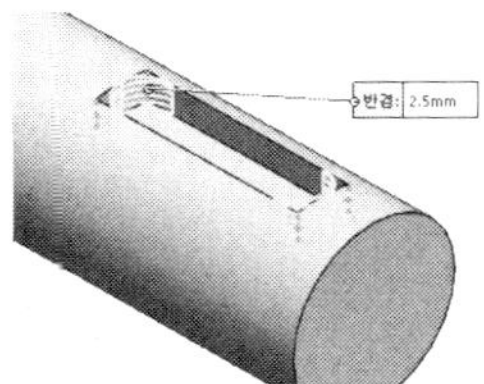

여분의 축(Shaft) - 연습을 위한 다른 축

① 정면을 선택하여 그림과 같이 스케치한다.

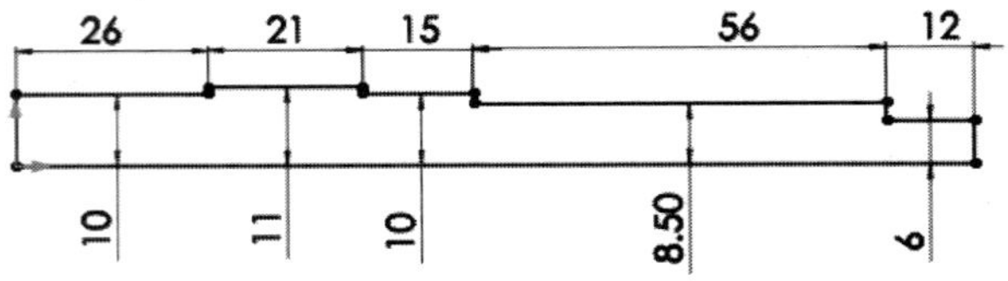

② 회전보스/베이스
- 회전축은 중심축에 해당하는 아래 직선을 선택한다.

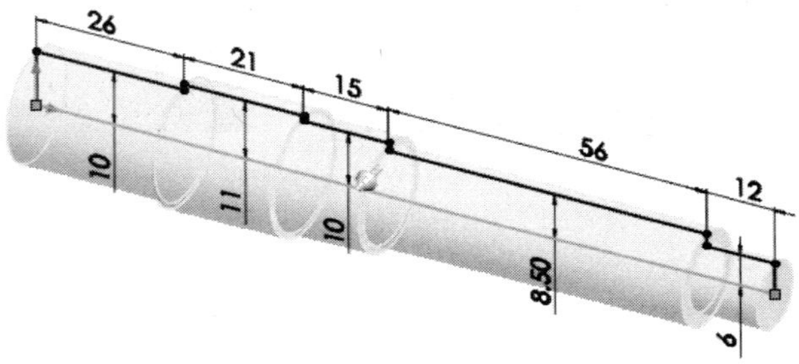

③ 로크너트 홈 작성
- 정면을 선택하여 그림과 같은 사각을 스케치한다. (돌출 컷으로 파낼 것이므로 사각의 높이는 치수 없이 대략 그린다.)

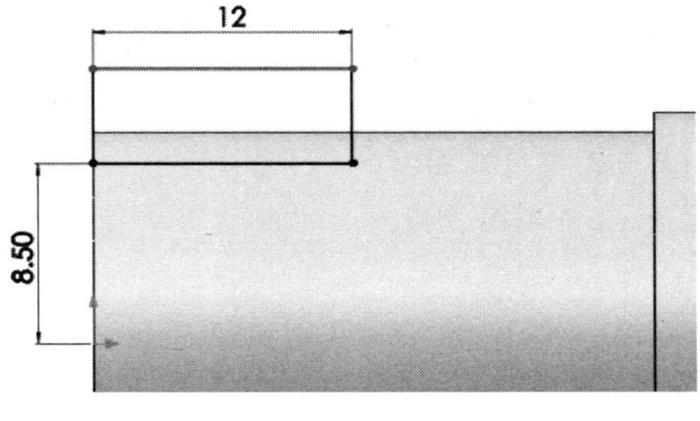

④ 돌출 컷 및 필렛
- 돌출 컷 ⇒ 중간평면 ⇒ 4mm
- 피처 ⇒ 필렛
- 필렛유형 : 부동크기 필렛
- 필렛변수 : 2mm
- 마우스로 모서리 선택

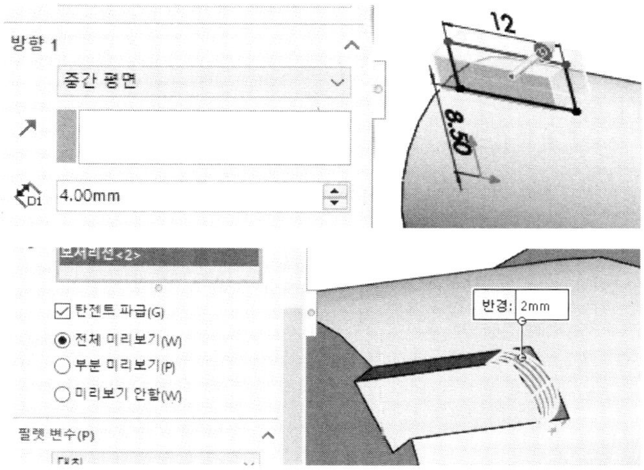

⑤ 키 홈 작성
- 정면을 선택하여 그림과 같은 사각을 스케치한다. (돌출 컷으로 파낼 것이므로 사각의 높이는 치수 없이 대략 그린다.)
- 축의 양 끝을 C1로 모따기 한다.

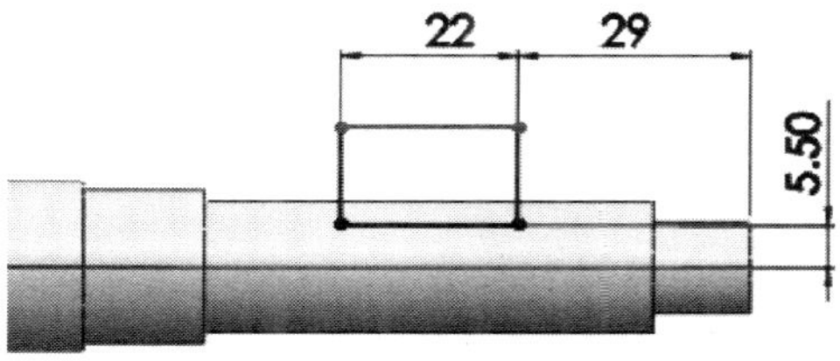

⑥ 돌출 컷 및 필렛
- 돌출 컷 ⇒ 중간평면 ⇒ 5mm
- 피처 ⇒ 필렛
- 필렛유형 : 부동크기 필렛
- 필렛변수 : 2.5mm
- 마우스로 모서리 선택

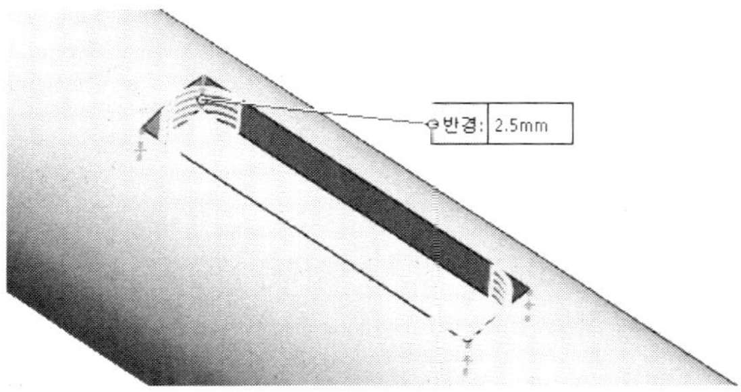

⑦ 나사산 아이콘 배치

- 도구 ⇒ 사용자정의 ⇒ 명령탭 ⇒ 주석
- 오른쪽 위에 보이는 버튼 중에서 나사산 표시 아이콘을 찾는다.

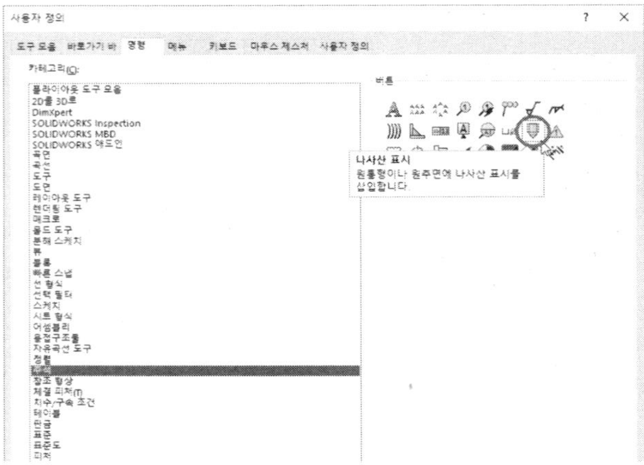

⑧ 나사산 아이콘 배치

- 나사산 표시 아이콘을 드래그하여 메뉴의 빈 영역에 배치한다.
- 도구 ⇒ 옵션 ⇒ 문서속성 ⇒ 도면화 ⇒ 음영 나사산에 체크
- (1장의 사용자환경 맞추기 참고)

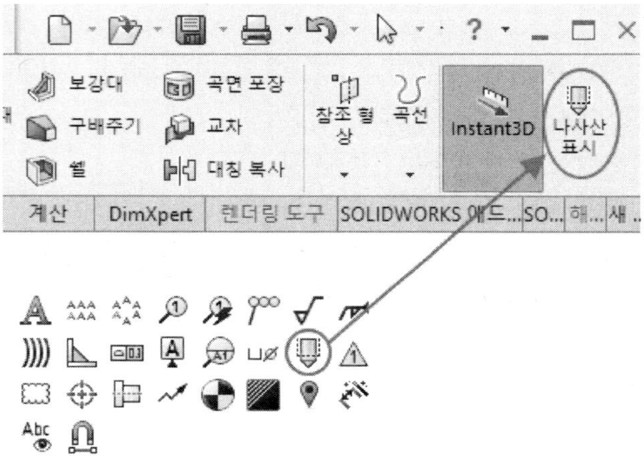

⑨ 나사산 작성

- [나사산표시] 선택
- 나사산이 시작되는 모서리를 선택하고 값을 다음과 같이 M20과 M12로 두 번 입력한다.
- 표준규격 : KS
- 유형 : 기계 나사산
- 크기 : M20(M12)
- 거리 : 10mm(12mm)

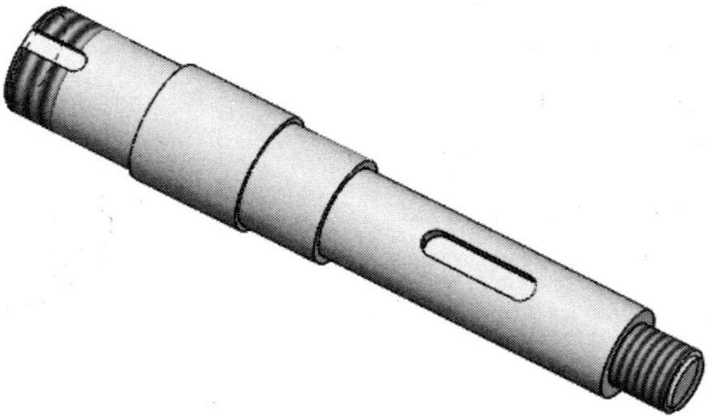

3.6 모델링 오류 검토

3.6.1 정보 명령어

선택한 요소 및 형상에 대한 정보를 사용자에게 알려주는 기능을 고아 놓은 도구모음이다. 이러한 도구모음의 명령어는 형상을 생성 · 제거하는 기능을 갖고 있는 것이 아니라 형상에 대한정보를 통하여 비교 · 검토하여 오류 발견 시 수정할 수 있게 도와주는 역할을 한다. 참고로 이러한 명령어는 최종 형상을 검토하기 위하여 실행하는 것보다 형상을 모델링하는 과정에서 더 많이 사용되는 명령어이다. 즉, 최종 형상에 대한 검토보다 모델링하는 과정에서의 형상 검토 및 명령어를 실행하는 과정에서 필요한 수치 정보 등을 얻기 위하여 많이 사용된다.

1. 측정()

스케치, 3D 모델, 어셈블리, 또는 도면의 선, 점, 곡면, 평면 자체와 이들 요소간의 거리, 각도, 반경, 크기를 측정한다.

사용방법은 [계산] 도구모음 ⇒ [측정] 아이콘을 선택하거나 메뉴에서 [도구] ⇒ [계산] ⇒ [측정]을 선택하면 측정 대화상자가 보인다. 앞의 아이콘부터 설명한다.

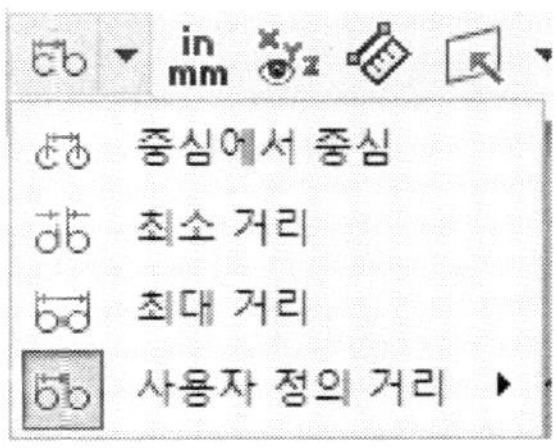

① 원호/원 측정 : 원이나 원호를 선택했을 때 표시할 거리를 지정한다. 다음과 같은 종류가 있다. 사용자 정의 거리에 하위메뉴로 1호원 2호원에 중심 최대 최소를 지정할 수 있다.
- 중심에서 중심
- 최소거리
- 최대거리
- 사용자 정의 거리

② in/mm  : 단위의 종류와 정밀도를 지정한다.

③ XYZ : 선택하면 그래픽 영역에서 선택한 요소 사이의 dX, dY, dZ 좌표계를 표시한다. 좌표값이 아니고 최소 거리로 표시하려면 이 항목을 다시 눌러 선택 해제한다.

④ 점-점 : 모델의 두 점 간의 거리를 측정한다. 다른 기능(예, 원호/원 측정 등)을 활용하려면 이 모드를 해제해야한다.

⑤ 투영대상 : 선택한 항목 사이의 거리를 투영법으로 표시한다. 옵션에 없음을 선택하면 투영과 면에 수직을 계산하지 않는다.

2. 물성치

파트 또는 어셈블리에서는 면과 스케치의 단면 속성을 볼 수 있다. 모델 형상과 재질 속성을 기준으로 질량, 밀도, 체적 같은 속성을 계산하고 계산된 물성치를 확인할 수 있으며 사용자의 필요에 따라 계산된 값을 무시하고 질량, 질량 중심, 관성 모멘트를 입력할 수 있다. 이 기능은 부품의 단순화된 버전을 만들고 모델에 정확한 질량 속성을 지정하려 할 때 유용하다.

물성치를 표시하는 방법은 다음과 같다.

① 평가할 항목(부품 또는 솔리드 바디)을 선택한다. 부품이나 솔리드 바디를 선택하지 않으면, 전체 어셈블리 또는 파트의 물성치가 보고된다.

② 도구모음에서 물성치 또는 [도구] ⇒ [계산] ⇒ [물성치]를 클릭하면 계산된 물성치 값이 대화 상자에 나타난다, 어셈블리에 덮어쓴 물성치가 포함된 부품이 있을 경우, 이러한 부품은 물성치 대화상자 하단에 나열된다, 그래픽 영역에서 단색 트라이어드는 모델의 주축과 질량 중심을 나타낸다. 세 가지 색으로 구성된 3D 참조 트라이어드가 원점에 표시된다.

③ 선택적으로 다음과 같이 할 수도 있다.

- 대화 상자에서 옵션을 설정한 후 재계산을 클릭.
- 물성치 대화 상자를 닫지 않고도 다른 요소를 평가할 수 있다. 선택 사항을 모두 지우고, 다른 요소를 선택한 뒤에 재계산을 누른다.

- 옵션을 클릭하고 물성치/단면 속성 옵션 대화 상자에서 필요한 부분을 변경한 후 확인을 클릭.
- 질량 속성 덮어쓰기를 클릭하고 질량 속성 덮어쓰기 대화상자에 값을 할당한 다음 확인을 클릭. (여러 항목이 선택되어있는 경우에는 사용할 수 없다. 멀티바디 파트의 바디에는 사용할 수 없다.) 결과가 이에 따라 업데이트된다.

3. 두께 검사 등

일정 두께 이상의 형상을 요구할 때는 두께 검사를 통하여 최소 두께 등을 확인할 수 있다. 이러한 검사 방법은 일반적으로 그래픽 창에서 색으로 표시된다. 또한, 대칭 구조를 갖고 있는 형상인 경우는 대칭 검사를 통하여 확인할 수 있다. 다음은 파트에서 지정한 두께보다 크거나 작은 부분을 표시하는 방법을 설명한다.

파트를 열고 [계산] 도구모음 ⇒ [두께해석] 두께 해석 또는 메뉴에서 [도구] ⇒ [두께 분석]을 클릭하여 PropertyManager를 연다.

① 분석변수

- 대상 두께 T1 값을 설정한다.
- [두꺼운 부분 표시]를 선택한다.
- 두께 범위의 상한계를 지정하기 위해, 두께 상한계 값을 지정한다.
- 필요한 경우 [코너 두께 0으로 처리]를 선택하여 파트의 각진 모서리를 무시하고 얇은 두께로 처리한다. 모든 코너는 일정 두께로 간주된다.

② 색 설정 : 색상 영역을 지정한다.

- [총천연색]을 선택하여 파트를 [두께 배율]에 표시된 다양한 색으로 표시한다.
- [총천연색] 확인란을 지우고 [색 편집]을 클릭하여 파트를 [디상 두께 표시 색]과 두께 상한계 [표시 색]을 다른 색으로 표시한다.
- [색상 설정]에서 다음 두께 배율 옵션 중 하나를 선택한다.

  옵션 : 그라데이션 범위를 사용한다.

  불연속 : 분리된 색상이 사용된다.

③ 실행/정확도

- [충전연색]을 선택하여 파트가 멀티 파트인 경우에는, 그래픽 영역에서 바디를 선택한다. 두께 분석은 한 번에 바디 한 개에만 실행할 수 있다. 바디 이름이 분석할 바디 아래에 표시된다.
- 선택한 요소에만 두께 분석을 실행하려면, 그래픽 영역에서 분석하려는 면을 선택한다. 이때, 선택한 면의 이름이 부분 분석 면 아래에 표시된다.
- 해상도 슬라이더를 이동하여 결과에 사용할 표시 색을 조절한다. 높은 해상도를 사용할수록 결과를 계산하는 시간이 오래 걸린다.

④ [분석변수(P)] 아래의 [계산]을 실행한다. 파트가 두께별로 다양한 색으로 표시된다. 포인터를 파트 위로 끌어가면 도구 정보가 두께를 표시해주는 것을 볼 수 있다.

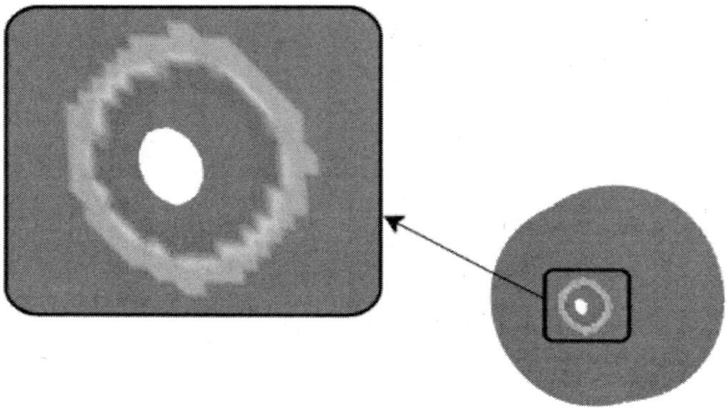

Chapter 4

3D 모델링 검토하기

4.1 조립 구속조건 적용과 모델 수정

4.1.1 어셈블리란

지금까지는 파트 모델링에 대해 학습하였다. 그러나 실생활에서 우리 주변에 있는 대부분의 제품들은 부품(파트)가 여러 개 모여 조립된 형태의 구조물이다. 완성품을 만들기 위하여 파트를 조립하는 과정을 어셈블리라 한다. 복합 어셈블리는 여러 개의 부품으로 구성하여 만들 수 있고, 그 부품은 파트나 하위 어셈블리가 될 수 있다. 어셈블리에 부품을 추가하면 어셈블리와 부품 사이에 링크가 만들어져서 어셈블리를 열면, 어셈블리와 링크되어 있는 부품 파일을 찾아내며. 부품의 변경사항은 자동으로 어셈블리에 반영된다.

1. 어셈블리의 개요

① 어셈블리의 문서 이름 확장자는 .sldasm 이다.

② 어셈블리에서 가능한 작업은 다음과 같다.

㉮ 각 부품을 조립

㉯ 부품들을 서브 어셈블리로 분류

㉰ 부품의 통계작업

㉱ 부품간의 정적 또는 동적 간섭 탐지

㉲ 어셈블리 안에서 다른 부품을 참조하는 부품 생성

㉳ 부품에 이동 조건을 부여해서 시뮬레이션 작업

③ 부품 상태별 설명

㉮ 간략 해제 : 간략 해제된(또는 기능 억제 해제) 상태는 어셈블리 부품의 일반 상태이다. 간략 해제된 부품은 메모리에 완전히 로드되어 완전한 기능을 하고 제약 없이 액세스할 수 있다. 따라서 부품의 모든 모델 데이터를 사용할 수 있어 부품 요소를 선택, 참조, 편집, 메이트에 사용하는 등 기타 작업이 가능하다.

㉯ 간략 파트 : 어셈블리에서 모델을 불러올 때 모델 정보의 일부분만을 로드하는 파트를 말한다. 나머지 모델 데이터는 필요에 따라 로드된다. 대형 어셈블리와 복합 어셈블리 등 용량이 많은 작업에 활용된다.

㉰ 업데이트되지 않은 간략 파트 : 업데이트가 필요한 간략 부품

㉱ 지능 부품 : 어셈블리에 부품을 삽입할 때 상응하는 피처 및 따라와야 하는 부속 부품을 체결하는 기능. 예를 들어 키를 지능부품으로 단들어 놓고 키 홈을

지능피처로 등록해 놓으면 축에 키 홈을 어셈블리할 때 자동으로 키 홈을 생성해 준다.

㉤ 기능 억제 : 부품을 메모리에서 삭제하여 사용되지 않음을 나타낸다.

4.1.2 어셈블리 구조

완성품이라고 하는 것은 하나 이상의 단품들이 조립되어 필요한 기능을 수행할 수 있는 제품을 말한다. 이와 같이 파트 모델링에서 디자인한 여러 개의 단품을 조립하는 작업을 어셈블리라고 하는데 어셈블리는 단품을 불러올 수도 있고, 다른 어셈블리를 불러올 수도 있다.

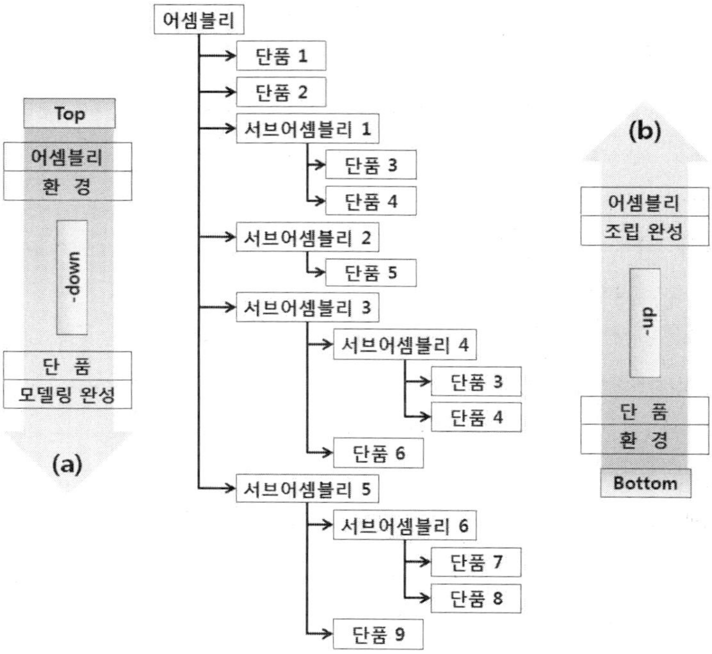

그림처럼 '어셈블리'에서 '서브어셈블리 1', '서브어셈블리 2' 등을 불러온다고 할 때, '어셈블리'는 상위 어셈블리가 되는 것이고 '서브어셈블리 1', '서브어셈블리 2' 등은 하위 어셈블리 또는 서브 어셈블리라고 한다. 서브 어셈블리는 또 다른 어셈블리를 불러올 수도 있다. 이렇게 어셈블리를 불러올 수 있는 기능은 어셈블리를 세분하여 만들어 상위 어셈블리에서 단품 형태로 처리할 수 있게 하는 기능이다. 완성품을 만들기 위하여 단품들을 조립하는 경우도 있지만 단품끼리 조립된 하나의 서브어셈블리를 완성품에 조립하기도 한다. 이러한 설계 방식에는

① 상향식 설계 방식(Buttom - up)과 ② 하향식 설계 방식(Top-down) 그리고 이를 혼합하여 사용하는 ③ 혼합형 설계 방식이 있다. 파트 모델링에서 형상을 만드는 여러 가지 방법 중 사용자 활용하기 쉽고 편리한 방법을 활용하는 것처럼 어셈블리도 사용자가 활용하기 편한 방법을 찾으면 된다.

1. 상향식 설계(Buttom-up)

가장 보편적인 방법이다. 먼저 파트(부품)를 설계하고 모델 한 다음 어셈블리에 삽입하고 메이트를 사용하여 파트를 배치시킨다. 이 방식은 이미 만들어 놓은 부품들, 예를 들면 풀리, 축, 모터 등과 같은 규격품을 활용하는데 적합한 방법이다. 조립하다가 불량인 부품들이 발생하면 개별적으로 파트 모델링에서 수정 작업을 진행해야 한다. 이렇게 변경된 사항은 자동으로 어셈블리에 적용되어 수정이 된다. 구상으로만 단품 설계를 하면 나중에 어셈블리를 할 때 문제점 및 오류를 발견하는 경우 다시 단품을 수정해야 하므로 사전에 제품에 대한 충분한 이해와 많은 경험이 필요하다. 아래 그림은 단품을 모델링 한 다음에 어셈블리에서 단품을 모두 부르고, 구속조건을 설정하여 완성하는 상향식 설계 방식을 보여준다.

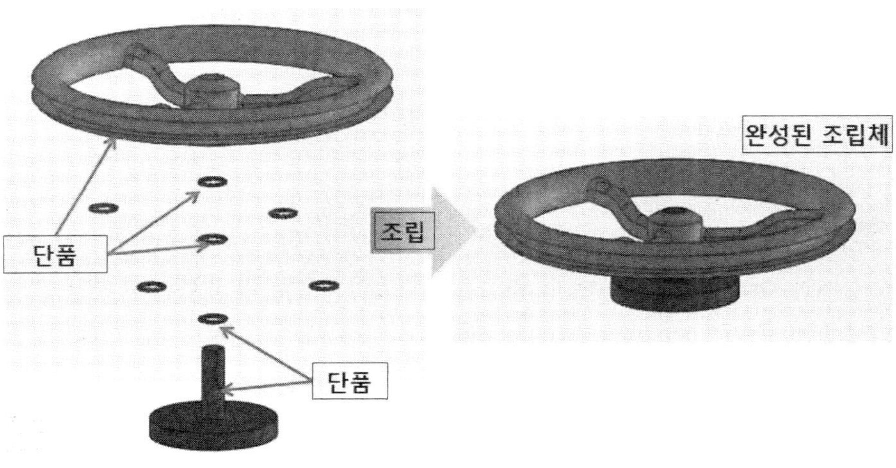

2. 하향식 설계(Top-down)

레고 같은 장난감을 생각해 보자. 자동차를 단순하게 '몸체와 바퀴 4개' 정도로 생각하여 기본 골조를 만든 다음 범퍼를 붙이고 핸들을 붙이고 또 더 필요하면 운전하는 사람 모양의 인형을 붙일 수도 있다. 이와 같은 과정을 하향식 설계 방식이라고 한다. 대략적인 구상으로 전체를 스케치하여 밑그림을 그리고 어셈블리 상에서 단품들의 형상을 구체화시키는 것이다.

어셈블리 구조를 나타내는 그림에서 맨 상위의 '어셈블리'에서 사용자가 원하는 단품 및 서브 어셈블리에 대한 구조를 만들고 각각의 단품이나 서브 어셈블리 모델링을 '어셈블리'에서 진행하는 것이다. 그렇게 진행하면 다른 단품이나 다른 서브 어셈블리와의 간섭 등에 대한 체크를 바로 할 수 있다. 다음 그림은 하향식 설계 방식으로 설계하는 과정을 보여주고 있다. 완성품의 대략적인 윤곽 및 주요 기능에 대한 정보 등을 어셈블리 상의 스케치에서 작업하고 이를 바탕으로 단품의 상세 설계가 진행되면서 완성품을 완성한다.

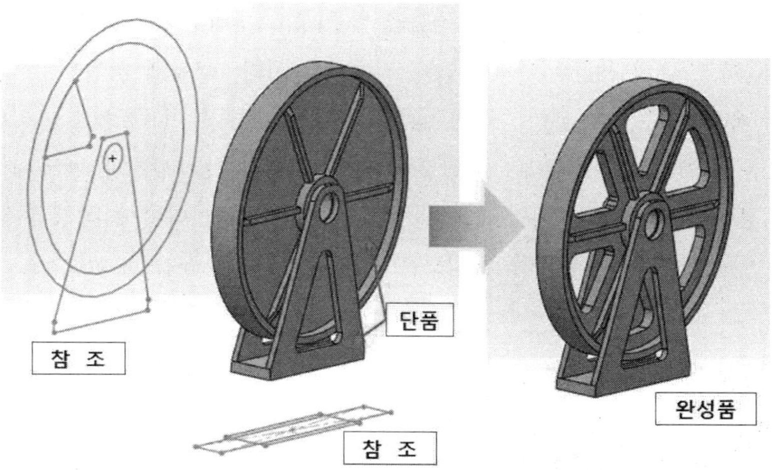

3. 혼합형 설계

혼합형 설계란 앞에서 말한 상향식 설계 방식과 하향식 설계 방식을 적절하게 혼합하여 사용하는 설계 방식이다. 하나의 완성품을 만들기 위하여 사용자의 의도대로 단품을 설계하는 것도 있고 기존 완성품에서 단품이나 서브 어셈블리를 그대로 복사하는 경우도 있다. 특히 볼트나 너트 같은 표준품인 경우는 기존에 단품 모델링을 하였으면 그대로 사용할 수 있다. 이렇듯 표준 부품과 같은 단품인 경우는 파트 모델링 상에서 다른 부품에 대한 제약 조건 없이 해당 단품에 대한 형상만 모델링하기 때문에 단품에 대한 파트 모델링 작업을 하는 것이 편리하겠지만 사용자의 의도대로 설계해야 하는 단품인 경우는 다른 부품에 대한 간섭 등을 체크하면서 설계하는 것이 편리하다. 이렇듯 단품에 대한 설계 방식에 따라 파트에서 작업을 하든, 어셈블리 상에서 파트 작업을 하든, 원하는 방식을 사용자가 선택적으로 진행하는 방식을 말한다. 참고로 현장에서는 비슷한 프로젝트를 하는 경우가 대부분이다. 이때 기존에 모델링하였던 형상들을 간단한 수정 작업으로 모델링을 완성시킬 수 있는 단품 및 서브 어셈블리가 많다. 또한 회사에서 규정하고 있는 표준부품도 많다. 이러한 단품들은 회사에서 DB로 보관하고 있다. 이러한 기존 부품들의 적절히 활용하여 설계 시간을 단축시킬 수 있는 것이 혼합형 설계 방식이다.

4.1.3 부품 삽입

어셈블리는 모델링을 하는 작업이 아니라 단품 및 서브 어셈블리를 배치하는 작업이다. 어셈블리에서 불러올 수 있는 것은 ① 파트 모델링 작업을 통하여 만들었던 기존 형상 ② 다른 어셈블리에서 만들어진 서브 어셈블리 ③ 어셈블리에 배치하여 새롭게 시작하는 단품이나 서브 어셈블리가 있다.

어셈블리에 부품을 추가하면 부품 파일이 어셈블리 파일에 링크(연관)되어 부품이 어셈블리에 나타나고 데이터가 유지된다. 따라서 부품 파일을 변경하면 어셈블리에 자동으로 업데이트 된다.

1. 첫 번째 부품 삽입하기

솔리드웍스 어셈블리에서 첫 번째 부품의 삽입은 매우 중요하다. 첫 부품은 어셈블리에서 부품을 조립하는 기준이 되기 때문에 어셈블리의 원점과 부품의 원점을 맞춰야 한다. 첫 부품은 조립의 기준이 되는 것이므로 프레임 또는 베이스 등과 같이 전체에서 기준이 될 수 있는 부품을 선택하는 것이 좋다.

첫 부품을 삽입하는 방법으로 여러 가지가 있지만 다음과 같이 삽입하는 것이 편리하고 정확한 방법 중 하나이다.

① 어셈블리의 기준이 될 수 있는 부품을 연다.

② [파일] ⇒ 파트에서 어셈블리 작성(K) 선택

③ [새문서] 대화 상자에서 [어셈블리] 어셈블리 더블클릭 또는 [확인]

④ 어셈블리 시작 PropertyManager가 나타난다. ⇒ 확인 ✔

⑤ 그래픽 영역에 부품이 삽입된다. 이 부품이 기준이 되며, 어셈블리 원점과 부품의 원점이 일치된 상태로 고정된다.

⑥ 도구 모음은 어셈블리 도구모음으로 바뀐다.

2. 추가 부품 삽입하기

도구 모음에서 부품삽입 아이콘 또는 메뉴에서 [삽입] ⇒ [부품] ⇒ [기존 파트/어셈블리]를 선택하면 부품 삽입 PropertyManager가 나타난다.

① [삽입할 파트/어셈블리]의 [문서 열기(D)]에 이미 열려있는 첫 번째 파트가 표시된다.

② [찾아보기] 탭을 눌러 삽입하고자 하는 파트를 선택 ⇒ 열기(또는 더블클릭)하면 파트의 모양이 마우스 아이콘에 따라다닌다.

③ 필요한 파트를 그래픽 영역의 원하는 위치에 배치한다.

㉮ 두 개 이상의 작업 중인 열린 문서 창이 있으면 한 창에서 다른 창으로 드래그하여 배치할 수 있다.

㉯ 윈도 탐색기에서 해당 파일을 그래픽 영역으로 드래그하여 배치할 수 있다.

㉰ 어셈블리에 이미 삽입된 부품을 복사하여 붙여넣기 할 수 있다.

㉱ 작업창의 라이브러리에서 드래그하여 배치할 수 있다. 솔리드웍스 화면의 우측에 있는 작업창에서 설계라이브러리 ⇒ 파일위치 추가 ⇒ [폴더 선택] 대화상자 ⇒ 저장한 폴더 선택 ⇒ 작업창에 지금 선택한 폴더가 추가된다 ⇒ 이 폴더를 클릭하면 아래에 파트 등이 보인다. 이 파트나 어셈블리를 드래그하여 그래픽 영역의 어셈블리에 배치한다.

④ 축소판 미리보기 : 문서열기에 나열된 파일목록을 선택하면 미리보기가 나타나서 부품을 확인할 수 있다.

4.1.4 부품 이동 및 회전

그래픽 영역에서 부품을 클릭하고 마우스를 이용하여 부품을 이동하거나 회전할 수 있다.

1. 부품 이동

가. 부품을 직접 끌어 이동

드래그 & 드롭 기능을 이용하여 이동할 부품을 클릭한 채로 이동할 위치로 끌어다 놓는다. 이 부품은 자유도 범위 내에서 이동된다.

메뉴에서 [도구(T)] ⇒ [옵션(P)...] ⇒ [시스템옵션(S)] ⇒ [어셈블리] ⇒ [☑부품 끌어 이동하기(M)] 체크 여부로 기능을 설정하거나 해제할 수 있다.

나. 부품이동 명령으로 이동

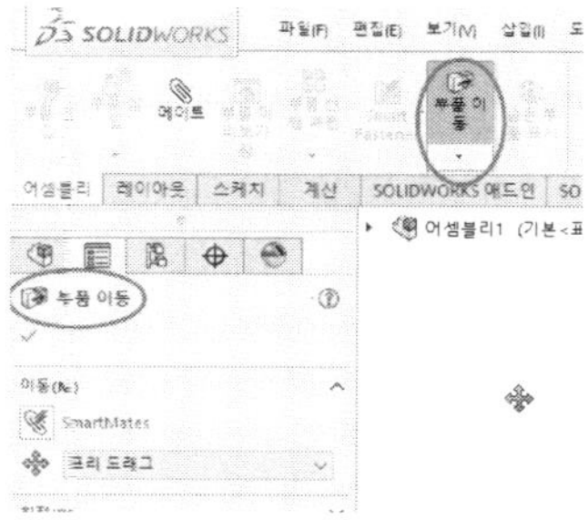

어셈블리 도구모음의 [부품이동]을 선택하면 부품이동 PropertyManager가 열리며 마우스 포인터는 ✥로 바뀐다. 옵션 내용은 다음과 같다.

① 프리 드래그 : 부품을 클릭하여 마우스를 움직이는 대로 이동한다.

② 어셈블리 XYZ 따라 : 어셈블리의 좌표계에 따라 이동한다. 선택된 축 방향으로만 움직이며 방향을 바꾸려면 어셈블리 원점에 있는 좌표계(그래픽 화면의 좌표계가 아님)의 해당 축을 클릭하고 마우스로 이동한다.

③ 요소따라 : 선택한 축, 모서리, 선 등에 따라 이동.

④ 델타 XYZ에 의해 : 어셈블리 좌표계를 기준으로 이동 거리를 입력.

⑤ XYZ 위치로 : 어셈블리 좌표계를 기준으로 부품의 점을 선택하면 나타나는 좌표값을 입력하여 해당 위치로 이동.

⑥ 기본 드래깅 : 부품을 클릭하여 움직이면 모델의 유무와 상관없이 부품의 위치가 이동된다.

⑦ 동적 여유값 : 부품간의 거리를 실시간으로 확인하는 옵션

· 선택 부품 : 거리를 확인할 두 부품을 선택

· 지정된 여유값에서 정지 : 값을 입력하면 그 거리에서 이동이 멈춘다.

· 끌기 복구(E)를 클릭 ⇒ 부품을 이동한다.

다. 좌표계(트라이어드)를 이용한 이동

부품을 우 클릭하면 나타나는 바로가기 메뉴에서 [좌표계로 이동](좌표계로 이동 (Y)) 명령을 선택하면 그림과 같은 좌표계 표시(트라이어드)가 나타난다. 직선으로 움직일 때는 필요한 축을 선택하고 회전이 필요하면 원형 링 모양의 띠 부분을 선택하면 이동 및 회전을 할 수 있다. 축 사이의 날개 모양의 띠는 해당하는 두 축과 직각을 이루는 다른 축을 기준으로 회전하며, 날개 모양 사이의 평면을 선택하면 해당하는 두

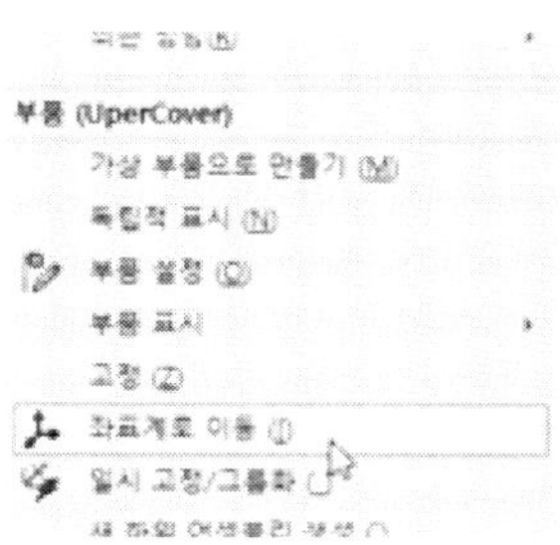

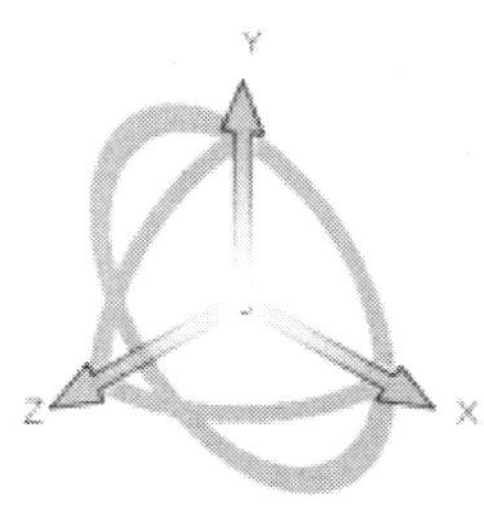

축이 이루는 평면상에서 직선 이동한다. 트라이어드에서 우 클릭하면 나타나는 바로가기 메뉴에서 필요한 메뉴를 선택하여 작업할 수도 있다.

2. 부품 회전

가. 부품을 직접 회전

부품을 마우스 오른쪽 단추로 클릭한 상태에서 돌리면 제자리에서 부품의 중심을 기준으로 회전한다. 스케치 등에서 사용하는 마우스 가운데 버튼(휠)을 누르고 회전하는 것과는 다르다. 이것은 부품이 회전하는 것이 아니고 보이는 화면만 회전하는 것이므로 부품이 회전하는 것이 아니다.

나. 부품 회전 명령으로 회전

어셈블리 도구모음의 [부품이동]의 하위메뉴에 [부품회전] 을 선택하면 부품회전 PropertyManager가 열리며 마우스 포인터는 로 바뀐다. 옵션 내용은 다음과 같다.

- 프리 드래그 : 부품을 클릭하여 마우스를 움직이는 대로 회전한다.
- 요소에 대하여 : 선택한 축, 모서리, 선 등을 기준으로 회전.
- 델타 XYZ에 의해 : 어셈블리 좌표계의 축 기준으로 회전 값을 입력.
- 동적 여유값 및 하위 옵션 : 이동 명령 참조

3. 부품 패턴

피처 이외에도 부품을 사용하여 패턴이나 대칭복사를 이용할 수 있다. 부품은 동일 어셈블리 내에 있거나 하위 어셈블리 내에 있을 수 있다. 또한 부품은 선형, 원형 또는 구멍 마법사 시리즈와 같은 어셈블리 단계 패턴에 의해, 또는 피처 이용 패턴에 의해서도 작성될 수 있다.

부품 패턴을 해제하여 개별 부품으로 분리할 수 있다. 이로 인한 이점은 패턴에 있던 부품을 개별적으로 이동하고 회전할 수 있다는 것인데 한 가지 단점으로는 패턴 피처가 해제되었으므로 패턴에서처럼 모든 부품을 한꺼번에 숨기거나 기능을 억제할 수는 없게 된다.

4.1.5 메이트(조립 구속조건)

솔리드웍스의 메이트는 어셈블리 부품 간에 기하 구속 조건을 작성하는 것을 말한다. 메이트를 추가할 때, 부품의 선형, 회전형 모션의 가능한 방향을 지정하여 조건을 부여하는데 어셈블리의 부품은 자유도 범위 내에서만 이동할 수 있다. 조립 구속조건이란 어셈블리 상에서 단품이나 서브 어셈블리를 해당 위치에 고정시키거나 다른 부품과의 관계로 인하여 움직임에 대한 제한 조건을 설정하는 기능이다.

1. 메이트할 때의 일반적인 고려사항

① 가능한 처음 삽입된 고정 부품을 기준으로 최소한으로 단순하게 메이트한다. 부품 간 메이트가 서로 얽혀 있으면 연산 속도가 길어지고 메이트 오류를 유발할 수 있다.

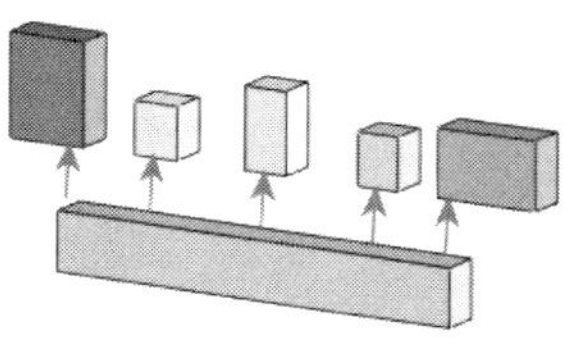

바람직한 메이트 구조

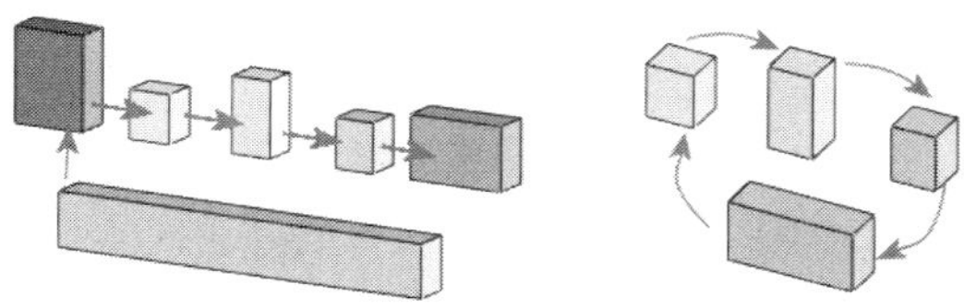

피해야할 메이트 구조

② 중복 메이트를 피한다.(스케치 구속조건에서의 초과 정의와 같다.) SolidWorks에서 일부 중복 메이트를 허용한다 하더라도 메이트 해결을 위한 연산시간이 오래 걸리고 나중에 문제가 발생하면 메이트 구조를 이해하고 진단하기가 어렵다.

③ 메이트 할 때 부품을 끌어서 움직이는 모습(자유도)을 확인한 다음 추가 메이트를 삽입한다.

④ 거리, 각도 등을 제한하는 메이트는 꼭 필요한 경우에만 사용한다.

⑤ 오류가 발생하면 즉시 해결한다. 메이트를 추가하면 이미 발생한 메이트 문제를 수정할 수 없는 경우가 있다.

⑥ 메이트를 추가하기 전에 부품을 최대한 올바른 위치로 이동 또는 회전한 다음 메이트를 추가한다.

⑦ 부품이 문제를 유발하면 각 메이트를 진단하는 것보다 모든 메이트를 삭제하고 재작성하는 것이 쉽다.

⑧ 부품이 움직이는 모양을 확인할 필요가 없는 부품은 고정시키는 메이트를 적용한

다. 자유도가 많으면 파트를 끌 때 자가 수정을 하는 오류를 일으켜 예측이 불가능한 동작을 한다.

2. 메이트 추가 방법

앞의 '파트 모델링 연습 따라 하기'에서 모델링 연습을 하면서 만들어서 저장한 파일을 이용하여 기본 개념을 연습한다. 파일을 불러올 때는 저장해 둔 파트 파일을 가져온다.

① 어셈블리 파일을 열거나 새 파일에서 어셈블리 템플릿을 연다.

② 어셈블리 템플릿을 열면 다음과 같은 화면이 나타난다. 어셈블리 시작 Property Manager에서 [찾아보기] ⇒ 저장한 파일을 검색하여 Housing 파일 선택한다. ⇒ 어셈블리의 기준이 될 '첫 번째 부품 삽입하기' 작업이다.

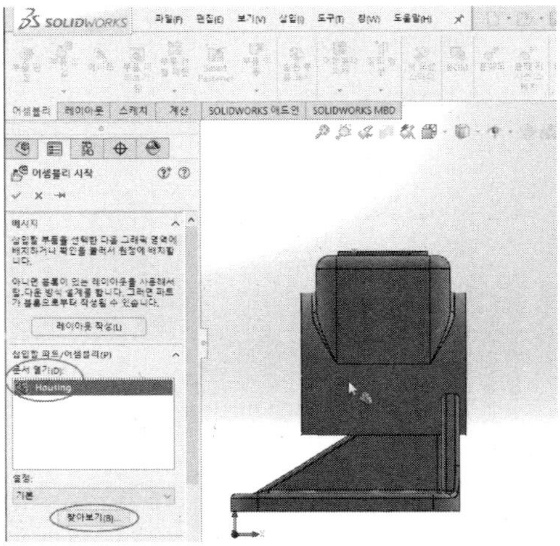

③ 상부 커버(upper Cover)를 추가하기 위하여 '어셈블리 도구모음'에서 [부품삽입 부품삽입] ⇒ [찾아보기] ⇒ Upper Cover(상부커버) 파일을 찾아 그래픽 영역에 붙여 넣는다. 하우징의 윗부분에 조립할 것이므로 가능한 조립 위치에 가깝게 배치한다.

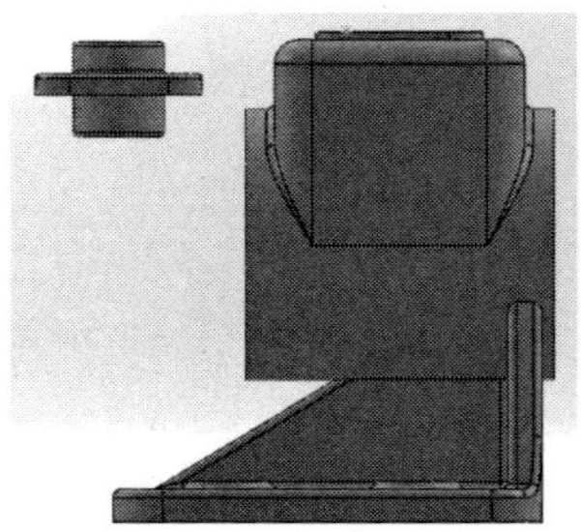

④ 어셈블리 도구모음에서 [메이트 메이트] 선택 또는 메뉴의 [삽입] ⇒ [메이트 메이트(M)...]를 선택한다.

⑤ 메이트 PropertyManager가 나타난다. 메이트 선택(S)에서 하우징의 윗면을 선택하고, 여기와 접촉할 상부 커버 플랜지의 아랫면을 선택한다. 그러면 상부 커버와 하우징의 접촉면이 수평이 되도록 상부커버가 스스로 움직인다. 확인 ✓ 을 누른다.

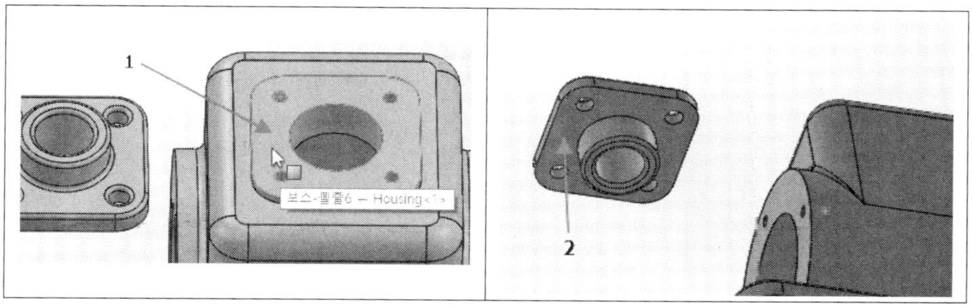

이번에는 다시 하우징의 구멍 부분에 해당하는 원주의 내부 면을 클릭하고 여기에 맞추어 들어갈 상부커버 원주의 외부 면을 클릭한다. 동심원이 되도록 이동하면서 조립이 완성된다. 확인 ✓ 을 누른다.

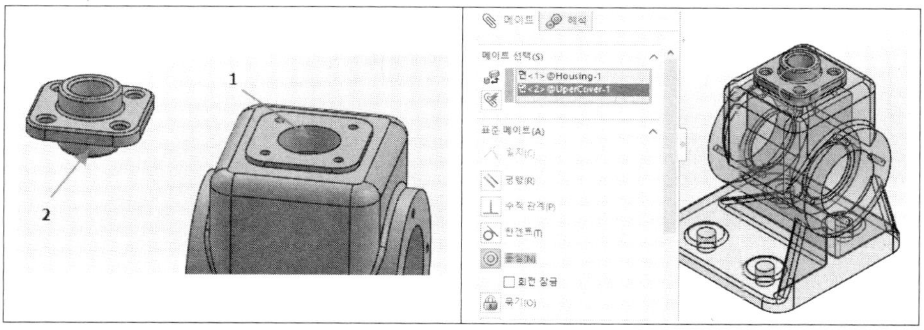

같은 방법으로 나머지 부품(좌우 측면 커버, 캠축, 기어 또는 벨트 풀리, 슬라이더 등)을 불러와서 메이트 기능을 이용하여 조립한다.

3. 메이트 PropertyManager

① 메이트선택 : 일반적으로 한 번에 한 쌍의 메이트 요소를 삽입한다.

- 메이트 할 요소 : 메이트 할 요소(평면, 곡면, 모서리, 꼭지점 등) 즉, 조립할 때 참조할 기준이나 직접 접촉할 부분을 선택한다.

- 다중메이트 : 한 부품에 같은 메이트를 갖는 여러 개의 부품을 한꺼번에 메이트를 추가하고 조절한다.

② 표준 메이트 : 자세한 내용은 뒤에 다시 설명한다.

③ 거리, 각도 : 거리 및 각도를 직접 입력할 수 있다. 거리나 각도를 입력하면 바로 아래에 □치수 뒤집기(F) 가 나타난다. 여기에 체크 또는 체크 해제하면 치수 방향이 토글된다.

④ 메이트 맞춤 : 메이트를 위하여 선택한 한 쌍의 면이 서로 같은 방향 또는 반대 방향으로 맞춤된다.

⑤ 고급 메이트

- 프로파일 중심 : 중심 정렬 사각형 및 원형 프로파일을 서로의 중심에 맞춰 정렬하고 부품을 전체적으로 정의한다.
- 대칭 : 두 개의 유사한 요소를 평면이나 평면인 면을 기준으로 대칭으로 구속한다.
- 너비 : 두 평면 면 사이의 탭을 구속한다.
- 경로 : 부품의 선택 점을 경로로 구속한다.
- 선형/선형 커플러 : 한 부품의 평행 이동과 다른 부품의 평행이동 사이의 관계를 설정한다.
- 거리제한, 각도제한 : 부품을 일정한 거리와 각도 내에서만 메이트 할 때 사용한다.

⑥ 기계 메이트

- 캠 : 원통, 평면, 점을 탄젠트 돌출 면에 일치 또는 탄젠트가 되도록 한다.
- 홈 : 볼트 또는 홈의 이동을 홈 구멍 안으로 메이트 되도록 구속한다.
- 기어 : 두 부품을 선택한 축을 기준으로 상대적으로 회전해 준다.
- 힌지 : 두 부품 간의 이동을 하나의 회전 자유도로 제한한다.
- 래크와 피니언 : 예를 들어 래크의 직선 이동으로 피니언 파트에서 원형 회전이 유발된다.
- 나사 : 두 부품을 동축으로 구속하고 단일 부품의 회전과 다른 부품의 평행이동 사이의 피치 관계도 추가한다.
- 유니버설 조인트 : 한 부품(출력 축)의 축 기준 회전이 다른 부품(입력 축)의 축 기준 회전에 의해 유도된다.

⑦ 메이트 : PropertyManager가 열려있는 동안 추가되었거나 현재 편집 중인 모든 메이트가 표시된다.

⑧ 옵션

- 새 폴더에 추가 : 새 메이트가 생성될 때 FeatureManager 디자인 트리의 메이트 그룹에 별도의 폴더를 만들고 메이트를 추가한다.
- 팝업 도구모음 표시 : 메이트 요소를 선택하면 마우스 포인터 근처에 표준 메이트를 지정할 수 있는 팝업 도구 모음이 표시될 것인지 여부를 선택한다.
- 미리보기 표시 : 지정한 메이트를 적용한 상태의 미리보기를 표시한다.
- 위치 배치에만 사용 : 부품이 메이트를 적용한 상태로 이동만 하고 메이트는 추가하지 않는다.
- 첫 번째 선택 부분을 투명하게 표시 : 첫 번째로 선택한 부품을 투명하게 표시하여 두 번째 부품을 쉽게 선택하도록 해 준다.

4. 표준 메이트

가. 일치

일치 명령어에 대한 대상물은 2개이며 선택 요소는 점, 선, 면을 선택할 수 있으며 대상물의 선택 요소를 정렬시킨다. 일치 명령어를 자주 사용하는 경우는 면과 면 일치, 선과 선 일치, 면과 선일치 등이 많이 사용된다. 상황에 따라서 다르겠지만 면과 면 일치를 많이 권하고 싶다. 면과 면 일치인 경우는 3축에 대한 모든 회전(x축, y축 그리고 z축 회전)에 대하여 구속시킬 수 있는 성질이 있기 때문이다.

나. 평행

선택한 파트가 평행하도록 배치한다. 평행 명령어는 옵셋 명령어와 비슷하지만 간격을 설정하는 것이 아니고 평행 상태만 유지한다.

다. 직각

선택한 항목을 90°가 되도록 배치한다.

라. 탄젠트

선택한 고정 요소를 기준으로 대상 요소를 접선 방향으로 배치한다. 선택 항목 중 적어도 하나는 원통형, 원추형, 구형 중 하나여야 한다. 그러나 이 명령어는 다른 구속조건으로 대체가 가능하므로 임의의 3D 프로그램에서는 사용하지 않는 경우도 있다.

그림과 같이 바닥에 원통 형상이 앞-뒤로 움직일 수 있게 메이트하는 경우 (a)는 바닥면과 원통 면에 대한 탄젠트 명령어를 사용한 경우이고 (b)는 바닥면과 원통의 중심축을 반지름만큼 거리를 갖도록 메이트 한 경우이다. 즉, 탄젠트 명령을 사용하지 않았다.

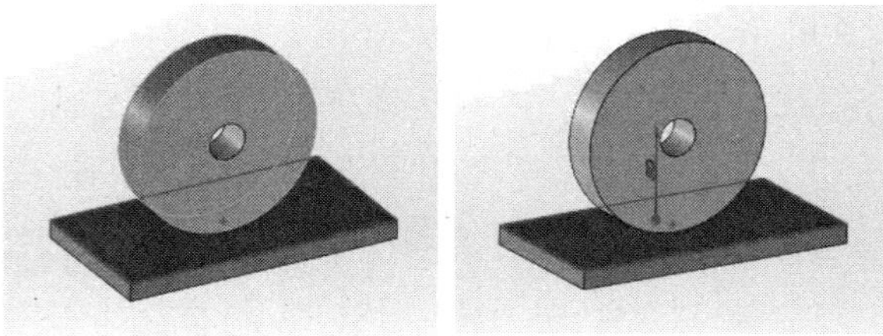

(a) (b)

마. 동심

선택한 항목을 같은 중심점을 공유하도록 배치한다. 동심 메이트에서 회전을 방지하려면 메이트 지오메트리를 선택한 후에 회전 잠금을 선택한다. 2개의 대상물에 대한 요소를 정렬시키는 명령어로서 일치 명령어와 비슷하다. 그러나 선택 요소에서 구별된다. 선택 요소는 면을 선택할 수 있는데, 면에서도 원통의 옆면을 의미한다. 동심 명령어는 원통과 원통의 구속조건으로 원통의 옆면에 대한 일치 조건이 아니라 원통의 중심축 간의 동심 조건이다.

바. 묶기

두 부품 간의 위치와 방향을 유지한다.

사. 거리 , 각도

2개의 대상물에 대한 요소 사이에 일정한 거리와 각도를 설정하는 기능이다. 예를 들어, 평면과 평면에 대한 각도 명령어를 사용하는 경우, 평면 간의 일정한 각도를 유지하면서 대상물의 평면상에서 자유롭게 이동할 수 있다.

5. SmartMates(스마트 메이트)

메이트 PropertyManager 명령을 사용하지 않고 일반적으로 사용되는 메이트를 작성하는 것을 허용함으로서 시간을 단축할 수 있다.

가. 메이트 작성 방법

① 부품을 끌어온다. 끌어온 부품을 바로 놓지 않아야 한다.

- 이미 어셈블리에 있는 부품(파트 또는 하위 어셈블리)의 경우는 Alt를 누른 채 요

소를 선택하여 끌어온다.

- 어셈블리 내에 있지 않은 파트의 경우는 파트 창의 그래픽 영역에서 요소를 선택하고 끌어온다. 어셈블리 파일에서 Shift를 누른 채 요소를 선택하고 끌어온다.

② 미리보기를 확인해 맞추기 조건을 변경할 필요가 있으면 Tab 키를 눌러 맞춤/반대 맞춤을 이용하여 정렬을 전환한다.

③ 부품을 놓는다.

④ 메이트 팝업 도구 모음에서 확인 ✓ 을 누른다.

나. Smart Mates 종류

다음 형식은 상황별로 적용되는 SmartMates 종류이다.

마우스 포인터 모양	메이트 요소	메이트 유형
	선형 모서리 2개 또는 임시 축 2개	일치
	평면 2개	일치
	꼭지점 2개	일치
	원추면 2개 또는 원추면 1면과 임시 축 1개	동심
	2개의 원형 모서리	동심 및 일치
	원점과 좌표계	일치

4.2 간섭 확인과 수정

4.2.1 충돌검사

부품을 이동하거나 회전할 때 다른 부품과 충돌되는지 탐지할 수 있다. 전체 어셈블리 또는 선택한 부품 그룹의 충돌을 탐지할 수 있고 선택한 부품에서만 충돌을 찾거나 선택한 부품에 대한 메이트 결과로 이동한 모든 부품에 대해 충돌을 찾을 수도 있다. 동적 검사는 충돌검사를 할 때 어셈블리 부품들의 움직임을 사실적으로 볼 수 있도록 해주는 옵션이다. 동적 검사 옵션을 사용할 때 부품을 끌면 맞닿은 다른 부품들과 함께 움직인다. 어셈블리에서 부품을 이동하거나 회전할 때 충돌을 감지하는 방법은 다음과 같다.

① 어셈블리 도구 모음에서 부품 이동 또는 부품 회전 을 클릭.

② PropertyManager의, 옵션 아래에서 충돌 검사를 선택한다.

③ 충돌 검사 요소에서 다음을 선택한다.

- 모든부품(L) : 이동하는 부품이 어셈블리 내 다른 어떠한 부품이라도 건드리면 충돌이 탐지된다.
- 선택부품(H) : 충돌 검사할 부품 상자에서 부품을 선택하고 끌기 복구를 클릭한다. 이동하는 부품이 목록에 있는 부품을 건드리면 충돌이 탐지되지만 선택되지 않은 부품 사이의 충돌은 무시된다.

4.2.2 간섭탐지

간섭 탐지는 부품 사이에 간섭이 있는지 확인하고 탐지된 간섭들을 사용자가 검토하고 평가할 수 있다. 간섭 탐지는 각 부품 간의 간섭 여부를 육안으로 확인하기 어려울 수 있는 복잡한 어셈블리에 유용하다. 다음은 솔리드웍스의 간섭 탐지 기능이다.

① 부품 간의 간섭을 검사한다.

② 실제 간섭 볼륨을 음영 처리된 볼륨으로 표시한다.

③ 간섭과 비 간섭 부품의 표시 설정을 변경하여 간섭을 더 잘 확인할 수 있게 한다.

④ 프레스 끼워 맞춤, 나사산이 있는 체결부품의 간섭 등과 같이 제외하려는 간섭을 무시하도록 선택할 수 있다.

⑤ 멀티바디 파트 내 바디 사이의 간섭을 포함하도록 선택할 수 있다.

⑥ 하위 어셈블리를 단일 부품으로 취급하도록 선택하면 하위 어셈블리 부품 사이의 간섭이 보고되지 않는다.

⑦ 일치 간섭과 표준 간섭을 구분할 수 있도록 선택한다.

어셈블리 내에서 부품간의 간섭을 확인하는 방법은 다음과 같다.

① [계산] 도구 모음에서 간섭탐지 아이콘 선택 또는 [도구] ⇒ [계산] ⇒ [간섭탐지] 선택.

② 간섭 검사 PropertyManager의 선택부품에서 체크할 부품이나 어셈블리를 선택하고 [계산]을 클릭한다.

③ [옵션]에 필요한 조건을 선택한다.

어셈블리 따라 하기

모델링하여 저장해 두었던 파트 중에서 Housing, CAMShaft, upperCover, L_SideCover, R_SideCover, Pully를 지금까지 익힌 어셈블리를 이용하여 조립해 본다. 물론 여기에는 베어링 및 볼트 등도 필요하나, 없어도 형태 조립은 가능하므로 이들 부품들은 제외하고 단순하게 어셈블리 과정을 익힌다.

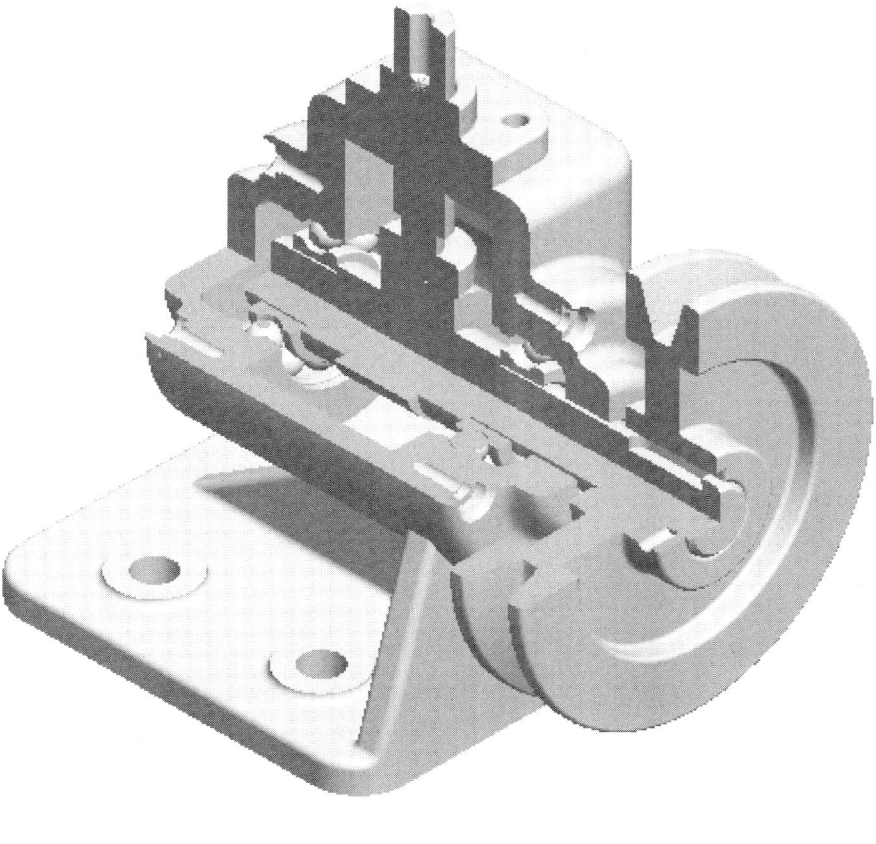

① 파일 열기

파일 ⇒ 새 파일 ⇒ 어셈블리 어셈블리 시작 Property Ma nager에서 [찾아보기]를 이용하여 저장해 두었던 폴더에서 첫 번째 기준이 될 부품인 Hou- sing 파트를 연다.

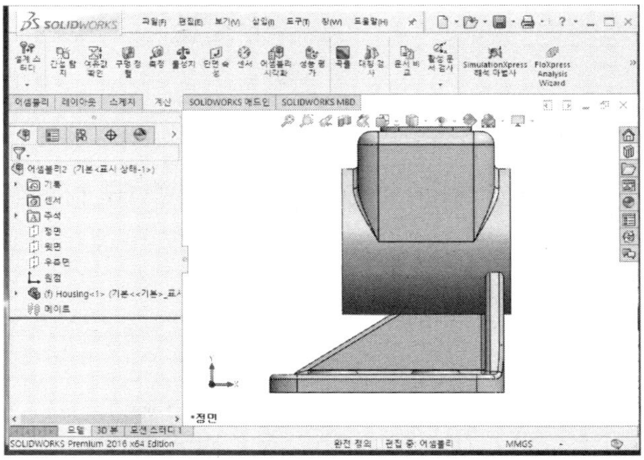

② 상부 커버 삽입

어셈블리 메뉴에서 부품삽입 클릭하여 [찾아보기]을 이용하여 작성하여 저장했던 상부커버(Upper Cover) 파트를 불러와서 적당한 위치에 배치한다.

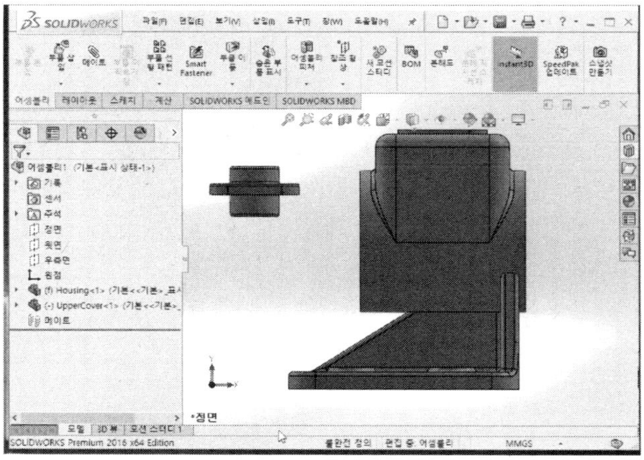

③ 상부커버 조립(1)

어셈블리 메뉴에서 메이트 ⇒ 하우징의 상부와 커버의 하부를 각각 클릭 ⇒ 확인

선택한 두 면이 평행이 되는 위치로 커버가 이동한다.

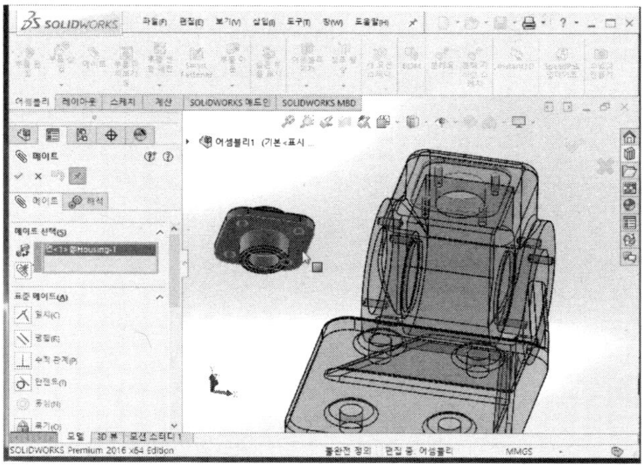

④ 상부커버 조립(2)

메이트 ⇒ 상부커버의 원통의 외부 원주면과 하우징 상부 구멍의 내부 원주면을 선택하면 구멍에 동심원으로 이동한다. ⇒ 확인✓

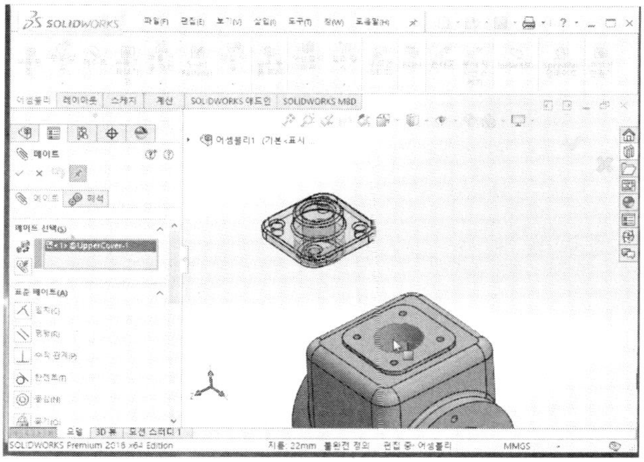

⑤ 왼쪽 커버 삽입(1)

- 왼쪽 커버 파트를 불러와서 적당한 곳에 배치
- 왼쪽 커버 선택하여 마우스 오른쪽단추 ⇒ 좌표계로 이동 ⇒ 트라이어드를 이용하여 최대한 조립이 쉽도록 회전 및 이동

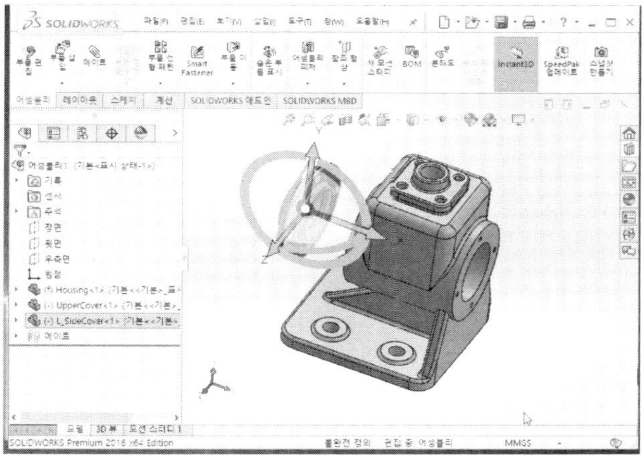

⑥ 왼쪽 커버 삽입(2)

- 메이트 ⇒ 하우징의 원통 내부의 원주면과 커버가 접촉할 외부의 원주면을 클릭하면 동심원으로 조립된다. ⇒ 확인✓

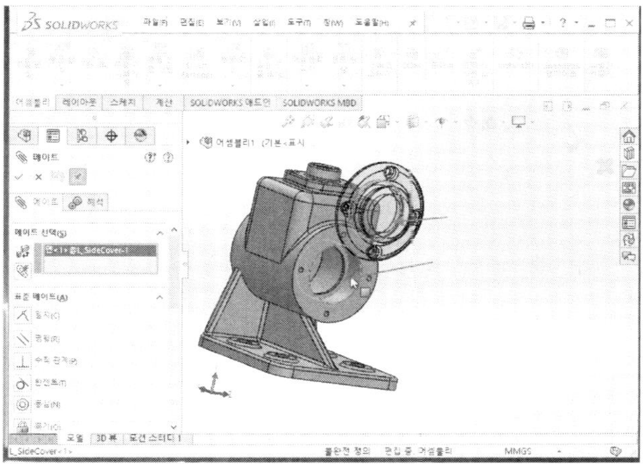

⑦ 오른쪽 커버 삽입

- 오른쪽 커버 파트를 불러와 배치 한 다음 커버 선택하여 마우스 우 클릭 ⇒ 좌표계로 이동 ⇒ 트라이어드를 이용하여 회전 및 이동
- 메이트 ⇒ 접촉면(1) 확인✓ ⇒ 접촉면(2) 확인✓

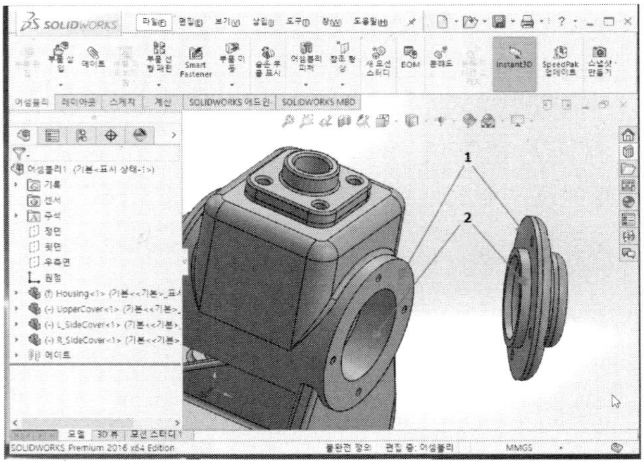

⑧ 기준 축1 만들기

- 내부가 보이지 않아 불편하므로 단면하여 내부를 보이게 만든다.
- 직교 단면을 만들기 위해 참조 형상 ⇒ 기준 축 ⇒ 커버의 내부 원통 면을 클릭 ⇒ 확인✓

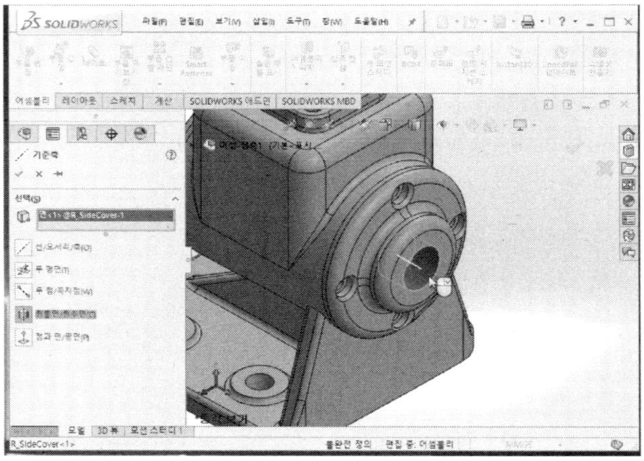

⑨ 기준면1 만들기

- 참조형상 ⇒ 기준면 ⇒ 제1참조 ⇒ 기준 축1, 일치 ⇒ 제2참조 ⇒ 바닥에 해당되는 평면, 직각 ⇒ 확인✓
- 같은 방법으로 기준면1에 직각인 기준면2 생성

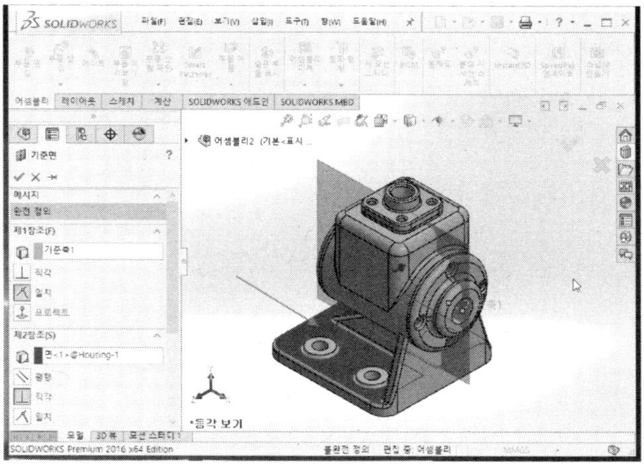

⑩ 기준면2 만들기

- 단면의 또 다른 기준이 될 기준면2를 만든다.
- 참조형상 ⇒ 기준면 ⇒ 제1참조 ⇒ 기준 축1, 일치 ⇒ 제2참조 ⇒ 만든 기준면 1(PLANE 1), 직각 ⇒ 확인

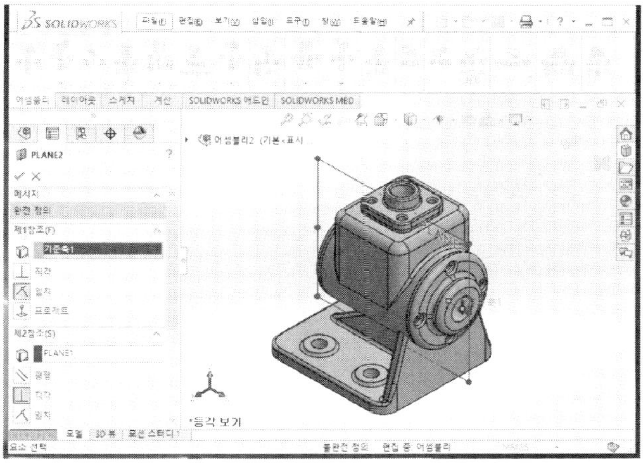

⑪ 단면도

- 그래픽 영역에서 단면도 실행 ⇒ 단면도 Property Manager의 옵션 내용을 정한다.
- 단면방법 : 영역
- 단면1 ⇒ PLANE1 : 기준면1 선택
- 단면2 ⇒ PLANE2 : 기준면2 선택 ⇒ 확인

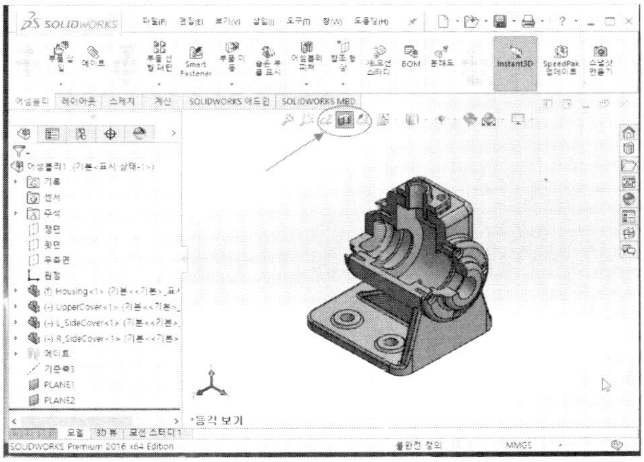

⑫ 캠 축 삽입

- 부품삽입으로 캠축을 불러와 메이트한다. ⇒ 확인
- 나머지 부품들의 조립은 각자 연습해 보기로 하고 설명은 생략한다.

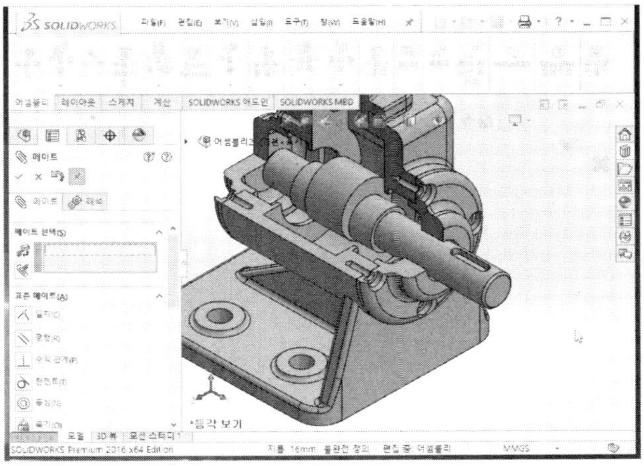

Chapter 5

출력 및 데이터 관리하기

5.1 2D 도면 유형 설정과 치수입력

5.1.1 도면 템플릿

도면에 적용하는 단위계 등의 형식을 서류 양식과 같이 미리 양식을 만들어 두어 나중에 그 양식을 가져다 칸만 채우면 서류를 쉽게 완성하는 것과 같은 원리이다. KS 및 ISO 규격에 맞도록, 즉 도면 크기별 치수 및 표제란 등의 내용을 사용자가 소속된 작업장 혹은 교육장에서 필요로 하는 정보를 미리 입력하여 템플릿으로 저장한다. 저장된 템플릿을 불러와 적용하면 입력된 내용들이 양식처럼 적용이 되므로 도면의 형식이나 내용이 일정하게 작성된다.

1. 옵션 설정하기

Solidworks에서 작업을 수행하기 전에 시스템 옵션과 문서 속성을 설정한다. 앞에서는 파트 및 어셈블리 작업에 필요한 옵션들을 알아보았는데 여기서는 도면 템플릿 옵션 설정에 대해 알아본다. 그러나 필요에 따라 조정해야할 옵션 내용이 너무 많아 전부 설명하기는 곤란하다. 특별한 경우를 제외하고 시스템에서 제공하는 초기 상태의 내용을 그대로 사용해도 별 문제가 없으므로 뒤에 필요할 때 해당 부분을 다루기로 하고 몇 가지만 확인하고 넘어간다.

① 메뉴의 [도구] ⇒ [옵션] ⇒ [시스템 옵션] ⇒ [일반]에서 [치수 값 입력(I)]에는 체크하고 [선택하여 일회 명령(S)]에는 체크 해제한다.

② 메뉴의 [도구] ⇒ [옵션] ⇒ [시스템 옵션] ⇒ [도면] ⇒ [표시유형]에서 [표시유형] ⇒ [은선표시], [접선] ⇒ [제거]를 선택한다.

③ 메뉴의 [도구] ⇒ [옵션] ⇒ [시스템 옵션] ⇒ [도면] ⇒ [영역 해칭/채우기]에서 [해칭] 선택하고 [패턴]에는 ISO(Steel) 또는 ANSI31을 선택한다.

④ 위 내용을 설정했으면 최종 [확인]을 눌러 처음 화면으로 돌아온다.

2. 도면 템플릿 만들기

① [파일] ⇒ [새 파일] ⇒ [도면] 또는 [새문서] 아이콘 ⇒ [도면]

② [시트형식/크기] 대화창에서 [표준규격 시트 크기(A)] 에서 도면크기를 일반적으로 많이 사용하는 A2로 지정하고 [확인(O)]

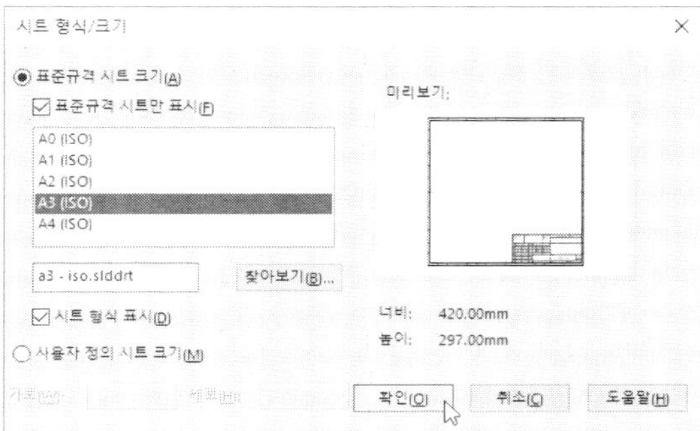

③ 앞에 옵션설정하기에서 제시한 몇 가지를 확인한다.

④ 추가로 옵션을 몇 개 더 지정한다. 메뉴의 [도구] ⇒ [옵션] ⇒ [문서속성] ⇒ [도면화] ⇒ [필터표시]의 [음영나사산]에 체크하고, [제도표준] ⇒ [주석] ⇒ [텍스트]의 [글꼴]에서 굴림체, 보통, 높이 3.5mm, 간격 1.0mm로 선택한다. (하위 트리의 글꼴이 모두 바뀐다. 트리의 아랫부분으로 [치수], [테이블], [뷰]의 글꼴을 모두 이와 같이 입력한다.) ⇒ 확인

⑤ 모델뷰 PropretyManager에서 ✖ 를 누르면 메뉴 화면이 옆의 그림과 같이 바뀐다.

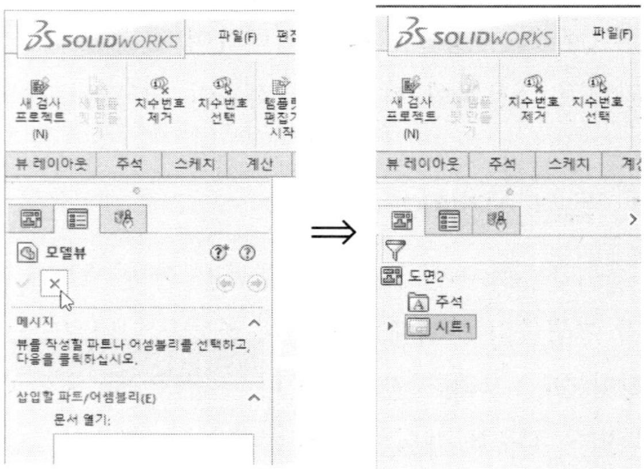

⑥ 그래픽 영역의 도면 윤곽선 안에 커서를 놓은 다음 우 클릭 ⇒ [시트형식 편집(G)] 선택

⑦ 표제란 그리기 : 메뉴에서 [스케치]를 선택한 다음 선 그리기 및 잘라내기 등의 아이콘을 이용하여 표제란을 규격에 맞도록 그린다. 그린 선을 클릭하여 왼쪽의 메뉴에 있는 [구속조건부가]에서 [고정(F)]을 부여하면 나중에 변경되는 것을 방지할 수 있다.

⑧ 다음 그림은 기계설계 기사 및 전산응용 기계제도 기능사 검정시험 답안지 작성에 적용되는 형태의 기본 양식을 템플릿으로 만든 모양이다.
(A2 크기는 420×594, 가장자리 간격은 10mm이므로 윤곽선의 크기는 400× 574 이다.)

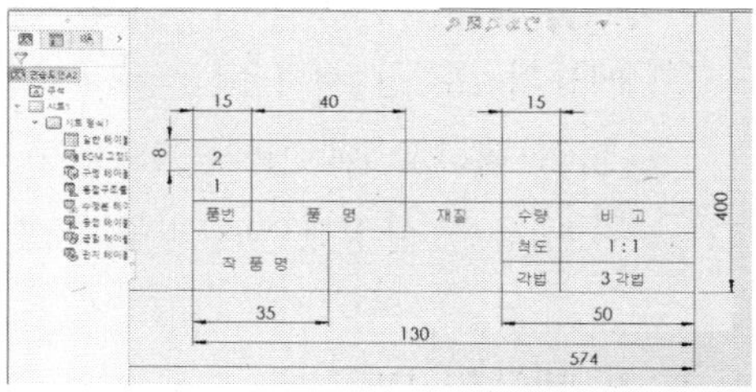

⑨ 이렇게 작성된 도면을 [파일] ⇒ [다른 이름으로 저장] ⇒ [파일 형식]에서 [도면 템플릿]을 선택하고 파일 이름을 "연습도면A2"로 저장한다.

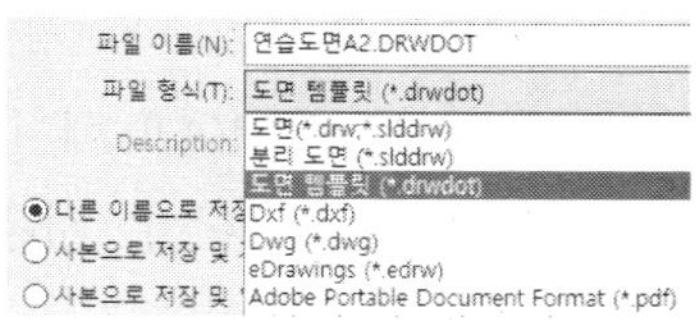

5.1.2 도면 작성 방법

1. 도면 시작하기

이미 3D로 만들어진 파트나 어셈블리를 이용하여 2D 도면을 만들기 위해 도면 틀에 해당하는 기초 도면을 준비하는 단계이다.

가. 모델 파일을 먼저 열고 시작하는 방법

① 도면을 작성하고자 하는 모델파일 또는 어셈블리 파일을 연다.

② 도구모음의 [파일] ⇒ [파트에서 도면작성](어셈블리 파일을 열었으면 [어셈블리에서 도면작성]) ⇒ 템플릿으로 만들어 저장한 '연습도면A2'선택 ⇒ 확인

③ 뷰 팔레트(만약 뷰 팔레트가 보이지 않으면 그래픽 화면 오른쪽 윗부분에 배치된 아이콘 중에서 뷰 팔레트 아이콘 을 클릭한다.)에 나타나는 해당 투상도를 끌어다 배치하고 다시 마우스를 끌어 좌, 우측면도 또는 평면도 등을 배치한다.

④ 확인 후 도면의 위치와 거리를 다시 조정할 수 있다. 평면 및 측면 뷰의 이동은 정면도와 링크되어 수직으로, 수평으로만 이동할 수 있다.

⑤ 배치를 끝낸 도면은 [스케치] ⇒ [지능형 치수]를 이용하여 치수를 삽입한다.

나. 도면 템플릿 파일을 먼저 열고 시작하는 방법

① 새문서 ⇒ 도면 템플릿('연습도면A2') ⇒ 모델 뷰 PropertyManager의 [문서 열기]에서 [찾아보기(B)]를 이용하여 도면을 작성할 파트나 어셈블리를 찾아서 불러온다.

② [표준보기]에서 작성할 위치의 도면 뷰 아이콘(예: 정면도, 또는 평면도 등)을 선택한다.

③ 도면영역의 배치할 곳에 가져가서 클릭한다. 다른 투상도가 필요하면 마우스를 끌어 해당 위치에 클릭하면 된다. 배치가 끝나면 확인 한다.

④ 배치를 끝낸 도면은 [스케치] ⇒ [지능형 치수]를 이용하여 치수를 삽입한다.

2. 기본 도면작업 따라 하기

도면을 작성하는데 필요한 자세하고 복잡한 기능을 익히기 전에 우선 개략적인 도면 작성 방법을 이해할 수 있도록 간단한 도면 작업을 따라 하기 방식으로 연습해 본다. 도면 템플릿으로 만들어 저장한 "연습도면A2"에 모델 파일은 "Housing"을 불러와 작성한다.

① 도면 새 파일 열기

파일 ⇒ 새 파일 ⇒ 연습도면 A2 템플릿 파일 선택 ⇒ 확인

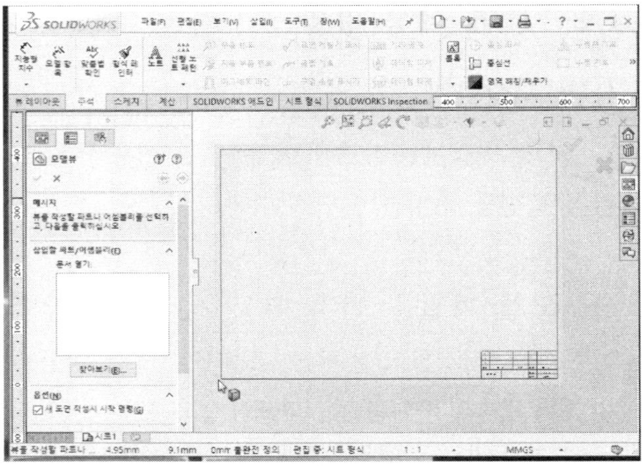

② 정면도 및 좌측면도와 평면도 삽입

PropertyManager의 [찾아보기]를 이용하여 파트 모델링 Housing을 찾아 불러와서 그림과 같이 정면도가 배치될 위치에 클릭하고 마우스를 좌측으로, 상단부로 움직여 적당한 위치에 클릭한다.

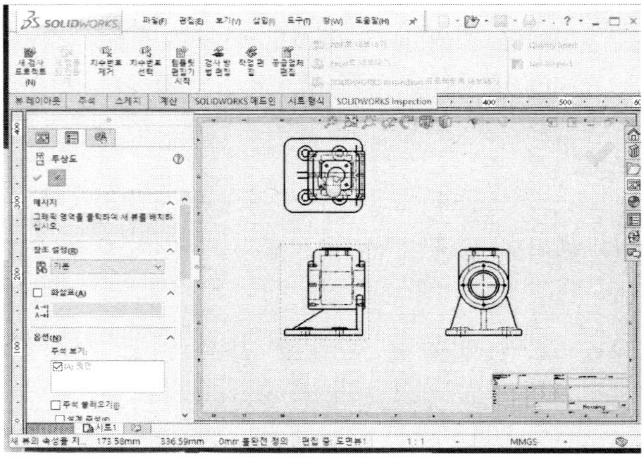

③ 단면도 삽입

뷰 레이아웃 ⇒ 단면도 ⇒ 단면도 보조 Property Manager에서 절단선 옵션의 [수평] ⇒ 하우징의 아랫부분(그림의 화살표 부분)에 절단 선을 배치한다. ⇒ 확인 ⇒ 적당한 위치에 단면도를 배치한다. ⇒ 확인

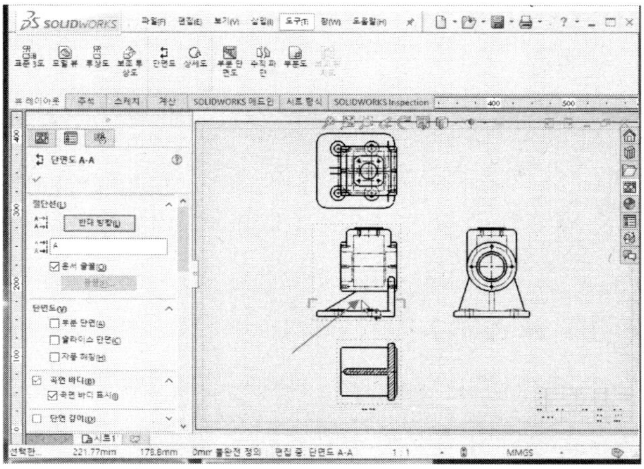

④ 치수 입력

스케치 ⇒ 지능형 치수 ⇒ 적절한 부분을 선택하여 치수를 삽입한다.

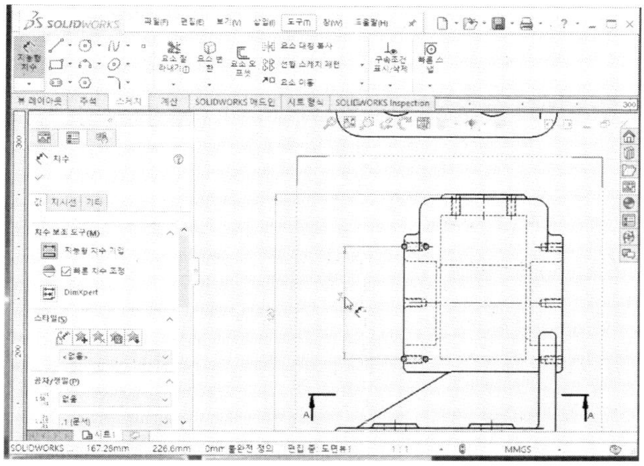

3. 도면 뷰

가. 모델 뷰

미리 정의된 뷰 방향에 따른 단일 뷰를 작성한다. 첫 번째 도면 뷰를 생성하는 기능으로 모델 파일을 기준으로 뷰 방향을 선택하여 뷰를 배치한다.

① [파일] ⇒ [새 파일], 또는 [새문서] ⇒ '연습도면A2' ⇒ 모델 뷰 Property Manager ⇒ [문서열기]의 [찾아보기]를 이용하여 도면 작업을 할 모델(파트 또는 어셈블리)을 선택하여 열면 큰 사각형 모양의 배치 영역이 마우스 포인터를 따라다닌다.

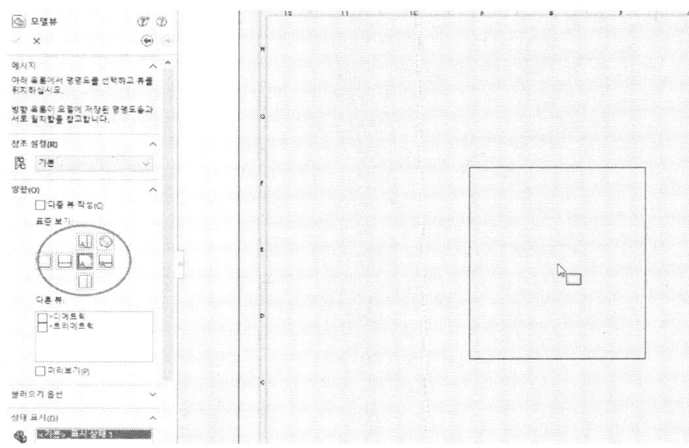

② 모델 뷰 PropertyManager ⇒ [표준보기]에서 가운데 중앙(정면도)를 선택하고 사각을 도면 그래픽 영역의 가운데에 가져다 클릭한다.

③ 좌측면도, 평면도 등이 더 필요하면 마우스를 움직여 해당 위치에 클릭한다.

④ 확인 ✔

⑤ 모델 뷰 PropertyManager의 ⊖ ⊕ 를 이용하면 모델을 선택하고 옵션을 조정하는 부분과 뷰 관련 옵션을 조정하는 부분으로 상호 전환된다. 여기 옵션들은 원래 설정된 그대로 사용하여도 무리가 없으므로 일단 그대로 사용하기로 한다.

나. 표준 3도

표준 3도는 파트나 어셈블리와 관련된 3개의 기본 직각 투영도(정면, 우측면, 평(윗)면)를 동시에 작성한다.

뷰 방향은 파트나 어셈블리를 작성할 때 설정한 뷰 방향(정면, 우측면, 평면 등)을 기준으로 정해지며 뷰 방향은 고정되어 변경할 수 없다. 평면 및 측면 뷰의 정렬은 정면도와 링크되어 평면도는 수직으로, 좌(우)측면도는 수평으로만 이동할 수 있다.

① 뷰 레이아웃 ⇒ 표준3도 표준 3도 ⇒ 표준3도 Property Manager의 [문서열기]에서 보이는 파일을 클릭하거나 [찾아보기]를 이용하여 파일을 열면 표준 3도(정면도 평면도 우측면도)가 도면 영역에 배치된다. ⇒ 배치된 도면을 마우스로 끌어 간격과 위치 등을 다시 조정한다.

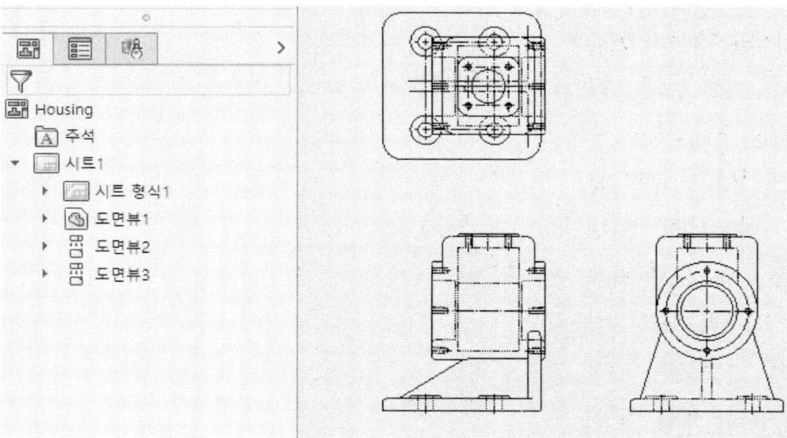

다. 도면 내 단면도

도면 뷰에 배치된 도면 중 하나를 모체로 선택하고 이 모체 뷰를 절단 선으로 잘라 도면내의 단면도를 생성한다. 절단 선은 필요에 따라 직선이나 계단식을 사용할 수 있다.

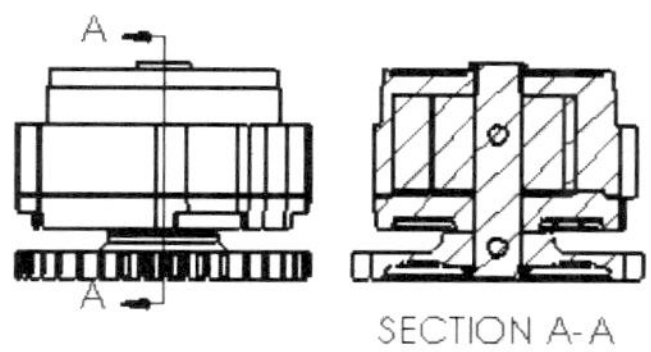

직선식 절단선

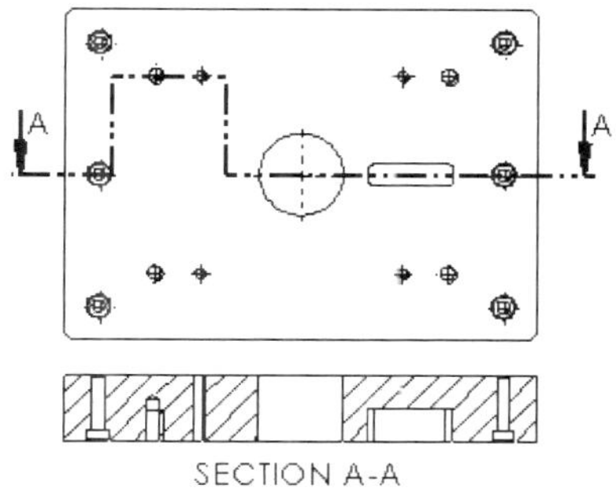

계단식 절단선

① 뷰 레이아웃 도구모음에서 ⇒ 단면도 단면도 또는 [삽입] ⇒ [도면 뷰] ⇒ [단면] 선택

② 단면도 보조 PropertyManager의 [절단선]에서 수직, 수평, 보조 투상도, 정렬됨 중 필요한 아이콘을 선택하고 단면도를 작성할 모델 뷰의 해당 위치에 절단 선을 배치한다.

③ 팝업 아이콘 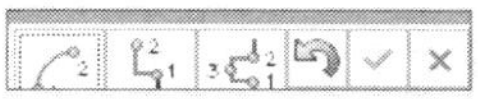 에서 확인 ✓ 을 클릭한다.

④ 적당한 간격과 위치를 정리하고 확인 ✓

1) 단면도를 직접 작성하는 방법(절단선)

① 도구 모음의 [스케치] 탭 선택 ⇒ [선]그리기를 이용하여 모체 뷰에서 단면할 절단 선을 그린다.

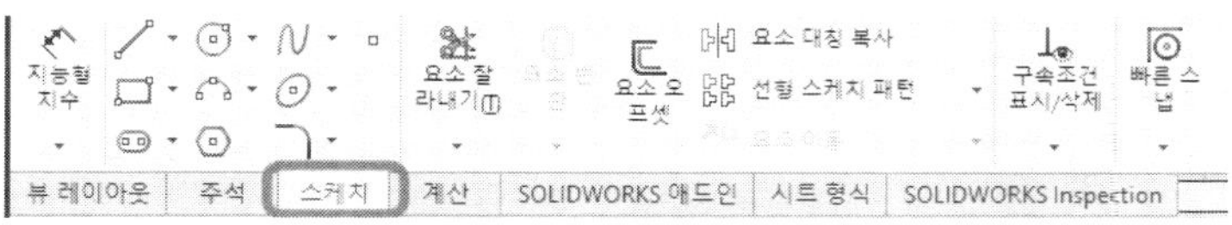

② [뷰 레이아웃] 탭 ⇒ 방금 그린 직선을 Ctrl 키를 누르면서 모두 선택하면 [속성] PropertyManager의 [선택요소] 창에 모두 표시된다.

③ 단면도 선택 ⇒ 안내 메시지가 나오면 [기존 축소 단면도를 작성한다.]를 선택한다.

④ 적당한 간격과 위치에 배치하고 확인

2) 부분 단면도

부분 단면도는 도면 뷰에서 어셈블리의 일부를 절단하여 그 안쪽을 보여준다. 모든 부품의 절단면에 해칭이 자동으로 생성된다. 부분 단면도는 도면 뷰의 일부분으로 독립된 뷰가 아니다. 닫힌 프로파일(대개는 자유곡선)로 부분 단면도를 정의한다.

상세도, 단면도, 보조 위치도에는 부분 단면도를 작성할 수 없다. 분해도에서 부분 단면도를 작성하면 분해도를 축소할 수 없다.

① 뷰 레이아웃 ⇒ 부분 단면도 또는 삽입 ⇒ 도면 뷰 ⇒ 부분 단면도 ⇒ 포인터가 로 바뀐다.

② 프로파일을 스케치한다.

③ 부분 단면 PropertyManager에서 깊이를 지정하고 [미리보기]를 선택한다.

④ 확인 을 클릭한다.

라. 상세도

도면에서 상세도를 작성하여 뷰의 일부를 확대하여 표시한다. 확대할 부분은 보통 원(타원) 또는 다른 폐곡선으로 표시한다.

① 뷰 레이아웃 ⇒ 상세도 상세도 또는 삽입 ⇒ 도면 뷰 ⇒ 상세 ⇒ 포인터가 로 바뀐다.

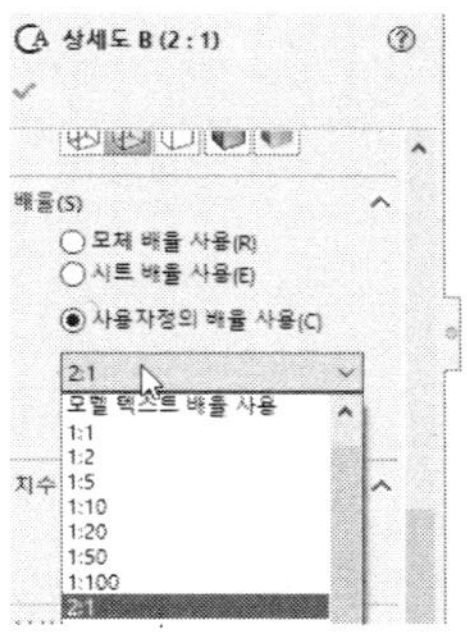

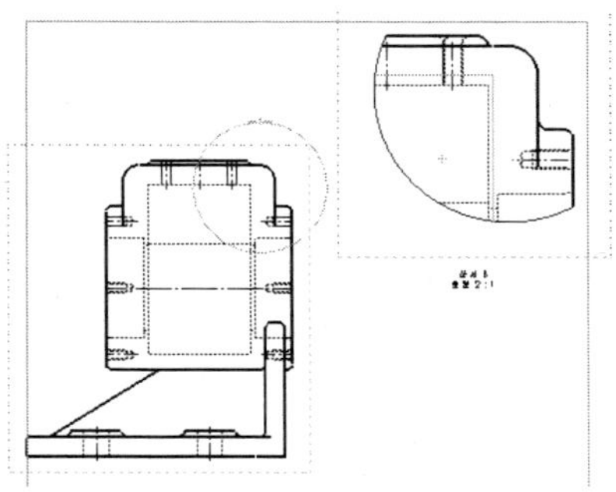

② 원하는 곳에 원(또는 타원이나 자유곡선)을 스케치한다.

③ 원하는 위치에 클릭하여 배치한다. 배치된 상세도를 선택하여 [상세도A] Property Manager의 옵션을 지정한다.(사용자 배율 등을 조정)

④ 확인 ✔ 을 클릭한다.

마. 파단도

긴 축과 같이 종횡비 차이가 큰 물체의 중간을 잘라 긴 물체를 도면에 표현하는 방법이다.

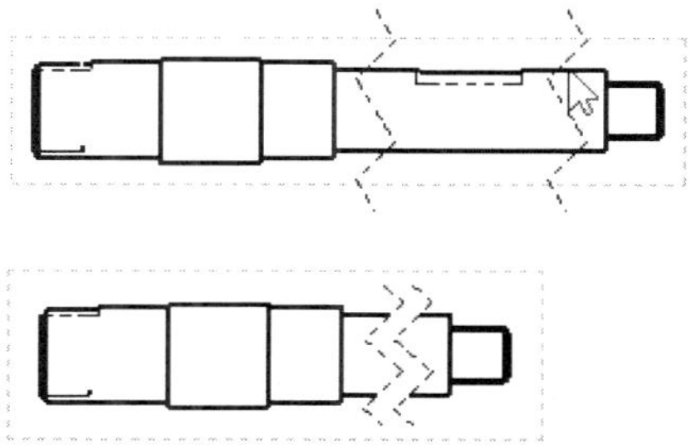

① 뷰 레이아웃 ⇒ 수직파단 또는 삽입 ⇒ 도면 뷰 ⇒ 수직파단 ⇒ 대상 뷰를 선택하면 포인터에 파단선이 따라다닌다.

② 파단도 PropertyManager에서 수직, 수평 및 간격 등 원하는 옵션을 지정한다.

③ 위의 그림과 같이 자를 범위를 좌우로 잡아주면 아래 그림과 같이 길이를 잘라 짧게 표시한다.

파단도에는 다음과 같은 기능이 있다.

① 문서 속성 - 도면화에서 파단선과 연장선 간격을 지정할 수 있다.

② 파단선을 가로지르는 치수는 자동으로 분리된다.

③ 파단선을 특정 위치에 고정할 수 있다. 뷰를 분리한 후 지오메트리의 특정 부분에 파단선의 치수를 지정한다. 이 치수는 도면 문서에만 사용되고 인쇄된 도면에는 표시되지 않는다.

④ 파단선의 형식은 도구 ⇒ 옵션 ⇒ 문서 속성 ⇒ 선 형식에서 지정한다.

⑤ 문서 속성 - 치수에서 파단도에 치수를 파단으로 표시를 선택하면 치수선을 지그재그형으로 표시할 수 있다.

⑥ 수평 또는 수직 파단선을 사용하여 뷰에 여러 개의 파단선을 사용할 수 있다. 모든 파단은 동일한 틈, 파단선 유형을 사용한다.

⑦ 파단도와 한 개 이상의 단면도를 합쳐 회전 단면도를 작성할 수 있다.

바. 부분도

부분도는 전체 도면뷰를 숨기고 특정 영역만을 표시하는 방식으로 도면뷰의 일부분을 집중적으로 보여준다. 새 뷰를 작성하는 것이 아니고 기존의 도면 뷰를 원하는 부분만 잘라서 보여주는 것이다. 대상 부분은 보통 자유곡선 또는 닫힌 윤곽선과 같은 프로파일로 경계를 설정한다.

상세도, 또는 상세도가 작성된 뷰를 제외한 모든 도면에서 부분도를 작성할 수 있다. 필요에 따라 배율 등의 옵션을 지정한다.

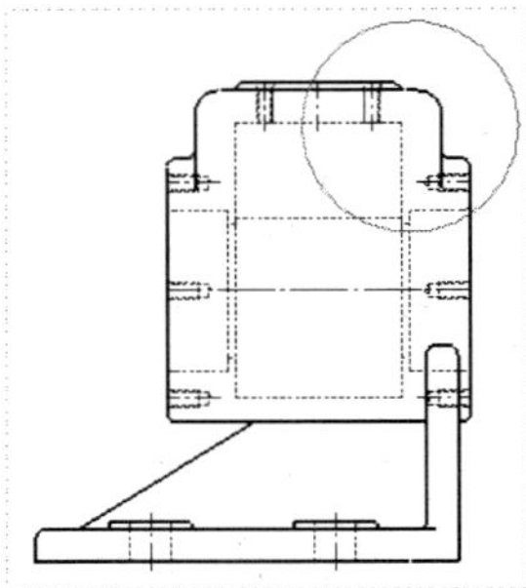

① 뷰 레이아웃 ⇒ 부분도 부분도 또는 삽입 ⇒ 도면 뷰 ⇒ 부분도 클릭.

② 도면 뷰에서 부분도로 나타내고 싶은 부분을 원(타원)이나 자유곡선과 같은 닫힌 프로파일로 경계를 설정한다.(스케치 이용)

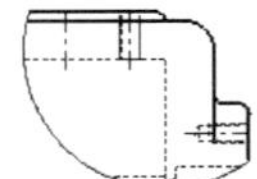

③ 뷰 레이아웃 ⇒ 부분도 부분도를 클릭하면 프로파일 밖에 있는 뷰는 제거되고 프로파일 경계의 안쪽 도면만 남는다.

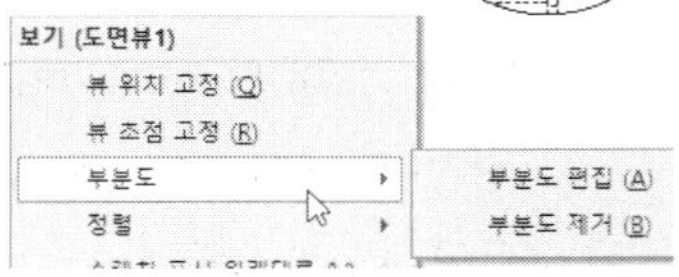

④ 부분도 편집, 삭제 : 부분도 선택하고 마우스 우클릭 ⇒ 바로가기 메뉴에서 [부분도] ⇒ [부분도 편집] 또는 [부분도 제거] 선택

⑤ 프로파일을 편집할 수 있고, 제거를 선택하면 부분도가 제거되어 이전 상태로 되돌아간다.

사. 보조 위치도

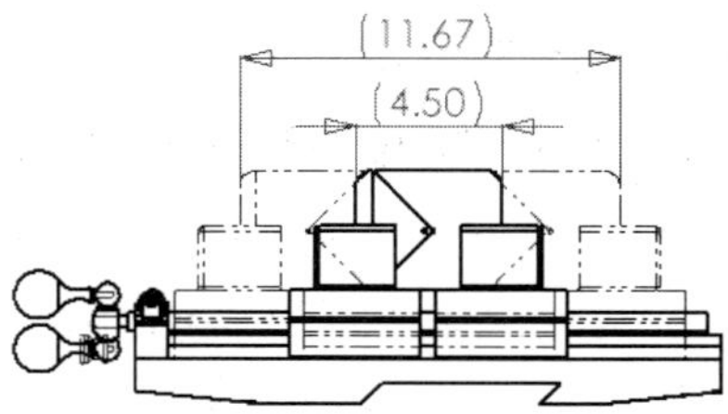

보조 위치도는 여러 위치에서의 어셈블리를 보여주어 어셈블리 부품의 동작 범위를 나타내기 위해 사용하는 기능이다, 여러 개의 보조 위치도를 원래 뷰 위에 가상선 형식으로 겹쳐놓을 수 있다. (그림 설명 : 현재의 거리는 4.50인데 이 물체가 벌어져서 11.67의 위치에 배치될 수 있는 것을 보여주며 이 위치를 2점 쇄선으로 그려 나타내는데 이를 보조 위치도라고 한다.)

① 보조 위치도에 필요한 방향을 사용하여 어셈블리의 모델 뷰를 작성한다. 어셈블리를 그 시작 위치에 배치한다.

② 보조 위치도 또는 삽입 ⇒ 도면 뷰 ⇒ 보조 위치도를 선택하면 보조 위치도 PropertyManager가 나타나고 보조 위치도를 삽입할 도면 뷰를 선택하라는 메시지가 표시된다.

③ [설정]에서 새설정 또는 기존 설정을 선택하고 확인 ✔ 한다. (새 설정 - 어셈블리의 뷰 방향이 도면뷰와 같은 방향으로 바뀌고 부품이동 PropertyManager가 열리며 프리 드래깅이 활성된다.)

④ 부품 이동 도구를 사용하여 원하는 위치로 이동시킨다.

⑤ ✔ 을 클릭하여 부품이동을 닫고 도면으로 돌아간다.

⑥ 어셈블리 설정의 보조 위치도가 2점 쇄선으로 표시되며 보조위치도 Property Manager가 닫힌다.

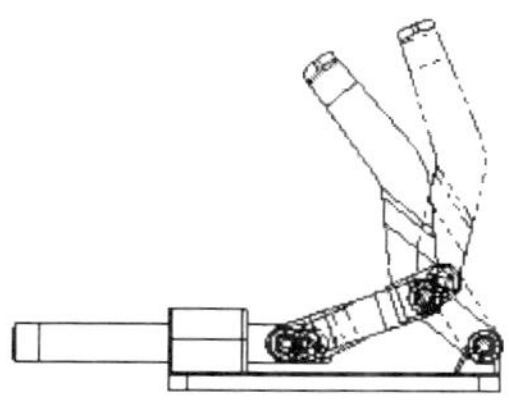

⑦ 같은 단계를 반복하면 여러 개의 보조 위치도를 작성할 수 있다.

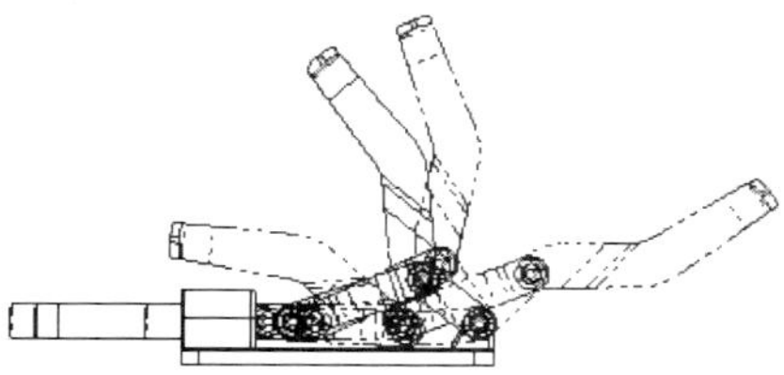

5.2 치수 및 주석

5.2.1 SolidWorks 도면치수

SolidWorks 도면의 치수는 모델과 연결되어 있어 모델에서 변경하면 도면에 반영되어 자동으로 수정된다. SolidWorks에서는 다음과 같은 종류의 치수를 사용한다.

① 모델치수 : 각 파트 피처를 만들 때 작성한 치수를 말하며 모델(파트)에서 치수를 변경하면 도면이 업데이트되고 도면에 삽입된 치수를 변경하면 모델이 변경된다.

② 도면치수 : 표시한 치수를 새 도면 뷰에 자동으로 삽입한다. 이 옵션을 지정하려면 도구 ⇒ 옵션 ⇒ 문서 속성 탭 ⇒ 도면화를 클릭한다. 뷰 작성 시 자동 삽입 아래에서 도면 표시 치수를 선택한다.

③ 참조치수 : 도면에서 치수를 추가할 수 있지만 이러한 치수는 참조 치수이며 원본에 구속되어 모델을 변경하기 위해 참조 치수의 값을 편집할 수 없다. 그러나 모델 치수가 변경되면 참조 치수의 값이 변경된다.

④ 규격치수 : 스케치에서 작성되는 치수와 같이 규격 치수를 도면에서 작성할 수 있다. 이 치수로는 지능형, 수평 및 수직 치수가 있다.

⑤ 빠른치수 : 빠른 치수 조정을 사용하여 일정한 간격의 치수를 삽입한다.

5.2.2 치수 PropertyManager

그래픽 영역의 도면 치수를 기입하기 위해 지능형 치수를 선택하면 치수 PropertyManager가 나타난다. 많은 옵션들을 적절히 지정하면서 필요한대로 치수를 입력할 수 있다. 이 옵션 중에서 직관적으로 이해할 수 있는 부분은 제외하고 많이 사용하거나 이해하기 어렵다고 생각되는 옵션만 설명한다. 또한 초보자 수준에 너무 복잡한 내용은 여기서는 설명하지 않는다. 더 자세한 기능을 알고 싶으면 다른 서적이나 SolidWorks 도움말을 참조하기 바란다.

[스케치] 탭 ⇒ [지능형 치수] 아이콘 ⇒ 치수 PropertyManager의 옵션에서 [치수보조도구(M)]의 [지능형 치수기입(M)]을 선택 ⇒ 도면에서 치수를 기입할 부분을 선택하여 치수를 입력한다.

치수 PropertyManager의 모양이 다음 그림과 같이 바뀐다. 보이는 순서대로 값, 지시선, 기타의 내용을 요약 정리한다.

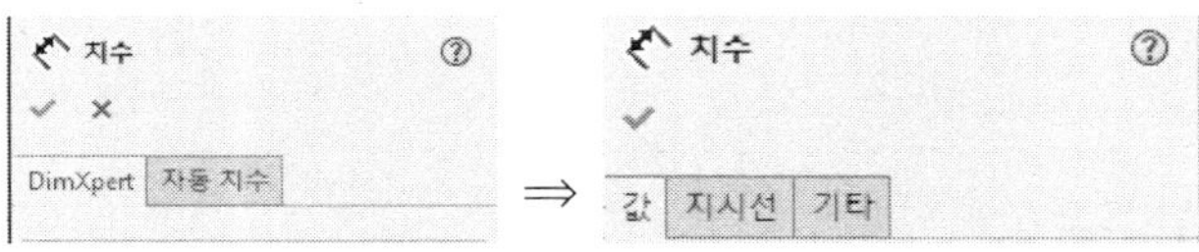

1. 값

가. 치수 보조 도구 치수 보조 도구(M)

지능형 치수 기입 : 지능형 치수 도구를 사용하여 치수를 작성. (스케치에 익힌 치수 기입과 거의 비슷하다.)

빠른 치수 조정 : 이것을 선택하면 치수선 간격 및 치수의 위치 등을 자동으로 배치한다. 해제하면 간격 및 위치를 사용자가 임의로 배치할 수 있다. 이 설정은 모든 세션에 걸쳐 유지된다.

DimXpert : 완전 정의된 피처(패턴, 홈, 포켓, 필렛 등)에 연속으로 직렬치수, 병렬치수, 누진치수 등의 방식으로 치수를 배치한다. 이 기능을 이용하여 [치수구조(P)]옵션을 [기초선]과 [체인]으로 지정한 치수 기입 결과를 그림으로 보여준다.

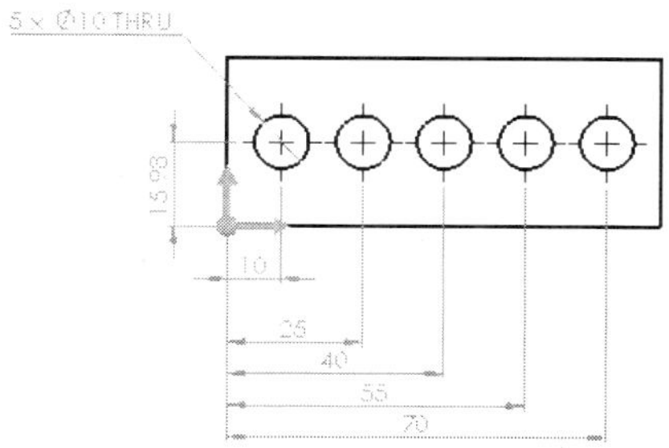

기초선 기초선(L)

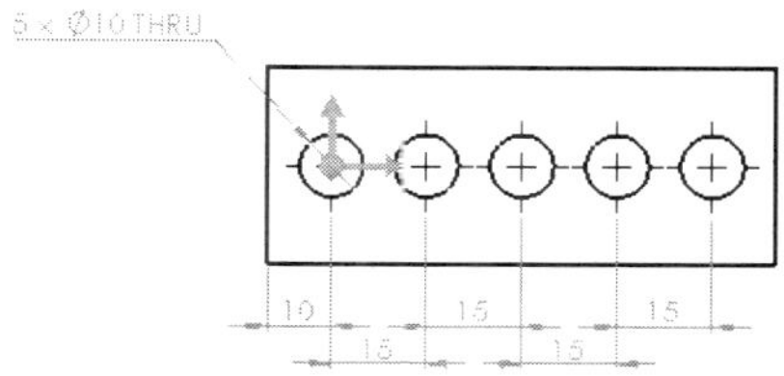

체인 체인(N)

나. 스타일

치수의 속성(글꼴, 색상, 공차, 기호 등에 적용되는 사항)을 저장하여 다른 치수에서도 적용할 수 있는 기능이다. 아이콘은 순서대로 기본 값 적용, 추가, 삭제, 저장, 불러오기 기능을 수행한다.

다. 공차/정밀

공차란 위와 아래 한계 치수 간의 차이를 말하며, 부호가 없는 절대값이다. 또한, 공차는 최대와 아래 한계 편차 간의 차이를 말하기도 한다. 공차 한계는 허용 가능한 값에 대한 상하구간을 정하는 특정 값을 말한다. 기본 공차는 선형의 치수 공차에 대한 ISO 코드 시스템에 속하는 모든 공차를 말하고, 기본 공차 등급이란 공통의 식별 기호에 따라 구분되는 선형 치수에 대한 공차 집합을 말한다. 공차구간은 공차 한계 내 및 공차 한계를 포함하는 치수에 대한 변수 값이다. 공차 등급의 구분은 기준 편차 및 기본 공차 등급의 조합을 말한다.

치수공차란 최대 허용 치수(형체의 허용되는 최대 치수)와 최소 허용 치수(형체의 허용되는 최소 치수)와의 차를 말한다.

기하공차에는 진직도, 평면도, 진원도, 원통도, 데이텀 시스템이 없는 선의 윤곽도, 데이텀 시스템이 있는 선의 윤곽도, 데이텀이 없는 면의 윤곽도, 데이텀이 있는 면의 윤곽도, 평행도, 직각도, 경사도, 위치도, 동심도와 동축도, 대칭도, 원주 흔들림, 온 흔들림 공차가 있다.

다듬질기호는 부품의 가공방식을 나타내는 기준이다. 거칠기에 대한 기본 표기방법으로 표시하는 삼각형의 개수에 따라 가공 상태가 다르다. 예를 들어, 1개이면 원재료 상태, 2개이면 선반 혹은 밀링으로 가공한 기계가공 상태, 3개이면 연삭이나 표면처리가 된 2차 가공 상태, 4개이면 정밀표면처리가 된 상태를 나타낸다.

PropertyManager에서 공차/정밀(P)의 옵션 [공차유형]을 클릭하면 공차를 표시하는 여러 가지 유형을 선택할 수 있고 그 아래의 여러 가지 옵션에서 하위메뉴를 펼쳐보면 직관적으로 이해할 수 있을 것이다.

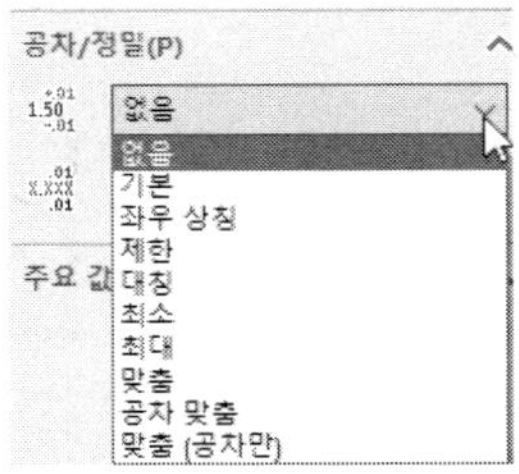

라. 치수텍스트

입력창에 치수 또는 주석 내용을 입력하면 그대로 치수기입이 된다. 나열된 여러 가지 아이콘은 지름기호 등과 같이 필요한 기호를 삽입하는 기능이다. 맨 마지막의 기타기호는 라이브러리 창을 열어 원하는 특수 기호를 삽입하는 기능이다.

2. 지시선

치수 보조선이나 지시선의 형태를 지정할 수 있다. 보조선/지시선 표시 옵션에는 치수를 입력할 선이나 원 등을 선택하면 그 선택항목에 적용할 내용으로 선택 옵션이 바뀌어 나타난다.

3. 기타

치수의 단위를 변경하거나 치수 및 공차의 글꼴 등을 지정할 수 있다. 또한 옵션의 구속항목은 도면에서 변경이 안 되고 모델이 변경되면 연동되는 치수로 변경하는 기능이며 필요시 레이어를 원하는 레이어로 변경할 수 있다. 이 기능은 초보자들은 사용할 필요가 없다.

5.2.3 표면 거칠기

① 주석 도구모음에서 표면 거칠기 표시 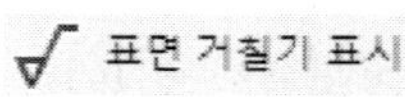

또는 [삽입] ⇒ [주석] ⇒ [표면 거칠기 표시] 선택

② PropertyManager의 옵션에서 기호와 기호 레이아웃 및 기호의 방향, 지시선의 모양 등을 설정한다.

5.2.4 중심표시

도면의 원이나 원호에 치수를 부여하기 위하여 중심을 표시한다. 새 도면을 작성할 때 중심표시를 자동으로 삽입하는 옵션을 다음과 같이 지정할 수 있다.

① [도구] ⇒ [옵션] ⇒ [문서속성] ⇒ [도면화] ⇒ [뷰 작성 시 자동 삽입]에서 필요한 사항을 선택하거나 선택 해제한다.

② 주석 도구모음에서 중심 표시 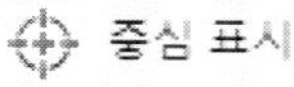

또는 [삽입] ⇒ [주석] ⇒ [중심표시] 선택

③ PropertyManager에서 필요한 옵션을 설정한다.

5.2.5 중심선

도면에 중심선을 표현할 때 사용한다. 원추형은 물론 두 모서리나 스케치 선 사이에도 작성할 수 있다.

1. 도면 뷰 생성 시 자동으로 삽입하기

① [도구] ⇒ [옵션] ⇒ [문서속성] ⇒ [도면화] ⇒ [뷰 작성 시 자동 삽입]에서 중심선을 선택한다.

② 도면 뷰를 삽입하면 모든 피처에 중심선이 표시된다.

2. 도면 뷰에 삽입하기

① 도면에서 도면 뷰를 삽입한다.

② 주석 도구모음에서 중심선 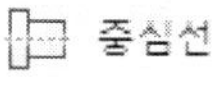

또는 [삽입] ⇒ [주석] ⇒ [중심선] 선택

④ PropertyManager에서 필요한 옵션을 설정한다.

5.2.6 영역 해칭/채우기

도면의 단면 등과 같이 필요한 부분에 임의로 해칭을 하거나 색을 적용시키는 기능이다. 분할된 면, 스케치의 폐곡선 등을 이용하여 해칭 또는 채우기를 할 수 있다.

5.3 데이터 저장과 출력

5.3.1 데이터 저장

3D 형상모델링 데이터와 2D 도면 데이터는 여러 가지 형식으로 저장이 가능하다. 사용자가 사용하는 프로그램과 데이터 혹은 도면을 받아 보는 관계자가 사용하는 프로그램에 따라 저장되는 파일의 형식을 맞추어 저장하면 된다. 아래 표는 많이 통용되고 있는 프로그램에서 사용하는 형식의 모델 데이터, 어셈블리 데이터, 도면 데이터에 적용되는 확장자이다. 작성한 모델 데이터 등을 다른 프로그램에서 작업하기 위해서는 저장 형식을 바꾸어야 한다. 이에 대한 내용은 [5.3.3 데이터 변환]을 참고하기 바란다.

구 분	SolidWorks	Inventor	CATIA	UG NX
파 트	.sldprt	.ipt	.CATpart	.prt
어셈블리	.sldasm	.iam	.CATproduct	
도 면	.slddrw	.dwg/.idw	.CATdrawing	

5.3.2 데이터 출력

인쇄물로 출력하는 경우 첫째로 파트 및 어셈블리 파일은 이미지 파일로 저장하여 출력하는 방법이 있으며 둘째로 도면화 작업을 통해 도면을 인쇄하는 방법이 있다.

3D 형상모델 작업 중 현재 상태에서의 이미지를 화면 캡처기능을 활용하면 작업하고 있는 모델 형상만 별도의 이미지로 cache에 저장되며 그림 그리기 프로그램을 이용하여 붙여 넣고 저장하거나 출력할 수 있는데 이 방법은 단순한 그림 형태로만 작업이 되므로 치수 등과 같이 모델 작업을 할 때 적용되었던 설계 정보는 사용할 수 없다. 3D CAD 프로그램에 따라 동영상으로 저장하는 방법도 있다.

도면 인쇄 방법은 일반적인 문서 작성 프로그램의 인쇄와 비슷하다. 도면화 작업 시, 단품이나 어셈블리 하나당 하나의 시트를 사용하는 경우도 있으며, 여러 개의 단품이나 어셈블리에 대한 각각의 시트를 하나의 파일에 저장하는 경우도 있다. 작업하는 환경에 따라서 다르겠지만, 하나의 파일에 여러 개의 시트를 저장하는 방식은 컴퓨터의 사양에 따라 많은 영향이 있다.

5.3.3 데이터 변환

1. 데이터 형식

2D 도면 데이터의 경우 가장 널리 사용되는 AutoCAD에서 데이터를 읽어올 수 있도록 각 프로그램에서 작성한 도면 데이터를 dwg 확장자로 저장하는 것을 권한다.

3D 데이터의 경우 특별한 프로그램의 특성에 따르지 않는 일반적인 중립 확장자인 STEP(STandard for the Exchange of Product model data - 국제표준)이나 IGES로 저장하는 것을 권한다. STEP의 경우는 솔리드 모델에, IGES파일의 경우에는 surface 모델에 대해 일반적으로 호환성이 좋다. 그 외에도 SAT 형식은 AutoCAD나 Inventor와의 호환성이 뛰어나며, JT형식은 UG NX와 데이터 교환이 좋다.

3D 형상모델을 CAM가공을 위한 프로그램과 연동하기 위해서는 STL형식으로 저장하는 것이 일반적이다. 또한 금속조형기나 3D프린터와의 데이터 교환에도 널리 사용되고 있다.

형상모델과 2D 도면을 이미지 파일로 저장하는 경우도 있다. 프로그램에서 제공하는 설계 정보가 아닌 단순히 형상이나, 도면 정보를 이미지로 전달할 경우에 활용할 수 있으며, 윈도우 프로그램에서 제공되는 다양한 양식(PNG, TIFF, JPEG, GIF, BMP)을 사용한다. 이미지의 손상이나 데이터의 손실 없이 파일 크기를 줄이기 위해서는 PNG파일을 많이 사용하고 있다.

2. 데이터 변환

데이터 변환은 컴퓨터 내부적으로는 복잡한 과정을 거치지만 우리 인간의 입장에서는 어렵게 생각할 것 없이 프로그램에서 작성한 파일을 [새 이름으로 저장]하기 기능으로 저장할 때 앞에서 설명한 것을 참고하여 필요한 데이터 형식에 맞추어 저장하면 자동으로 해당 형식으로 데이터가 변환된다. 예를 들어 Solidworks에서 작업한 모델파일을 저장하면 자동으로 확장자가 . SLDPRT이 된다. 이를 3D 프린터에서 활용하려면 STL 변환해야 한다. 변환하는 방법은 [다른 이름으로 저장] ⇒ [파일형식]에 보이는 여러 가지 중에서 STL(*.stl)을 선택하여 저장하면 된다.

부 록

APPENDIX

모델링을 통한
기계설계 출제 예상문제

1 동력전달장치(1)

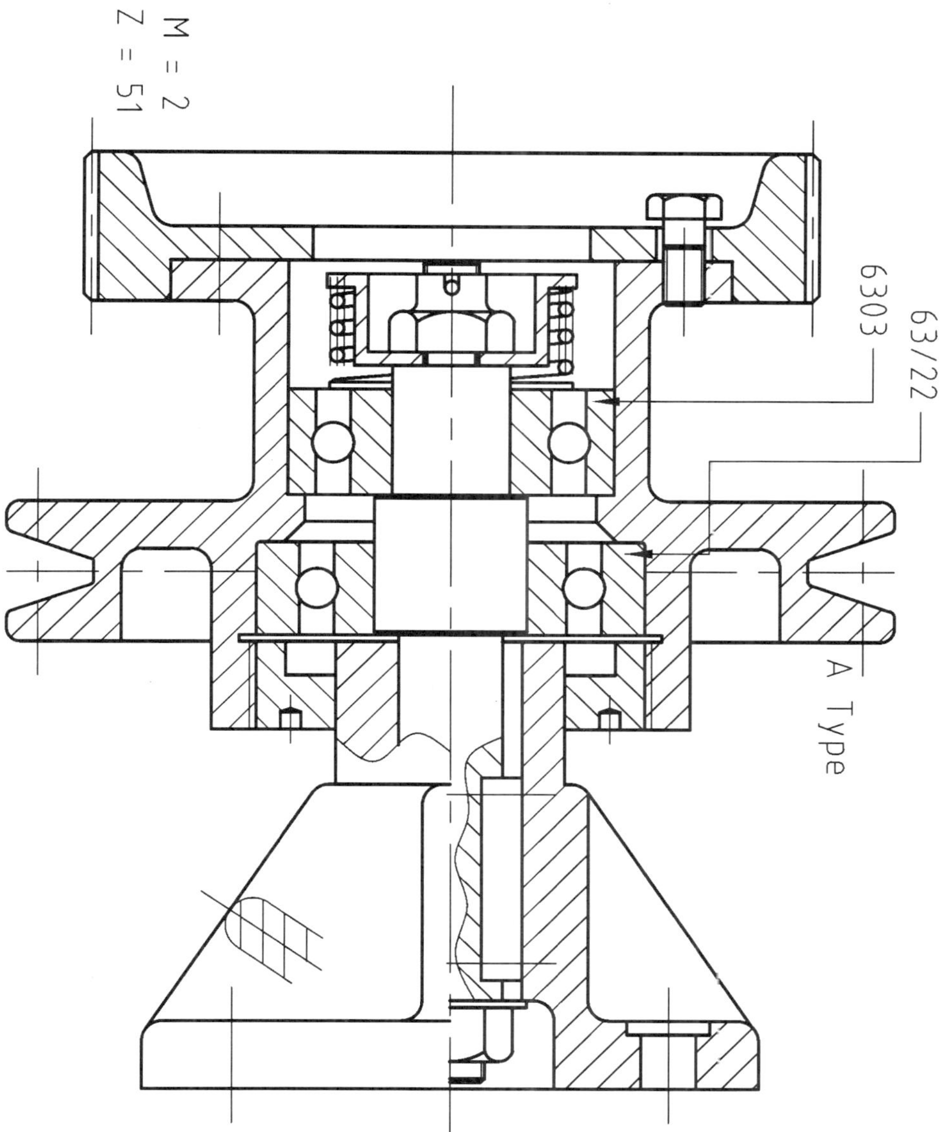

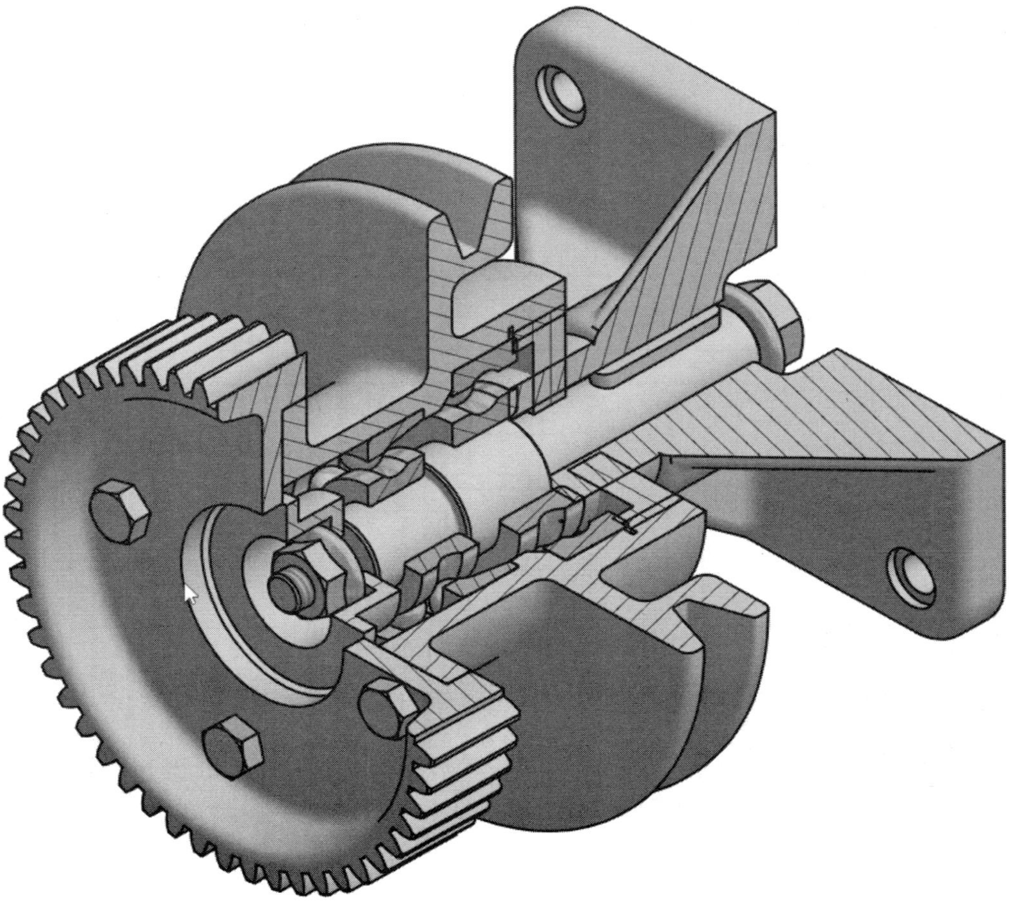

2 동력전달장치(2)

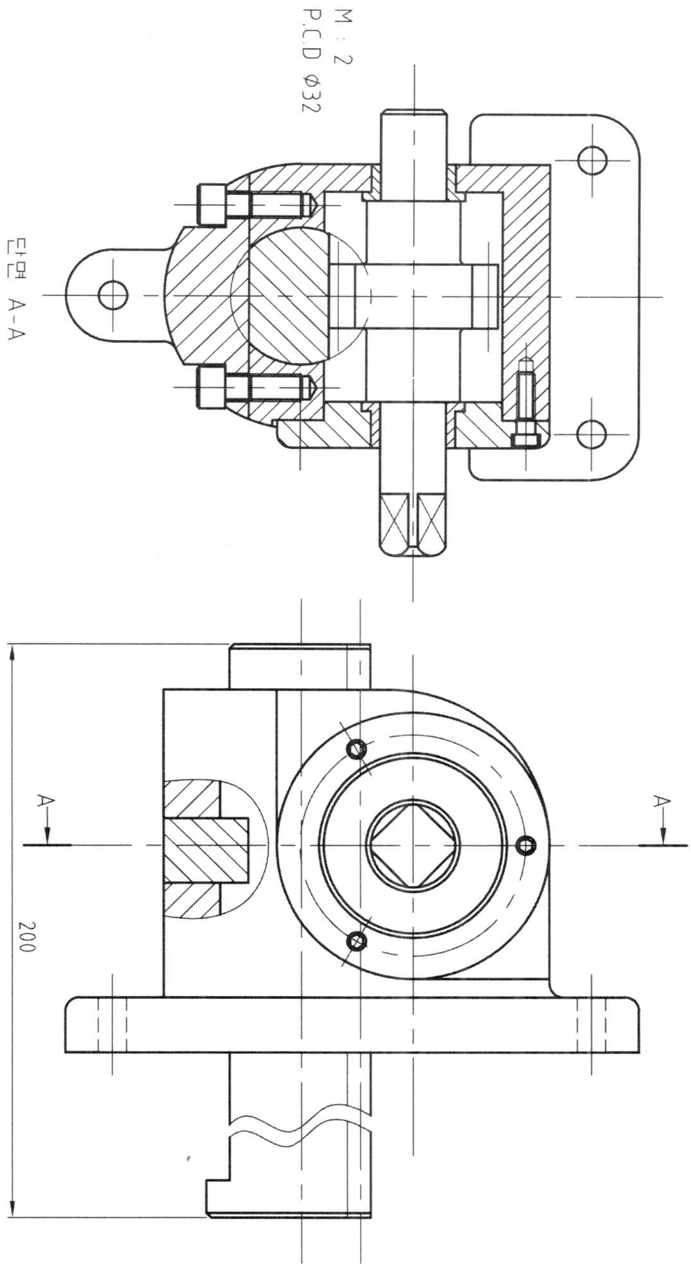

* 위 도면은 축소된 것으로서, 실사이즈 크기는 172~173쪽에 게재했습니다.

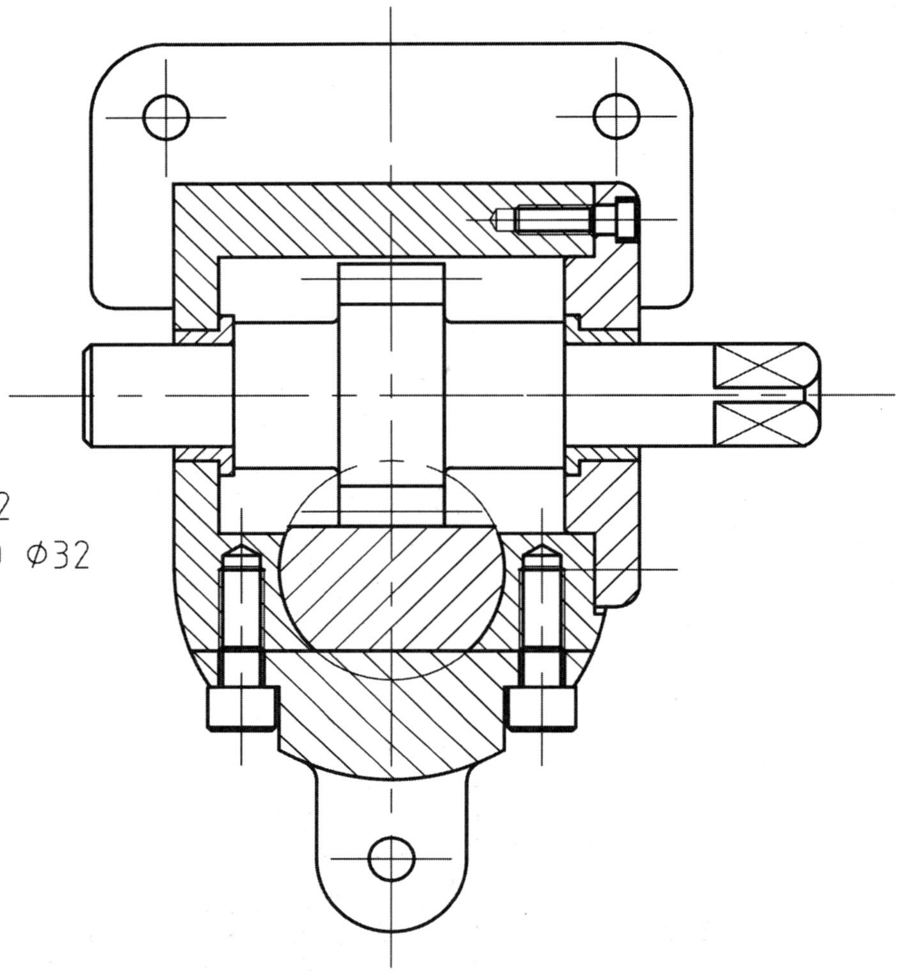

단면 A-A

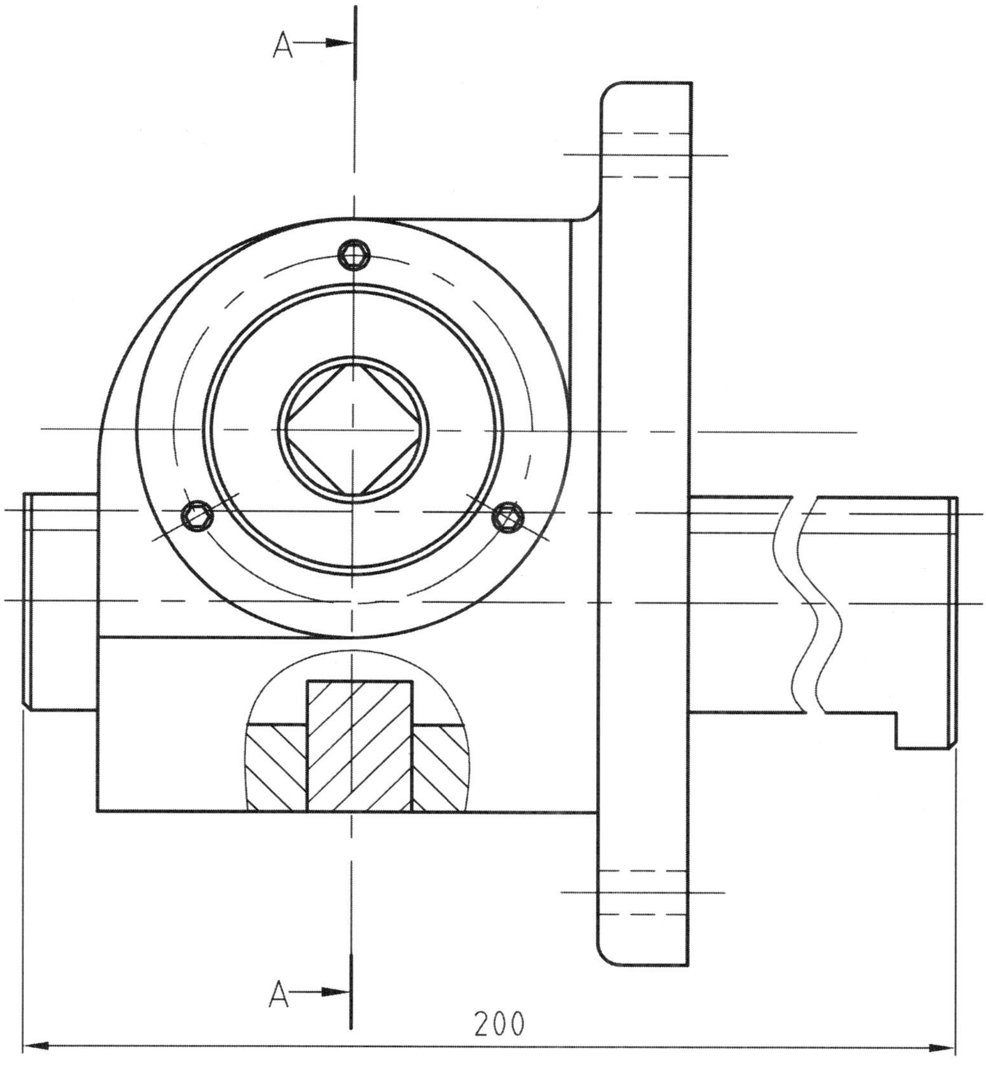
A
A
200

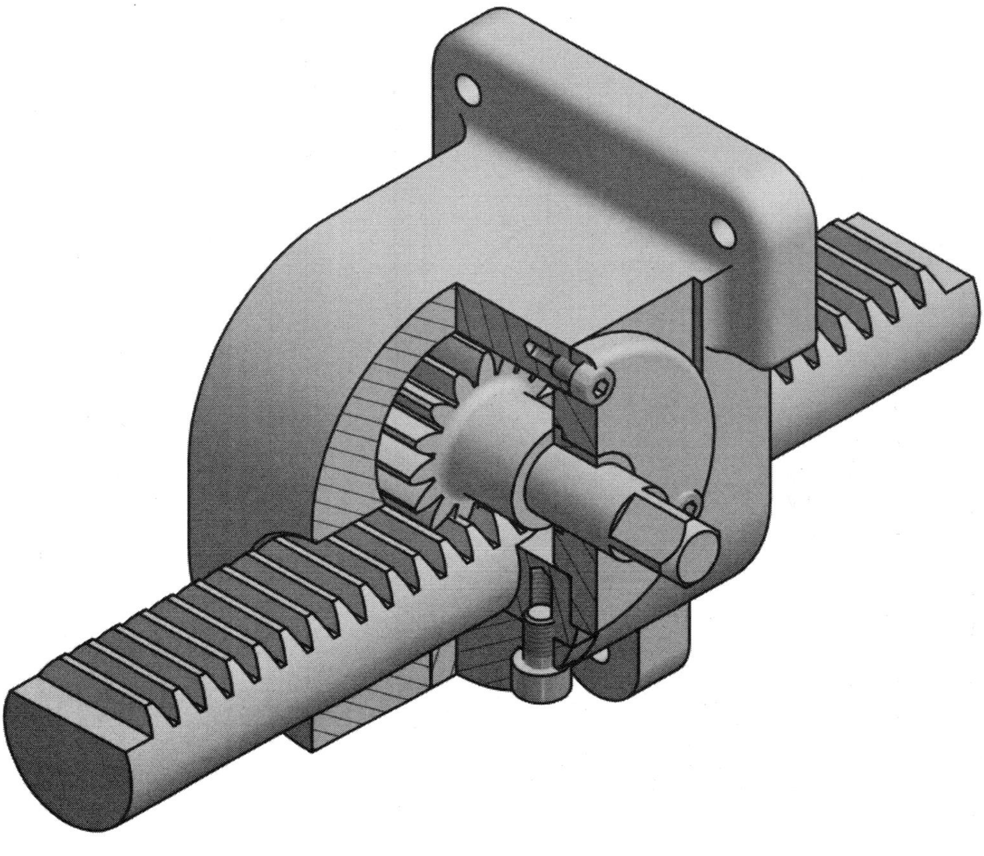

3 동력전달장치(3)

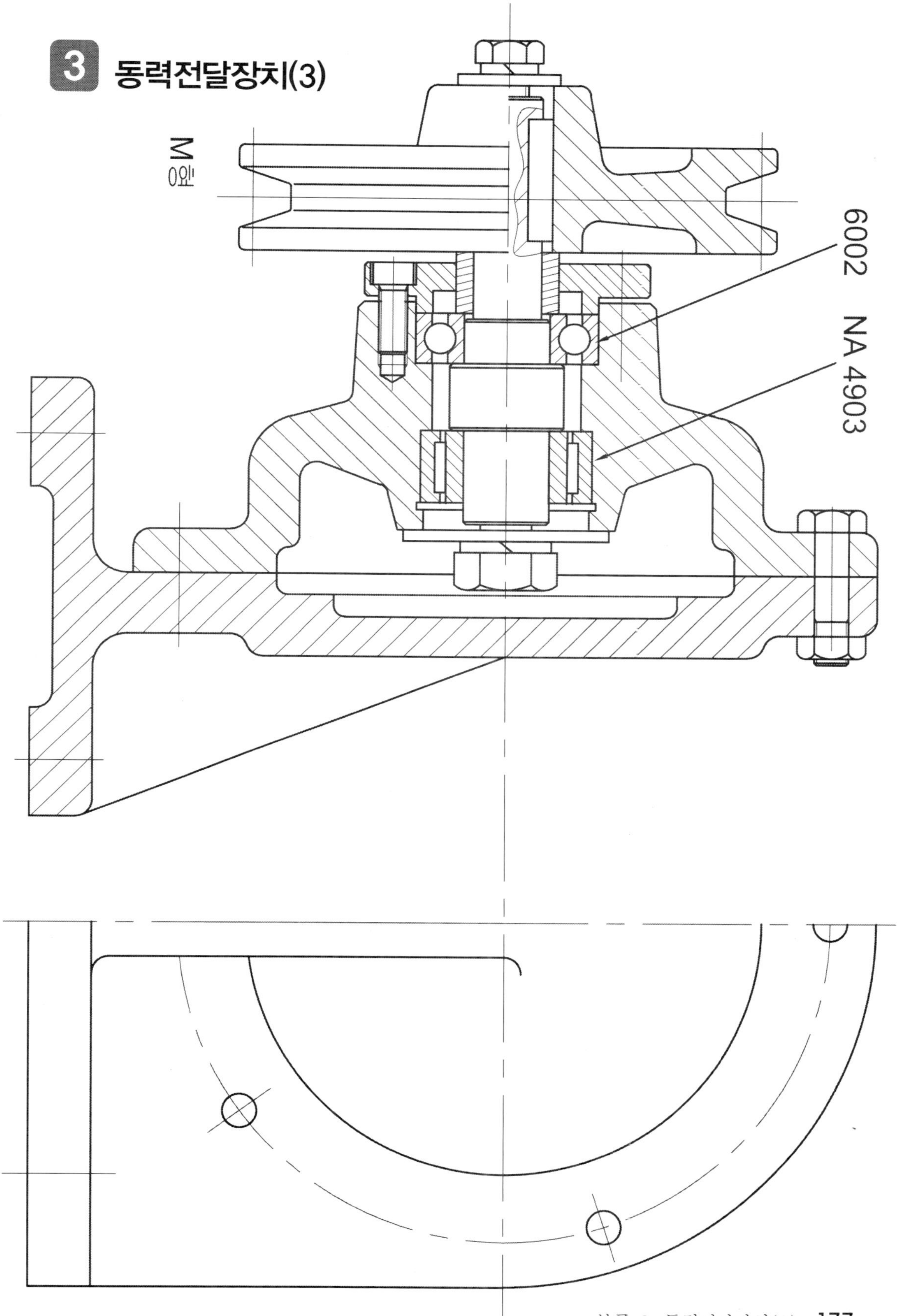

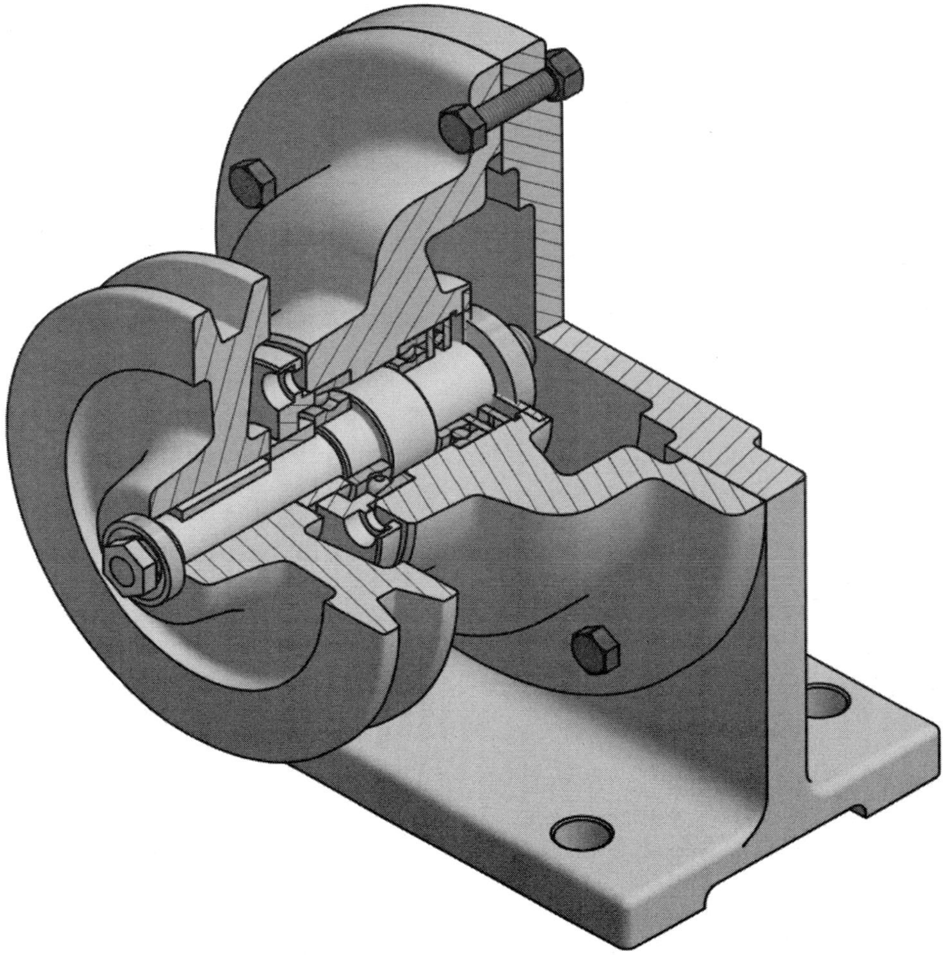

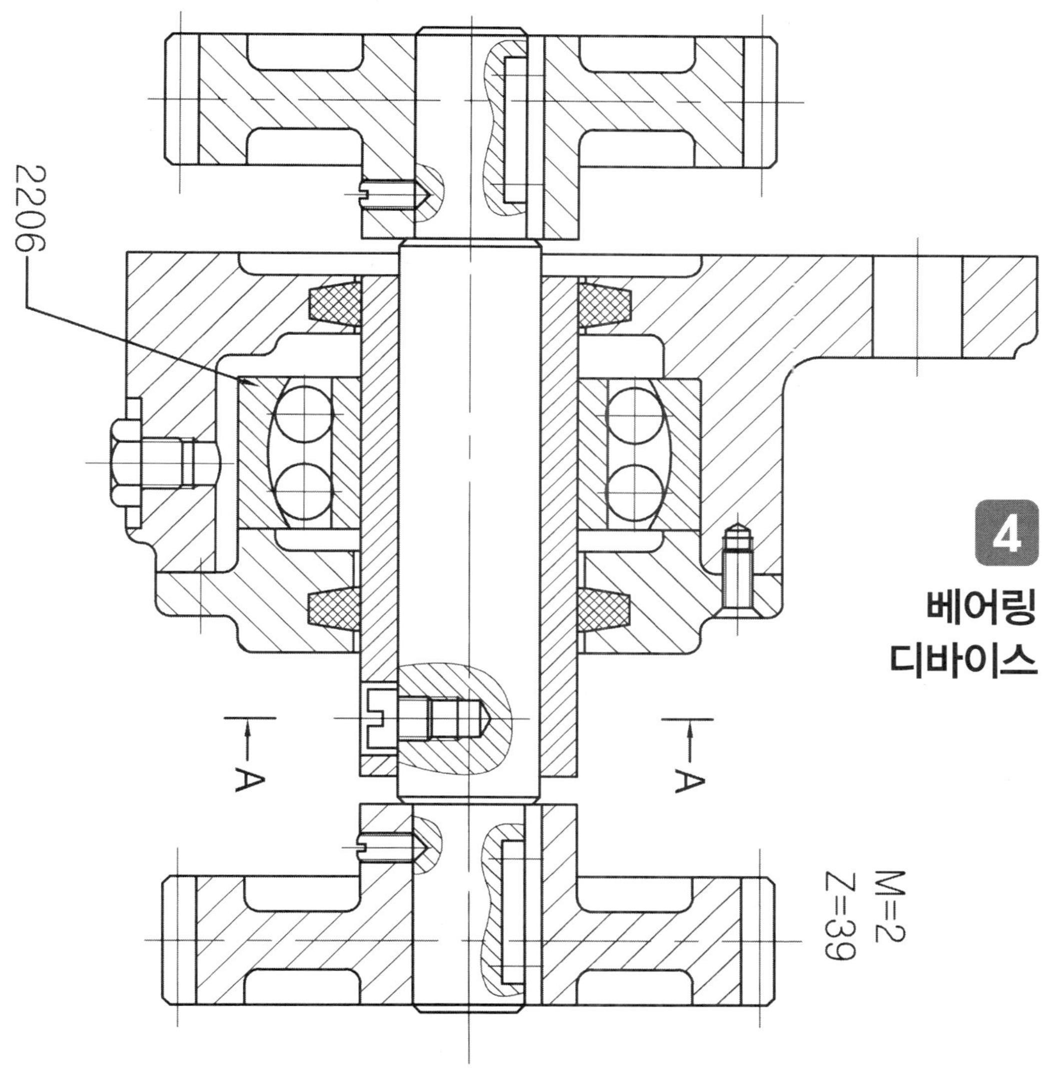

4 베어링 디바이스

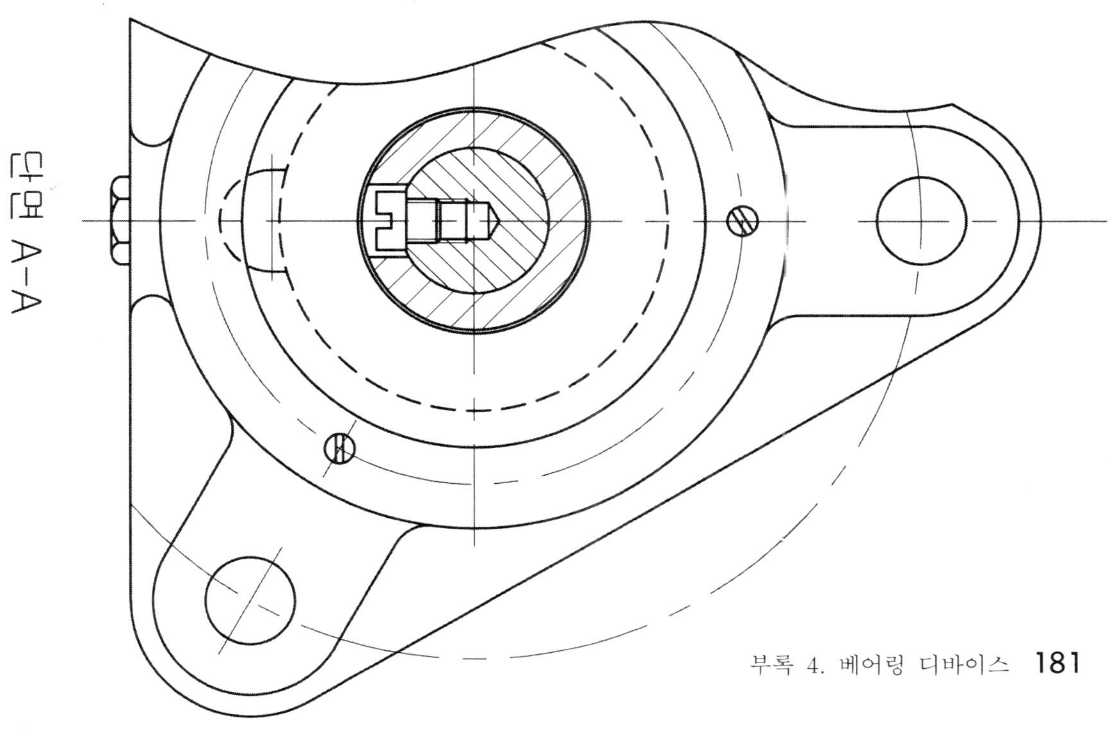

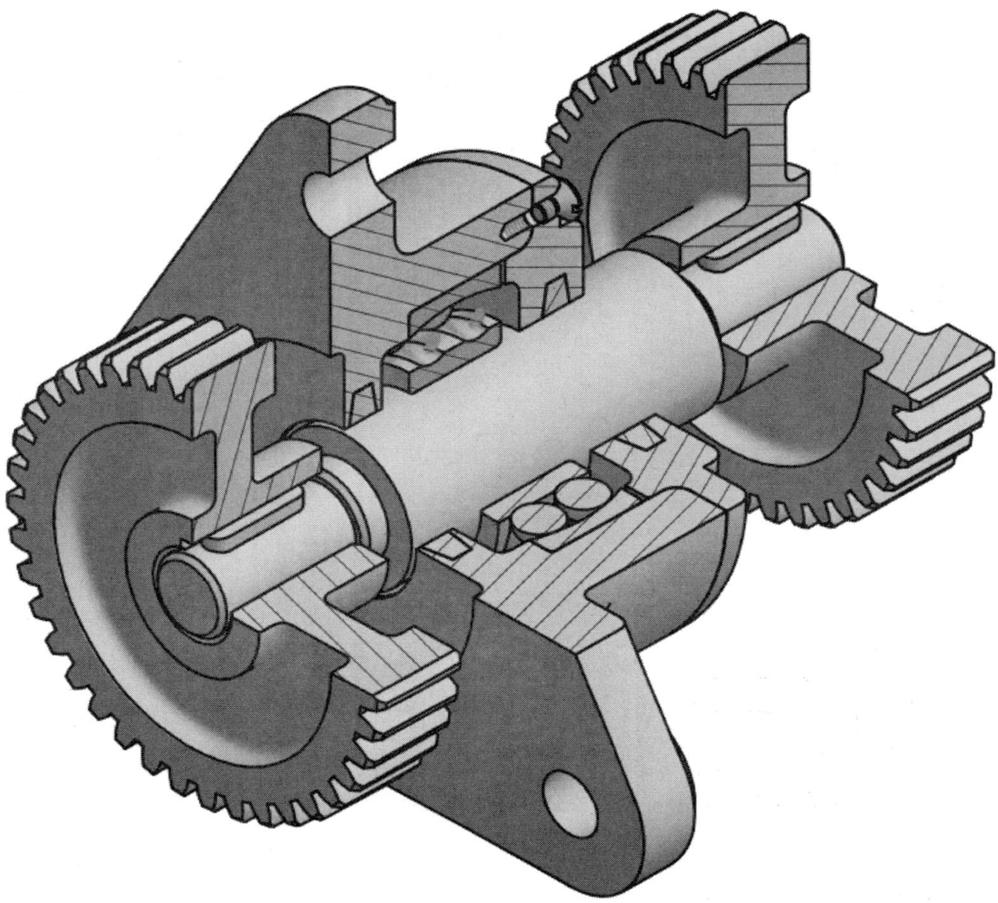

저자와의
협의에 의해
인지 생략

NCS에 맞춘 [SolidWorks 2016]

3D 형상모델링

1판 1쇄 2018년 8월 20일

저 자 신일재
발행인 송광헌
발행처 복두출판사
주 소 서울특별시 영등포구 경인로 82길 3-4
센터플러스 807호
(우) 07371
전 화 02-2164-2580
FAX 02-2164-2584
등 록 1993. 11. 22. 제 10-902 호

정가 : 12,000원

ISBN : 979-11-5906-426-5 93550

한국과학기술출판협회 회원사